# 河池统计年鉴

## 2014

### HECHI STATISTICAL YEARBOOK

国家出版基金项目

国家出版基金项目
NATIONAL PUBLICATION FOUNDATION

图说组织动力学

# 图说
## 神经系统组织动力学

史学义 史万刚 著 第四卷

郑州大学出版社

**图书在版编目(CIP)数据**

图说神经系统组织动力学 / 史学义，史万刚著. —郑州：郑州大学出版社，2014.12

（图说组织动力学；4）

ISBN 978-7-5645-2039-7-01

Ⅰ.①图… Ⅱ.①史… ②史… Ⅲ.①神经系统–人体组织学–图解 Ⅳ.①R322.8-64

中国版本图书馆 CIP 数据核字（2014）第 226412 号

郑州大学出版社出版发行

郑州市大学路40号　　　　　　　　邮政编码：450052

出版人：王　锋　　　　　　　　　　发行电话：0371-66966070

全国新华书店经销

郑州金秋彩色印务有限公司印制

开本：787 mm×1 092 mm　1/16

印张：19.25

字数：290千字

版次：2014年12月第1版　　　　　　印次：2015年1月第2次印刷

书号：ISBN 978-7-5645-2039-7-01　　定价：194.00元

# 编委会名单

科学方法的特征标志：（1）仔细而精确地分类事实，观察它们的相关和顺序；（2）借助创造性物想象发现科学定津；（3）自我批判和对所有正常构造的心智来说是同等有效的最后检验。

——皮尔逊

　　追求科学需要特殊的勇敢。

——伽利略

# 内容提要

　　本书是医用形态学新学科"图说组织动
力学"系列丛书的第四卷。书正文前有"图说组织
动力学"的点评与序及引言，引言说明其思想来源和实
践来源、研究理念与方法、框架与范畴、规划与展望等，
作为阅读之导引。本书正文主要由422幅彩图及其注释组成，
共分三章。第一章PC12细胞动力学，描述神经细胞的模型PC12
细胞的直接分裂与细胞凋亡及自组织过程；第二章中枢神经系统
组织动力学，着重描述大脑、小脑和脊髓神经细胞动力学过程及
神经细胞演化与结构动力学过程；第三章周围神经系统组织动力
学，重点描述周围神经系统神经细胞动力学与结构动力学过程，
揭示周围神经的干细胞运输功能和参与所支配器官的实质构建
作用。本书是著者多年科学的研究成果，书中资料翔实、图像
珍秘、观点独到、结论新奇，极具创新性和挑战性。
　　本书可供医学院校教师、本科生与研究生，神经
科临床医生、神经系统组织工程研究人员及系统
科学工作者阅读和参考。

# C 点评与序

　　组织学是研究机体微细结构与其相关功能及它们如何组成器官的学科。细胞是组成组织的主要成分，各种组织的构建和功能特点主要表现在它们的组成细胞上，因此，以细胞为研究对象的细胞学也是组织学的重要组成部分。鉴于组织和细胞是构成机体最基本的要素，组织学在医学与生命科学中具有较为重要的地位，组织学的教学与不断深入地研究的重要性也就不言而喻了。

　　迄今，组织学的研究方法大致分为两类：一类是活细胞和活组织的观察与实验，另一类是经固定后对组织结构的观察与分析。随着显微镜与显微镜新技术的不断改进、生物制片和染料化学的迅速发展，尤其是免疫细胞技术的建立，组织学曾经历过辉煌时期，但正如作者史学义教授所忧虑的那样，半个多世纪以来，组织学似乎被人们所漠视，其原因可能与组织学多以静止的观点观察机体的结构有关，与此同时，分子生物学、免疫学与细胞生物学的迅速发展，使得人们更多地将注意力放在当代新兴学科上。事实可能是这样的，当我还是个医学生的时候，组织学的教学手段基本上是在显微镜下观察组织切片，然后用红蓝铅笔依样画葫芦地画下来，硬记下组织的基本组成及特点。诚然，观察与绘图是必须的，但另一方面无形中在学生的脑海里形成了一个"孤立的"和"纵向的"不完全的组织学理念。

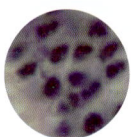

1

基于数十年的组织学专业教学与科研工作，本书作者史学义教授顿觉组织学不应只是"存在的科学"，而应是"演化的科学"；不应只以"静止的观点观察事物"，而应用"动态的观点观察事物"，于是查阅了大量的文献，历经数十载，不但观察了原河南医科大学近百年的全部库存组织学标本，而且还通过购置、交换从国内不少兄弟单位获得颇多的组织学切片，此外，还专门制作了适于组织动力学研究的标本。面对如此庞大工程，需要阅读上万张浩瀚的显微镜切片，作者闻鸡而起，忘寝废餐，奋勉劳作，终于经十余年努力完成该"图说组织动力学"鸿篇巨制。该套书共有10卷，资料翔实，观点独到，结论新奇，颇具独创性与挑战性，是一套更深层次研究组织动力学的全新力作，或许也称得上是一套组织动力学的宝典。纵观全套书，它在学术、研究思维及编写几个方面有如下主要特点。

## （一）以动态的观点来观察与研究组织的结构与功能

　　作者以敏锐的洞察力，于看起来静止的细胞或组织中窥察到它们的动态过程。作者生动地描述，他在一张小白鼠肝细胞系的标本中惊讶地发现"一群细胞像鱼儿逐食一样趋向缺口处"，"原来这些细胞都是'活'的"。其实，笔者也有类似的经验，譬如在观察细胞凋亡（apoptosis）现象时，虽然只是切片标本，但即使在同一个标本中，往往也可以发现有的细胞皱缩，有的染色质凝聚与边集，有的起泡，有的产生凋亡小体等镜像。只要你将它们串联起来，便是活生生的细胞凋亡动态过程了。让读者能理解静态的组织学可反映出动态改变应是我们从事组织学教学与研究者的职责，更是意图力推动态组织学者的任务。

### （二）强调组织与细胞的异质性

正如作者所一直强调的，"世界上没有完全相同的两片树叶"，无论是细胞系（cell line）或是组织（tissues），我们的观察与认识不能囿于"典型"表型，而应考虑到它们的异质性（heterogeneity），如此，我们便可发现构成组织的是一个"细胞社会"，它们不只会群聚，更是丰富多彩，充满着个性，并且相互有着关联。不但异常组织如此，即使正常组织也绝不是"千细胞一面"，呈均匀状态的，这在骨髓中是人们一直予以肯定的，属于递次相似法则。在如今炙热的干细胞研究中，人们也发现不少组织中存在有干细胞（stem cell）、祖细胞（progenitor cell）及各级前体细胞（precursor cell）直至成熟细胞（mature cell）等不同分化程度，以及形态特征各异的细胞群体。此外，即使在正常组织中也观察到"温和的"，不至于成为恶性的突变细胞。因此，作者强调从事组织学与细胞学研究不可将这种异质性遗忘于脑后。笔者十分赞同作者的观点。

## （三）力挺直接分裂的作用与地位

细胞的增殖靠细胞分裂来完成。迄今，绝大多数学者认为有丝分裂（mitosis）是高等真核细胞增殖的主要方式，而无丝分裂（amitosis）则称为直接分裂（direct division），多见于低等生物，但也不排除高等生物在创伤、衰老与癌变细胞中也存在无丝分裂。此外，在某些正常组织中，如上皮组织、肌肉组织、疏松结缔组织及肝中也偶尔观察到无丝分裂。

但是本套书作者在大量切片观察的基础上认为人和高等动物的细胞增殖以直接分裂为主，而且认定早期、中期和晚期分裂方式和效率是明显不同的，早期的直接分裂由一个细胞分裂成众多子代细胞，中期直接分裂由一个母细胞分裂产生数个子细胞，晚期直接分裂通常由一个母细胞产生两个子细胞并且多为隔膜型与横缢型的直接分裂。史学义教授观察入微，证据凿凿，其观点显然是对传统观点与学说的挑战，至少对当前广为传播而名过其实的有丝分裂在细胞分裂研究领域中的独占地位提出强力质疑。本着学术争鸣的原则，或许会有不同看法，笔者认为需要有更多的观察。

## （四）独创的编写形式

最后，本套书在编写上也别具一格，既不同于常见的教科书，以文字描述为主，配以插图；也不同于纯粹的图谱，图为主角辅以文字说明。另外，似乎与图文并重的，如*Junqueira's Basic Histology*也不完全一致。本套书以图为主，以一组图说明一段情节，相关的情节组合在一起构成一个演化过程。这种写法不仅形象，易于理解，更可反映出组织发生的动力学改变过程。这一写作技巧或许对于强调事物是动态的、发展的都有借鉴意义。

然而，诚如作者所说，"建立组织动力学这一新学科是一项宏大的工程，是需要千百万人的积极参与才能完成的艰巨任务"。本系列"图说组织动力学"只是一个抛砖引玉的试金之作，今后或许要从下述几个方面努力，以期更确证、更完整。

（1）用当代分子细胞生物学技术与方法阐明组织动力学的改变，尤其要证实干细胞在组织形成、衍生、衰老与萎缩中所扮演的角色。

（2）用经典的连续切片观察细胞的直接分裂过程和组织的动态变迁。

（3）用最新的生命科学技术与方法，如显微技术、纳米技术、3D打印技术，追踪、重塑组织结构。

（4）用更多种属、不同年龄阶段的组织标本观察组织动力学的改变，因为按一般规律不同种属、不同组织、不同年龄段的动力学改变是不会一致的。

总之，组织动力学是一个新概念，生命科学中诸多问题，需要医学形态学、系统生物学、细胞生物学、生理学及相关临床科学的广大科学工作者、教师与学生的共同参与。让我们大家一起努力，将组织动力学这门新学科做得更加完美。

最后，我谨代表本书编委会向国家出版基金管理委员会、郑州大学出版社表示感谢。为了我国学术繁荣、科学发展，他们向出版如此专业著作的作者伸出援手，由此我看到了我国科技赶超世界先进水平的希望。

章静波

2014年9月于北京

# 引言

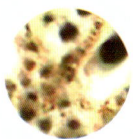

## 一、困惑与思考

在医学院里初次接触到组织学，探究人体细胞世界的奥秘，令我向往与兴奋。及至从事组织学专业教学与科研工作，迄今已历数十载，由于组织学教学刻板，而科研又远离专业，使我对组织学的兴趣日渐淡薄。这可能与踏入专业之门时，正值组织学不景气有关。当时不少人认为组织学的盛采期已过，加之分子生物学的迅猛发展，不少颇有造诣的组织学家都无奈地感叹：人们连细胞中的分子都搞清楚了，组织学还有什么可研究的，组织学早该取消了！情况虽然并不至如此，但当时并延续至今的组织学在整个科学界的生存状态，确实值得组织学工作者深刻反思：组织学究竟是怎么了？

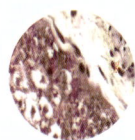

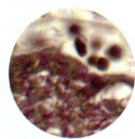

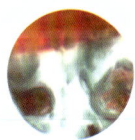

组织学面临困境的原因，首先是传统组织学的观念已经落后于时代的发展。新世纪首先迎来的是人类思维方式的革命。这种思维方式的转变，主要表现在从对事物的孤立纵向研究转向对事物的横向相互联系的研究，这样导致科学整体从机械论科学体系转向有机论科学体系，从用静止的观点观察事物转变为用动态的观点观察事物，使整个科学从"存在的科学"转向"演化的科学"。传统的组织学（histology），即显微解剖学（microscopic anatomy），是研究人体构造材料的科学，是对机

体各种构造材料的不同质地和各种纹理的描述性科学，其主要研究内容是识别不同器官的结构、组织和细胞，而这些结构、组织和细胞，似乎是与生俱来、终生不变的。传统组织学孤立、静止的逻辑框架，明显有悖于相互联系和动态演变的现代科学理念。不同种类的细胞像林奈时代的"物种"一样，是先验的和不可理解的。这就导致组织学教学与科学研究相脱离，知识更新率低，新观念难以渗入、扩展。尽管血细胞演化和骨组织更新研究已较深入，但那只是作为特例被接纳，并不能对整个人体组织静态框架产生多大冲击。组织学教育似乎只是旧有知识的传承，而对学习者也毫无创造空间可言。国家级的组织学专业研究项目很少，组织学专业文献锐减。这些学科衰落的征象确实令人担忧。

其次，组织学与胚胎学脱节。胚胎学研究内容由受精卵分裂开始，通过细胞的无性增殖、分化、聚集、迁移，从而完成器官乃至整个机体的构建，胚胎学发展呈现一片生机勃勃的景象。而一到组织学，其中的细胞、组织、结构突然一片沉寂，犹如一潭死水。20世纪中叶，许多世界著名研究机构都参与了心肌细胞何时停止分裂的研究，并涌现大量科研文献。研究结果有出生前20天、出生后7天、出生后3个月，争论多年。这足见"胚成论"对传统组织学影响之深。其实，心肌细胞何曾停止过分裂呢！研究成体的组织学与研究机体发育的胚胎学应该分开来看，细胞在组织学和胚胎学中的命运与行为犹如在两个完全不同的世界。

再次，组织学不能及时吸纳和整合细胞生物学研究的新成果。细胞生物学是组织学的基础，有意或无意长期拒绝细胞生物学来源的新知识，也使组织学不合理的静态结构框架日益僵化守旧，成为超稳定的知识结构。细胞分裂是细胞学的基本问题，也是组织学的基本问题。直接分裂在细胞生物学尚有简单论述，在组织学却被完全删除。近年，干细胞研究迅猛发展，干细胞巢的概念已逐步落实到成体组织结构中，但很难进入组织学教材。这与传统组织学静态观念的顽固抵抗有关，其中最大的障碍就是无视细胞直接分裂的广泛存在。

最后，组织学明显脱离临床实践。医学实践是医学生物学发展最强大的推动力。近年，受社会需求的拉动，各临床专业的基础研究迅猛发展。但许多临床上已通晓的基本知识、基本概念在组织学中还被列为禁区、被归为谬误。器官移植已在临床上广泛应用，组织学却不能为移植器官的长期存活提供任何理论支持，而仍固守移植器官细胞长寿之说。这样，组织学不能从临床实践寻找新的研究课题，使之愈发显得概念陈旧、内容干瘪，对临床实践很难起到指导、启迪作用。

## 二、顿悟与发掘

我重新燃起对组织学的兴趣缘于偶然。一次非常规操作显微镜，在油镜下观察封固标本，所用标本是PC12细胞（成年大白鼠肾上腺髓质嗜铬细胞瘤细胞系）的盖玻片培养物（经吉姆萨染色的封存片）。当我小心翼翼地调好焦距时，我被视野中的景象惊呆了！只见眼前的细胞色彩绚丽、千姿百态。令我惊异的是，本属同一细胞系的同质性细胞竟是千细胞千面、各不相同。这使我想到，要认识PC12细胞，除了认识其遗传决定的共同特征外，这些形态差异并非毫无意义、可以完全忽略的。究竟哪一个细胞才是真正典型的PC12细胞呢？

以往观察组织标本多用低倍或高倍物镜。受传统组织学追求简单化思路的引导，通常是在高倍镜下尽力寻找符合书本描述的典型细胞。由于认为同种细胞表型都是相同的，粗略的观察总是有意、无意地忽略细胞间的差异。而这次非常规观察，彻底改变了我数十年来形成的对细胞的刻板印象，使我顿悟到构成组织的细胞原来并不一样。正如世界上没有完全相同的两片树叶一样，机体也绝没有完全相同的两个细胞，因为每个细胞都是特定时空的唯一存在物。由此，我突破了对组织中细胞的质点思维樊篱，直面细胞个体，发现细胞的个体差异是随机性的，服从统计规律。随级差逐渐缩小，便有了"演化"的概念。进而发现组织并不是形状与颜色都相同的所谓典型细胞的集合体，而是充满个性、丰富多彩、相互有演化关联的细胞社会。当我观察盖玻片培养的BRL细胞（小白鼠肝细胞系）时，凑巧培养盖玻片一边有个小缺口，一群细胞像鱼儿逐食一样趋向缺口处。这给我带来了第二重震撼，使我突然领悟，原来这些细胞都是"活"的。以前，尽管理论上知道细胞是生命的基本单位，但长期以来我们看到的都是死细胞，是经过人工固定染色的细胞尸体，从来没去想过细胞在干什么。这种景象，不禁使我想到上古时陷入沼泽里的猛犸象。趋向缺口的细胞不正像被发现的猛犸象一样，都是其生前状态瞬时的摄影定格吗？正是这些细胞运动过程中细胞形态变化的瞬时定格图像组合，提示了这些细胞的运动方向与目的。细胞内部决定性和内外随机性共同影响着细胞的生、老、病、死过程。这是细胞"活"的内在本质。进而，我还有了第三重感悟，原来很不起眼的普通组织标本，竟是如此值得珍爱。这不仅在于小小的标本体现着千千万万细胞生命对科学殿堂的祭献，而且，似乎突然发现常规组织标本竟含有如此无限丰富的细胞信息。这说明，酸碱染料复合染色，如最普通的苏木素–伊红染色，能较全面而深刻地反映细胞生命过程的本质特征。对于细胞群体研究来说，任何高新技术，包括特定物质分子的测定及其更高分辨率观察结果分析，都离不开对研究对象具体细胞学的分析。高新技术只能在准确的细胞学分析基础上进行补缺、增强、校正，进一步明确化、精细化。之后，我在万用显微镜的油镜下重新观察教学用的全部组织学切片，更增强了上述获得的新观念。继而，又找出原河南医科大学近百年的全部库存组织学标本，甚至包括不适合教学的废弃标本，另外，还通过购买、交换从国内外不少兄弟单位获得很多组织切片。除此之外，我们也专门制作更适于组织动力学研究的标本。一般仍多采用常规酸碱染料复合染色。为提高发现不同器官、结构、组织和细胞之间的过渡类型的概率，专门制作的组织动力学切片的主要特点有：①尽量大；②尽量包括器官的被膜、门、蒂、茎及器官连接部；③最好是整个器官或大组织块的连续切片；④尽量多种属、多年龄段和多部位取材；⑤同一器官要有纵、横、矢三个方位切片。如此获得大量资料后，我夜以继日、废寝忘食地观察不同种属、不同年龄、不同方位的组织标本。这样的观察，从追求典型细胞与细胞同一性，到注重过渡性细胞和细胞的个性。通过观察发现，镜下视野里到处都是细胞的变化和运动。我如饥似渴地追寻感兴趣、有意义的观察对象，并做显微摄影。如此反复地观察数万张组织切片，大海捞针似的筛查有价值的观察目标，像追寻始祖鸟一样，寻觅存在率只有千万分之一的过渡性细胞。当最终找到预期的过渡性细胞时，我兴奋不已，彻夜难眠。如此数十年间，获得上万张有价值的显微照片。

## 三、理念与方法

从普通组织切片的僵死细胞中，怎么可能看出细胞的变化过程呢？为什么人们通常看不到这些变化？怎样才能观察到这些变化过程呢？其实，这在传统组织学中早有先例，人们从骨髓涂片的杂乱细胞群中就观察到红细胞系、粒单细胞系、淋巴细胞系及其变化规律。那么，肝细胞、心肌细胞、肾细胞、肺细胞、神经细胞乃至人体所有细胞，是否也都有相应的细胞系和类似的变化规律呢？

　　一个范式的观察者，不是那种只能看普通观察者之所看，只能报告普通观察者之所报告的人，二是那种能在熟悉的对象中看见别人前所未见的东西的人。这是因为任何观察都渗透着理论。观察者的观察活动必然植根于特定的认识背景之中，先前对观察对象的认识影响着观察过程。从骨髓涂片中之所以能看出各种血细胞系是因为在观察之前，我们就对血细胞有如下设定：①血细胞是有生有灭的；②骨髓涂片里存在这种生灭过程；③这种过程是可以被观察到的。这些预先设定，分别涉及动态观念、随机性和时空转换三个方面的问题。此外，从骨髓涂片中看出各种血细胞系，还有一个重要的经验性法则，即递次相似法则。递次相似法则又可用更精细化的模糊聚类方法来代替，以用作对观察结果更精确的分析。

## （一）动态观念

　　"万物皆动"是既古老又现代的科学格言。"存在也是过程"的动态观念是新世纪思维革命的重要方面。胚胎学较好地体现了动态变化的观念，特别是早期胚胎发育中胚胎细胞不断演化，胚胎结构不断形成又消失；而到了组织学，似乎在胚胎发育某一时刻形成的细胞、组织、结构就不再变化（胚成论）。实则不然，出生后人体对胚体中进行的细胞、结构演化变动模式既有继承，也有抛弃。从骨髓涂片研究血细胞发生的前提是认知血细胞有生成、死亡的过程。那么，肝细胞和肝小叶、肺泡上皮细胞和肺泡、外分泌腺上皮细胞和腺泡、心肌细胞和心肌束、肾细胞和泌尿小管、神经细胞和脑皮质等，也会有类似演化与更新过程。承认这些过程存在可能性的动态观念，是研究组织动力学必须具有的基本观念。

### （二）随机性

随机性是客观世界固有的基本属性。在小的时空尺度内，随机性影响具有决定性意义。主要作为复杂环境中介观存在的生命系统，有很强的外随机性，因为生命系统元素数量巨大，又有很多来自系统内部自身确定性的内随机性。希波克拉底（Hippocrates）做了人类最早的胚胎学实验。他将20个鸡蛋用5只母鸡同时开始孵化，而后每天打破一个鸡蛋，观察鸡胚发育情况。直至20天后，最后一个鸡蛋孵出小鸡。他按时间顺序整理每天的观察结果，总结出鸡胚发育过程与规律。然而，生命具有不可逆性和不可入性，如此毁灭性的实验方法所得结果并不能让人完全信服。因为，这样所观察到的第2天鸡胚的发育状态，并不是第1天观察到的那个鸡胚的第2天状态，而是另一个鸡胚的第2天的发育状态。后经无数人重复观察，不断对观察结果进行修正，才得到大家认可的关于鸡胚发育过程的近似描述。这是因为，重复试验无形中满足了大数法则，接近概率统计的确定性。用作组织学研究的组织切片就很像众多不同步发育的鸡胚发育实验。而在切片制作中，每个细胞、结构都在固定时同时死亡，所看到的组织切片中的每个细胞，都在其死亡时被"瞬间定格"。这些"瞬间定格"分别代表处于演化过程不同阶段细胞的瞬时存在状态。将这些众多不同状态，按时间顺序整理、归类、排序，就可得出细胞演化的整个动力学过程。组织动力学家与传统组织学家不同。传统组织学家偏好"求同"，极力从现存的类同个体中找出合乎要求的典型，并为此而满足；组织动力学家则偏重"求异"，其主要工作是寻觅可能存在于某组织标本中的过渡态，故永远感到不满足。因此，组织动力学家总是在近乎贪婪地搜集、观察组织标本，以寻求更多、更好的过渡态。

## （三）时空转换

生命是其内在程序的时空展开过程。这里的时间与空间是指生物体的内部时间和内部空间。内部时间即生物体内部生命程序展开事件的先后次序。而生命的不可逆性和不可入性，使内部过程的时间顺序很难用外部时间标定。这就需要换用生命事件的可察迹象来排列事件的先后次序。这实际上就是简单的函数置换。若已知变化状态$s$是自变量时间$t$的函数，其他变量，如空间变量$l$，也是时间$t$的函数，则可以$l$置换$t$作为状态$S$的自变量。

这一函数置换，实现了生物形态学领域习惯称谓的时空转换。这在胚胎学中经常用到，如在胚胎发育较早期，常以体长代替孕月数，表示胚胎发育状态。在组织学中，有了"时空转换"，许多空间量纲测度，如细胞及细胞核的形状、大小、长短、距离等差别都有了时间意义，都可以用来表征细胞演化进程。其他测度，如细胞特有成分的多少、细胞质与细胞核的嗜碱性/嗜酸性强度、细胞衰老指标等，也都可以代替时间作为判定细胞长幼序的依据。如此一来，所观察的标本中满目尽见移行变化，到处是过程的片段。骨髓涂片中，血细胞演化系主要就是依据细胞形状、细胞核质比、细胞质与细胞核的嗜碱性/嗜酸性强度及细胞质内特殊颗粒多少等参量来判定的。同理，也可以此来观测、判定心肌细胞系和肝细胞系等。

## （四）模糊聚类分析

从骨髓切片或涂片中，运用判定红细胞系和白细胞系演化进程所遵循的递次相似法则时，如果评判指标较少，单凭经验就可以完成。但当所依据的评判指标众多时，特别是各指标又缺乏均衡性，单凭经验就显得困难。模糊聚类分析，可使递次相似法则更精细、更规范，细胞精确和模糊的特征参量，通过数据标准化，标定相似系数，建立模糊相似矩阵。在此基础上，根据一定的隶属度来确定其隶属关系。聚类分析的基本思想，就是用相似性尺度来衡量事物之间的亲疏程度，并以此来实现分类。模糊聚类分析方法，为组织动力学判定细胞系提供了有效的数学工具。

著者在观察中对研究对象认知的顿悟，正是在动态观念、随机性和时空转换预先的理性背景下发生的。三者也是整理观察结果的指导思想，可看作组织动力学的三个基本理念。

## 四、框架与范畴

对于归纳性科学的研究方法，卡尔·皮尔逊总结为：①仔细而精确地分类事实，观察它们的相关和顺序；②借助创造性想象发现科学定律；③自我批判和对所有正常构造的心智来说是同等有效的最后检验。有人更简单归结为搜集事实和排列次序两件事。据此，著者对已获得的大量图片资料，依据上述理念与方法归纳整理，得到人体结构的动态框架。

组织动力学（histokinetics），按字面意思理解是研究机体组织发生、发展、消亡、相互转化的科学，但更准确的理解应该是organization dynamics，是研究正常机体自组织过程及其规律的科学，包括细胞动力学和各器官系统组织动力学，后者涵盖各种器官、结构、组织的形成、维持、转化与衰亡等演化规律。组织动力学的逻辑框架主要由细胞、细胞系、结构、器官和机体5个基本范畴构建而成。

### （一）细胞

细胞是组成人体系统的基本元素，是机体生命的基本单位，也是组织动力学研究的基本对象。组织动力学认为，细胞是有生命的活体，其生命特征包括繁殖、新陈代谢、运动和死亡。

**1. 细胞繁殖**　细胞繁殖是细胞生命的本质属性，是细胞群体生存的根本性条件。细胞分裂繁殖取决于细胞核。细胞分裂能力取决于超循环生命分子复合体自复制、自组织能力。人和高等动物的细胞分裂是直接分裂，早期、中期和晚期直接分裂的方式和效率明显不同。早期直接分裂，由一个细胞分裂形成众多子代细胞；中期直接分裂，由一个母细胞分裂产生数个子细胞；晚期直接分裂，是一个母细胞一般产生两个子细胞，多为隔膜型与横缢型直接分裂。

**2. 细胞新陈代谢**　新陈代谢是细胞的又一本质属性。新陈代谢是细胞个体生存的根本性条件，是生命分子复合体超循环系统运转时需要物质、能量、信息交换的必然。为获得生存条件，细胞具有侵略性，可侵蚀或侵吞别的细胞或细胞残片，通常是低分化细胞侵蚀或侵吞高分化细胞。细胞又有感应性，细胞要获得营养物质、避开有害物质，必须感应这些物质的存在，还必须不断与外界进行信息交流。细胞还具有适应性，需要与环境进行稳定有序交换、互应、互动，包括细胞组分之间彼此合作与竞争、互应与互动。

**3. 细胞运动**　运动也是动物细胞的本质特征。运动是与细胞繁殖和维持新陈代谢密切相关的细胞功能。细胞运动包括细胞生长性位移、被动运动和主动运动，伴随细胞分裂增殖，细胞位置发生改变，可谓细胞的生长性位移，是最普遍的细胞运动。血细胞随血流移动属被动运动，细胞趋化移动则为主动运动。细胞主动运动的主导者是细胞核，神经细胞运动更是如此。

4. **细胞死亡**　细胞死亡的一般定义是细胞解体，细胞生命停止。细胞死亡也是细胞的本质属性。细胞的自然死亡是超循环分子生命复合体生命原动力衰竭的结果。一般细胞死亡可分细胞衰亡和细胞夭亡两大类。细胞衰亡是演化成熟细胞自然衰老死亡；细胞夭亡是细胞接受机体内部死亡信息，未及演化成熟而早亡，或是在物理、化学及生物危害因子作用下导致的细胞早亡。

## （二）细胞系

细胞系（cell line）是借用细胞培养中的一个术语，原指一类在体外培养中可以较长时间分裂传代的细胞。组织动力学中，细胞系是指特定干细胞及其无性繁殖所产生的后代细胞的总体。传统组织学也偶用此术语，如红细胞系、粒细胞系、淋巴细胞系等，但对组成大多数器官结构的细胞群体多用组织来描述。组织（tissue）原意为织物，意指构成机体的材料。习惯将组织定义为"细胞和细胞间质组成"，这一定义模糊了细胞的主体性。另有将组织定义为"一种或几种细胞集合体"，这又忽略了细胞群内细胞的时空次

13

序，这样的组织实际缺乏组织性。传统组织概念传达的信息量很小，其概念效能随着机体结构的微观研究日益深入而逐渐降低。组织并非一个很完善的专业概念，首先，其没有明确的时空界定；其次，其内涵与外延都不严整；再者，其解理能力较弱。在细胞与器官两个实体结构系统层次之间，夹之以不具体的、系统性极弱的结构层次，显得明显不对称。僵化、静态的组织概念严重阻碍显微形态学研究的深入开展。而细胞系，是一个内涵较丰富、有较明确的时空四维界定的概念，所指的是有一定亲缘关系的细胞社会群体。一个细胞系就是一个细胞家族，是细胞社会的最基本组织形式。同一细胞系里的细胞，相互之间都有不同的时空及世代亲缘关系。

### （三）结构

这里专指亚器官结构。结构是细胞系的存在形式与形成物，大致可分6类。

**1. 细胞团和细胞索**　细胞系无性增殖产生的后代细胞群称为细胞克隆。细胞团和细胞索是细胞克隆的初级形成物。细胞团是细胞克隆在较自由空间的最基本存在形式，细胞索则是细胞克隆在横向空间受限时的存在形式。

**2. 囊和管**　是细胞克隆的次级形成物。囊是细胞团中心细胞死亡的结果，管则是细胞索中心细胞死亡而形成的。中心细胞死亡是由机体发育程序决定的，而且是通过细胞自组织法则调控的结果，而且生存条件被剥夺也起重要作用。

3．**板和网**　是细胞团、细胞索形成的囊和管因其他细胞参与致细胞群体形态显著改变而成。细胞板相互连接成网，如肝板和犬肾上腺髓质。

4．**细胞束**　受牵拉应力作用，细胞呈长柱状、长梭形，细胞群形成梭形束状结构，如心肌束、骨骼肌束、平滑肌束等。

5．**腱、软骨和骨**　这些结构的细胞之间有大量间质成分。骨则是由骨细胞与固体间质构成的骨单位这种特殊结构组成的。

6．**脑和神经**　脑内神经细胞以其特有的突触连接方式及细胞间桥共同组成神经网，神经是神经细胞从中枢神经系统向靶器官迁移的通道。

## （四）器官

器官是机体的一级组件，具有特定的形态、结构和功能。器官的大小、位置和结构模式由遗传决定，成体的器官组织场胚胎期已形成器官雏形。成体的器官也有组织场（organizing field）。成体器官组织场是居住细胞与微环境相互作用的结果，由物理因素、化学因素和生物因素组成。成体器官组织场承袭其各自的胚胎场而来。场效应主要表现为诱导干细胞演化形成特定细胞。成体的器官组织场，除保留雏形器官原有干细胞来源途径，还常增加另外的多种干细胞来源途径。在各种生理与病理条件下，机体能更经济地调动适宜的干细胞资源，以保证这些结构的完整性和正常功能。

### （五）机体

机体是由不同器官组成的整体。其整体性不只在于中枢神经系统与内分泌系统指挥和调控下的功能统一性，还在于由干细胞的流通与配送实现的全身结构统一性。血源性干细胞借血流这种公交性渠道到达各器官，经双向选择成为该器官的干细胞；中枢神经系统通过外周神经这种专线运送干细胞直达各器官，为其提供大量干细胞；淋巴系统是干细胞回流的管道系统，逃逸、萃聚或出胞的裸核循淋巴管，经淋巴结逐级组织相容性检查并扩增后补充机体干细胞总库，或就近迁移并补充局部干细胞群。如此，机体才成为真正意义上的结构和功能统一的整体。

## 五、规划与憧憬

是否将所积累的资料与思考公开发表，我犹豫再三。每想到用如此普通、如此简单的研究方法要解决那么多具有挑战性的问题，得出如此众多颠覆性的结论，提出如此多的新概念与新观点，内心总觉唐突。几经踌躇，终在我父亲一生务实、创新精神的激励下，决心以"图说组织动力学"为丛书名陆续出版。这是因为我相信"事实是科学家的空气"这句箴言。我所提供的全部是亲自观察拍摄的真实图像，都是第一手的原始照片。对于不愿接受组织动力学理念的显微形态学研究者，一些资料可填补传统组织学中某些空缺的细节描述。要知道，其中一些图像被发现的概率极小，它们是通过大海捞针式的工作才被捕获到的！对于愿意探索组织动力学的读者，若能起到抛砖引玉的作用，引起更多学者注意和讨论，也算是我对从事过的专业所能尽的一点心意。

本书以模型动物组织动力学为参照，汇集人和多种哺乳动物的组织动力学资料，内容包括多种动物细胞动力学和各种器官、结构、组织的形成、维持、转化与衰亡等演化规律，但尽量以正常成人细胞、结构、器官层次的自组织过程为主，以医学应用为归宿。

图说是一种新文体，意思是以图说话。但本书不是普通的组织图谱，而是用一组图说明一段情节，相关情节组合在一起构成一个演化过程。图片所含信息量大，再辅以图片注解，形象易懂。图像显示结构层次多、形态复杂。为便于理解，本书采用多种符号标示观察目标：★表示结构；※表示细胞群或多核细胞等；不同方向的实箭头指示细胞、细胞器、层状或条索状结构及小腔隙等；虚箭头表示细胞迁移方向或细胞流方向；不同序号①、②、③……表示相关联的结构、细胞或结构层次等。

现有资料涉及全身各主要器官系统，但不是全部。血液和骨骼在组织学中已有初步的动力学研究，故暂不列入。因组织标本来源繁杂，染色质量不一，致使图像质量也良莠不齐。现择其图像较清晰，说明问题较系统、较充分的部分收编成册，首批包括《图说心脏组织动力学》《图说血管组织动力学》《图说内分泌系统组织动力学》《图说神经系统组织动力学》《图说耳和眼组织动力学》《图说消化系统组织动力学》《图说呼吸系统组织动力学》《图说泌尿系统组织动力学》《图说生殖系统组织动力学》《图说细胞动力学》，共计10卷。

组织动力学是一门新的学科，主要研究机体内细胞、组织之间的演化动力学过程。组织动力学沿用了不少传统组织学的概念、名词，但将组织动力学内容完全纳入从宏观到微观的还原分析路线而来的传统组织学的静态结构框架实为不妥，会造成内部逻辑混乱而不能自洽。因为传统组织学崇尚的是概念明晰（其实很难做到），而组织动力学要处理的多为模糊对象。从逻辑上讲，组织动力学与从微观到宏观的人体发生学关系密切，组织动力学可以看作胚胎学各论的延伸。这种思想在我们编著的《人体组织学》（2002年郑州大学出版社出版）中已有提及。该书中增加了不少研究组织动力学的内容，但仍被误当作描述人体构造材料学的普通组织学。因此，将研究人体结构系统维生期的组织动力学过程的学科独立出来是顺理成章的。这也为容纳更多对人体结构的系统学研究内容留有更大空间，为人体结构数字化开辟道路。从这个意义上讲，人体组织学刚从潜科学转为显科学，是一个襁褓中的婴儿，又如一个蕴藏丰富的矿藏尚待开发。可见，认为组织学已经衰退、已无可作为的悲观看法，若是针对传统组织学而言是可以理解的，而对于组织动力学来说则是杞人忧天。组织动力学研究，不但有利于科学人体观的建立，而且必将对原有临床病理和治疗理论基础带来巨大冲击，并迎来临床基础研究的新高潮。传统组织学曾经在探究人体结构奥秘的过程中取得辉煌成就，许多成果已载入生物医学发展史册，至今仍普惠于人类。目前，在学习人体结构的初级阶段，传统组织学仍有一定的认识功能。但传统组织学名实不符，宜正名为显微解剖学，将其纳入人体解剖学更为合理。

建立组织动力学这一新的学科是一项宏大的工程，是需要千百万人的积极参与才能完成的艰巨任务，困难是不言而喻的。首先，图到用时方恨少，一动手编写，才发现现有资料并不十分完备。若全部按组织动力学要求重新制作并观察不同种属、不同品系、不同个体所有器官有代表性部位的连续切片，其工作量十分浩大，绝非少数人之力所能完成。现有组织学标本重复性较高，要寻找所预期的有价值的观察目标十分困难。而且所求索图像的意义越大，遇到的概率越小。这种资料搜集是一种永无止境的工作。其次，缺少讨论群体，有价值的学术思想往往是在激烈争论中产生并成熟的。组织动力学涉及医学生物学许多重大问题，又有许多新思想、新概念，正需要医学形态学广大师生与科研工作者、系统科学家、生物学家、细胞生物学家、生理学家及相关临床专家的共同参与、争论和批评，才能逐步明晰与完善。

在等待本书出版期间，显微形态学领域又取得了许多重要科研成果。干细胞研究更加深入，成体器官多发现有各自的干细胞，干细胞概念就是组织动力学的基石。特别是最近又发现许多器官干细胞巢和侧群细胞，更巩固了组织动力学的基础，因为组织动力学就是研究干细胞到成熟实质细胞的演化过程。成体器官干细胞与干细胞巢的证实有力地推动了组织动力学研究，组织动力学已经走上不可逆转的发展道路。相信组织动力学研究热潮不久就会到来，一门更成熟、更丰富、更严谨的组织动力学必将出现。

作者自知学识粗浅，勉力而成，书中谬误与疏漏在所难免，恳请广大读者不吝批评指教。

史学义

2013年12月于河南郑州

# 前言

新世纪伊始，生物医学就取得惊人的突破：发现神经细胞可以再生。这一发现，打破了数百年有关"神经细胞不能再生"的教条。但要洞察神经系统动态结构，神经细胞再生的发现只是万里长征的第一步。本书是根据组织动力学基本原理去研究神经系统组织动力学，初步探究神经干细胞发生来源、神经干细胞演化迁移过程和神经与所支配器官的实质联系。

第一章PC12细胞动力学，从观察体外培养PC12细胞系入手，展现作为神经细胞模型的PC12细胞的直接分裂过程和演化形成神经细胞与胶质细胞的过程，并揭示对理解神经系统组织动力学很有启示意义的神经细胞网络和多级神经传导通路两种重要自组织形式。

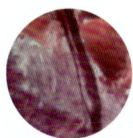

第二章中枢神经系统组织动力学，首先证实在体大脑神经细胞直接分裂和凋亡过程，并描述大脑细胞演化进程，而后勾画由侧脑室室管膜源大脑细胞演化途径、蛛网膜源大脑细胞演化途径和血管源大脑细胞演化途径实现的大脑组织动力学图景。这可为学习与记忆机制提供更多维度和更大空间。小脑组织动力学主要描述小脑蛛网膜组织动力学及其参与小脑细胞新老更替和小脑叶片新生和衰退的关系，大脑和小脑内神经细胞的流动是通过传导束以类似无髓神经纤维方式完成。脊髓主要通过室管膜细胞直接分裂、外迁与分化完成脊髓灰质的建构，

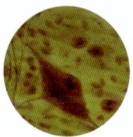

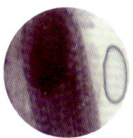

1

蛛网膜源脊髓干细胞也参与脊髓的部分建构。脊髓前角和后角神经细胞分别经脊神经前根与后根有髓神经纤维流出脊髓。脊髓内神经细胞的上下交流也是通过传导束的有髓神经纤维来实现。

第三章周围神经系统组织动力学，首先描述脊神经节、交感神经节和副交感神经节的节细胞动力学与结构动力学；其次描述周围神经与神经纤维的动力学过程，揭示无髓神经纤维和有髓神经纤维都是神经细胞核迁移通路，而有髓神经纤维轴索内核变形体的发现对整个神经系统组织动力学，乃至人体组织动力学的确立具有关键性意义。这对重新认识运动神经元疾病很有启示。运动神经末梢，运动终板、肌梭与终末丝栅等神经–肌组织演化过渡态的描述，可为瘫痪肢体肌肉迅速萎缩提供较合理的解释，更加确认神经与肌组织之间的演化关系，进一步完善神经系统组织动力学框架。

阐明脑脊膜源性脑和脊髓再生途径、脊髓前后角细胞流、有髓神经纤维轴索内变形核和神经与肌组织的演化关系，是神经细胞生物学领域的重大发现，是人体组织动力学的坚强支柱，对生物医学的发展将有深远的革命性意义。

此书得以完成，首先感谢原河南医科大学组织学与胚胎学教研室吴景兰教授对此项目早期研究的启发与引导，感谢付士显教授帮我突破理论与实践之间的屏障，让我从对组织学标本的实际观察中走上研究组织学的道路。感谢丁一教授对神经系统组织动力学研究所做的大量实际工作和合理建议。感谢任知春、张娓、阎爱华高级实验师对有关实验研究的参与和帮助。

　　本书得以出版，有赖国家出版基金的资助，特别感谢郑州大学出版社杨秦予副总编对此创新项目的选定、策划和组织方面所做的艰苦努力，及其在全书出版的各项工作中付出辛勤而精细的劳作。

作　者<br>2014年2月

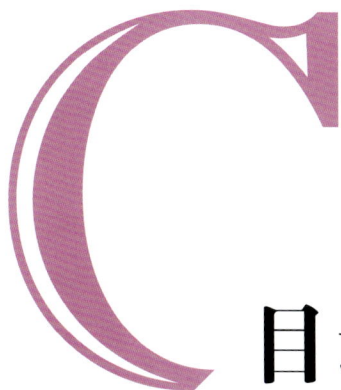

# 目录

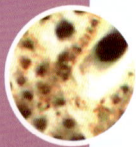

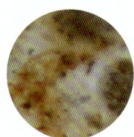

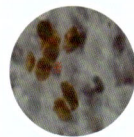

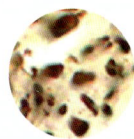

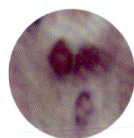

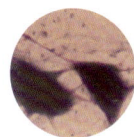

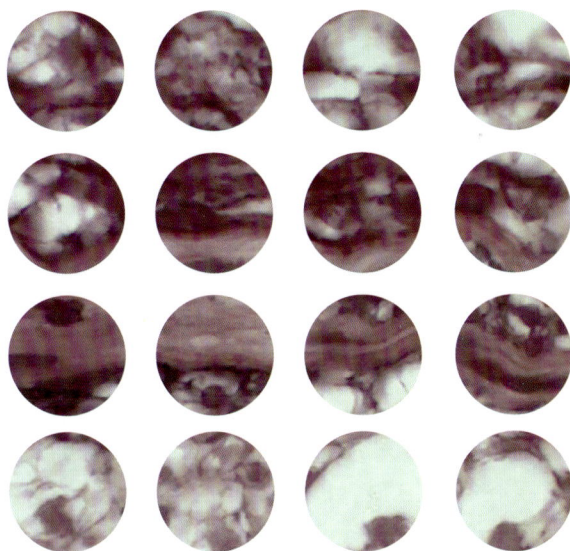

# 第一章
## PC12细胞动力学

　　细胞是多细胞生物体的基本结构与功能单位。细胞动力学是研究细胞增殖、演化、衰老和死亡动力学过程的科学。细胞动力学过程具有明显的种属特异性和器官组织特异性，并随机体的年龄与功能状态有明显变化。PC12细胞是研究神经细胞动力学的良好模型，本章专门描述培养PC12细胞动力学过程中的各种细胞行为。

## 第一节　PC12细胞系

　　PC12细胞系是来源于成年大白鼠肾上腺髓质嗜铬细胞瘤的细胞系，培养PC12细胞系可观察PC12细胞动力学及其演化形成神经细胞与胶质细胞的过程。

　　研究培养PC12细胞动力学的主要方法是盖玻片培养法。在神经生长因子诱导的PC12细胞传代培养过程中，按一定时间间隔放置盖玻片。待PC12细胞铺满盖玻片，将其取出，经吉姆萨染色，在光学显微镜下可观察到培养PC12细胞随培养时间展开的演化过程。裸核PC12细胞是演化形成神经细胞和胶质细胞的共同的原始干细胞，其演化的最初表现为细胞质的出现，并逐渐增多，表面形成多数细小的营养性突起（图1-1、图1-2），而后PC12细胞系分化形成神经细胞演化系和胶质细胞演化系。狭义的PC12细胞是指分化成为神经细胞与胶质细胞之前的PC12细胞；广义的PC12细胞则包括狭义的PC12细胞及其演化所形成的所有神经细胞与胶质细胞。本章使用广义的PC12细胞概念较多。

### 一、神经细胞演化系

　　演化早期的神经细胞核演化较快，较早形成较多细胞质，营养性突起长长、增粗（图1-3、图1-4），继之，一些无效突起废用消失，另一些优势突起继续增粗、变长（图1-5、图1-6），而后，细胞核嗜碱性逐渐减弱，突起数目更少、更粗、更长，起始部也随之增粗（图1-7、图1-8）。少数神经性突起形成是神经细胞成熟的标志，并随着细胞核的移动可分辨出前导突和尾随突（图1-9、图1-10）。

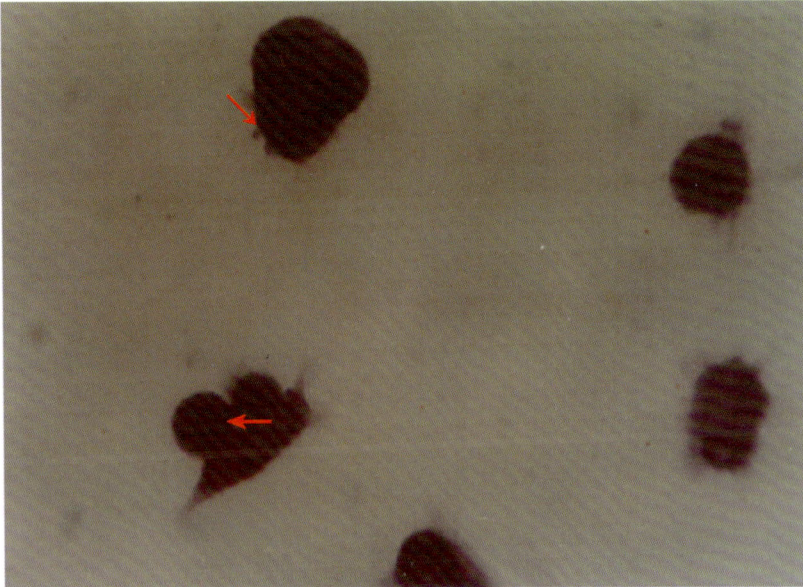

**■ 图1-1　演化早期的PC12细胞（1）**

吉姆萨染色　×400

←示分裂中的裸核样PC12细胞；↘示PC12细胞的初始营养性突起。

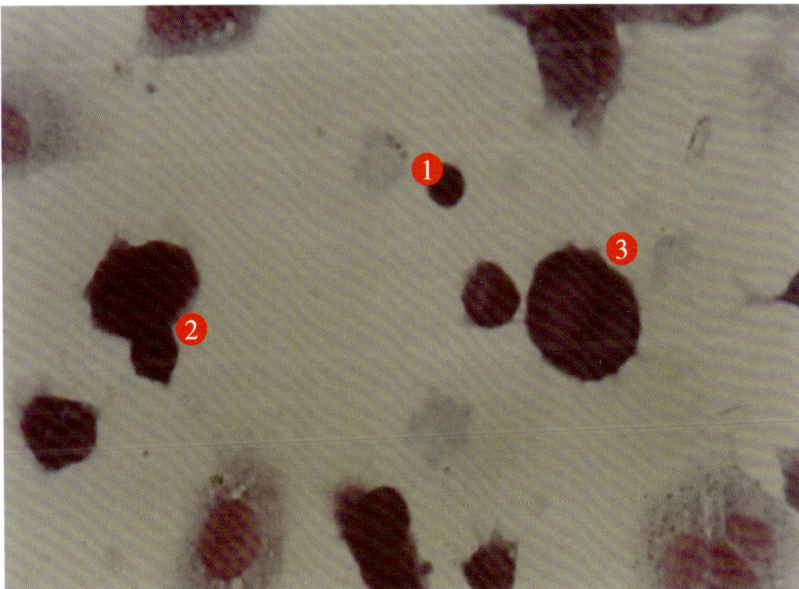

**■ 图1-2　演化早期的PC12细胞（2）**

吉姆萨染色　×400

❶示单个裸核PC12细胞；❷示三核聚体PC12细胞；❸示PC12细胞的初始突起。

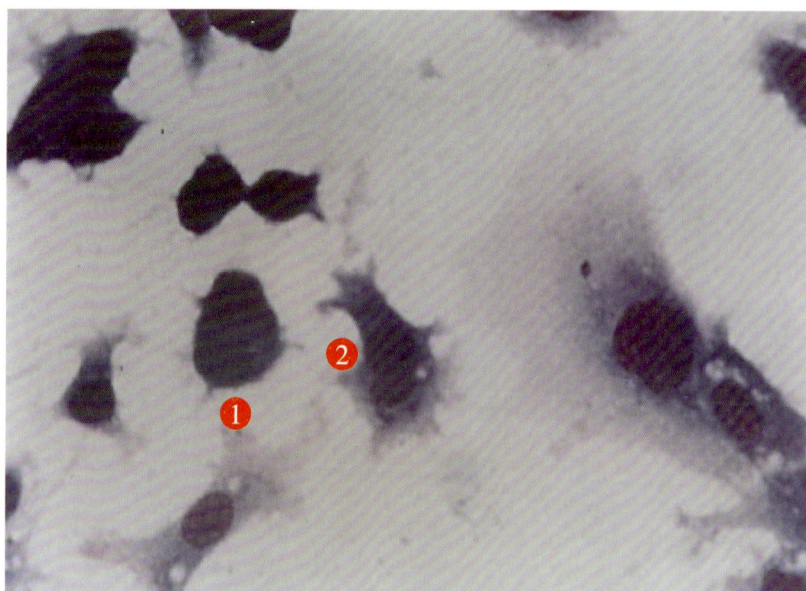

■ 图1-3　演化早期的PC12细胞（3）

吉姆萨染色　×400

❶示PC12细胞的初始突起增长；❷示早期神经细胞，核嗜碱性减弱，较多细胞质，原发突起增粗、变长。

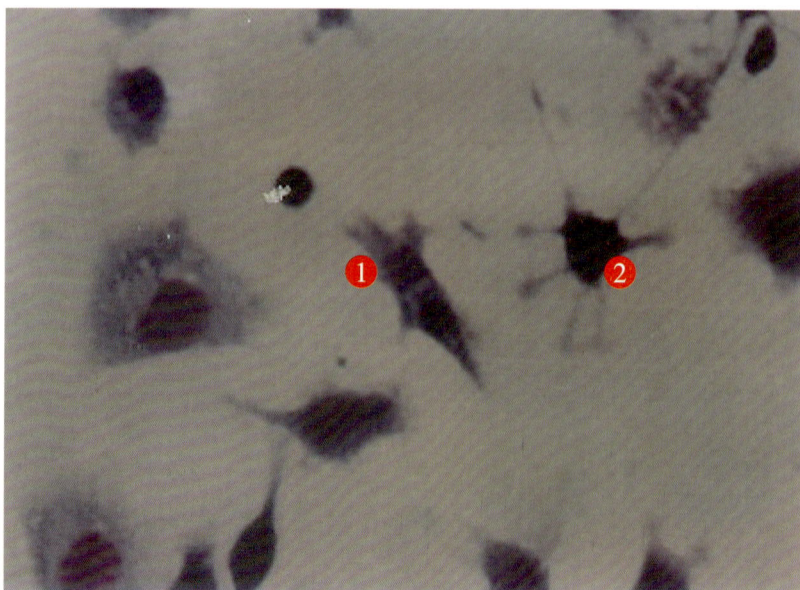

■ 图1-4　演化早期的PC12细胞（4）

吉姆萨染色　×400

❶示早期神经细胞，核嗜碱性减弱，较多细胞质，原发突起增粗、变长；❷示早期胶质细胞突起长长。

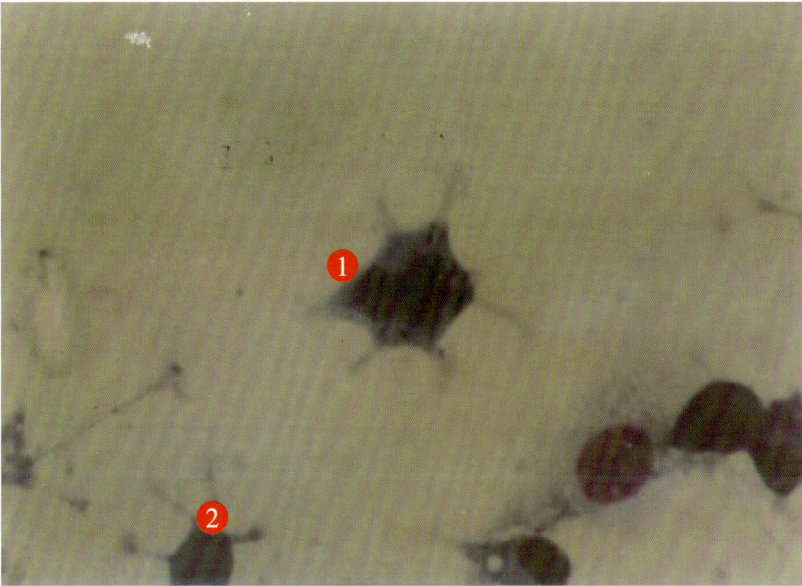

■ 图1-5　演化早期的神经细胞（1）

吉姆萨染色　×400

❶示早期神经细胞，核嗜碱性减弱，较多细胞质，原发突起增粗、变长；❷示早期胶质细胞，核浓染，很少细胞质，原发性突起增长。

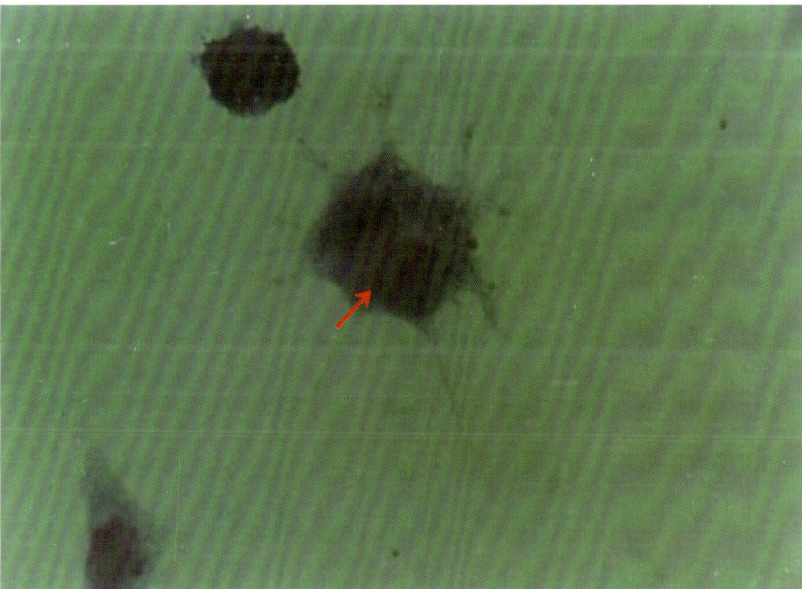

■ 图1-6　演化早期的神经细胞（2）

吉姆萨染色　×400

↗示早期神经细胞，核嗜碱性减弱，较多细胞质，原发突起增粗、变长。

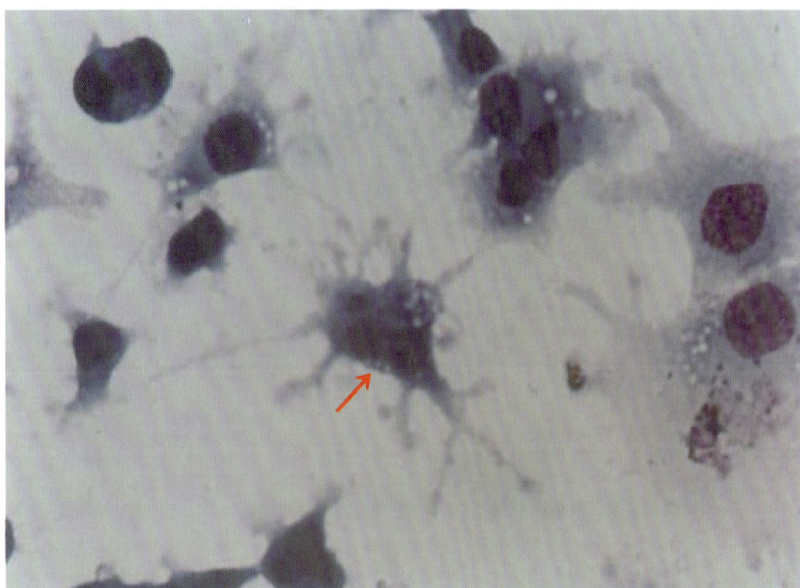

■ 图1-7 演化中的神经细胞（1）

吉姆萨染色 ×400

示演化中的神经细胞，细胞质进一步增加，优势突起继续增粗变长。

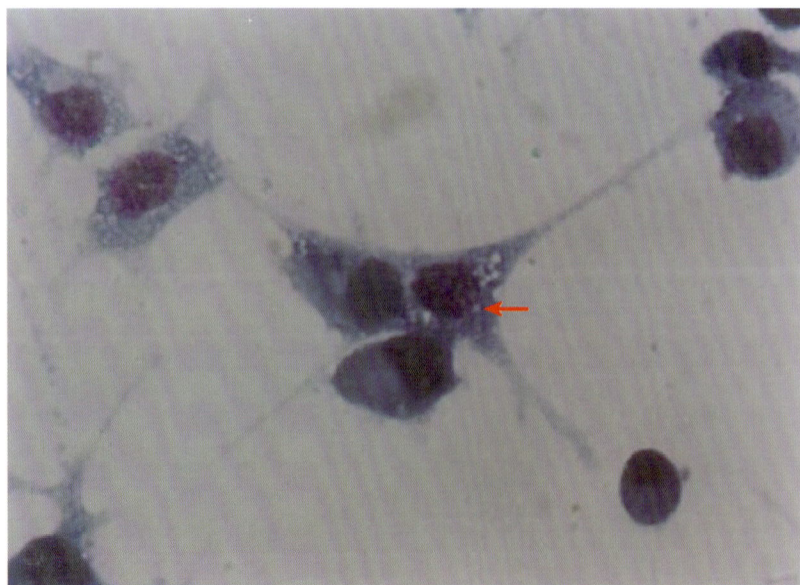

■ 图1-8 演化中的神经细胞（2）

吉姆萨染色 ×400

←示成熟的神经细胞，细胞核嗜碱性减弱，细胞质丰富，只保留少数神经性突起。

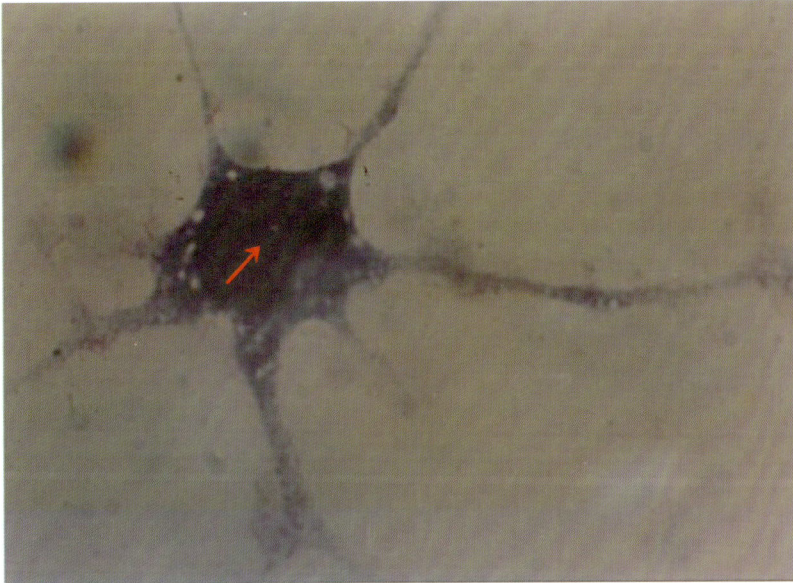

■ 图1-9 演化中的神经细胞（3）

吉姆萨染色 ×400

↗ 示演化中的神经细胞，细胞质进一步增加，优势突起继续增粗变长。

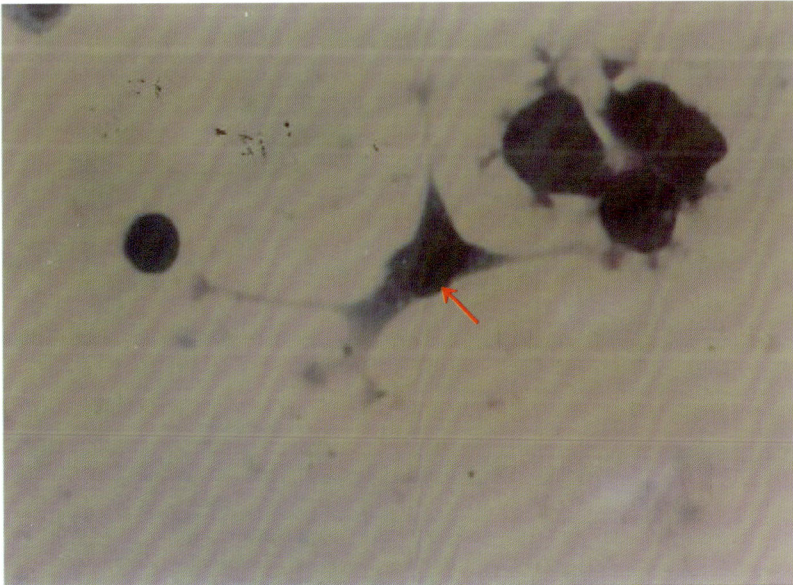

■ 图1-10 演化中的神经细胞（4）

吉姆萨染色 ×400

↗ 示演化中的神经细胞，细胞质进一步增加，优势突起继续增粗变长，突起起始部明显增粗。

## 二、胶质细胞演化系

神经胶质细胞的特征是浓染核加营养性突起。演化早期的胶质细胞与演化早期的神经细胞相比，突出的特点是细胞核演化滞后，基本保持寡质细胞状态（图1-11）。演化中期胶质细胞营养性突起增粗、延长（图1-12、图1-13）；较成熟的胶质细胞营养性突起较长，也较粗，但突起起始部并不明显增粗（图1-14）。少数胶质细胞突起内也可见部分细胞成分移动的痕迹（图1-15、图1-16），但无核转移。有时可见演化较特别的细胞，细胞核嗜碱性明显减弱，核周有丰富的细胞质，而仍保留胶质细胞营养性突起的特征（图1-17）。

胶质细胞和神经细胞的细胞动力学差别在于神经细胞核有显著的运动能力，而胶质细胞核则没有这种能力。早期胶质细胞可以游走，但其细胞核的中心位置并不改变。演化早期胶质细胞在适宜微环境中有可能演化形成神经细胞。

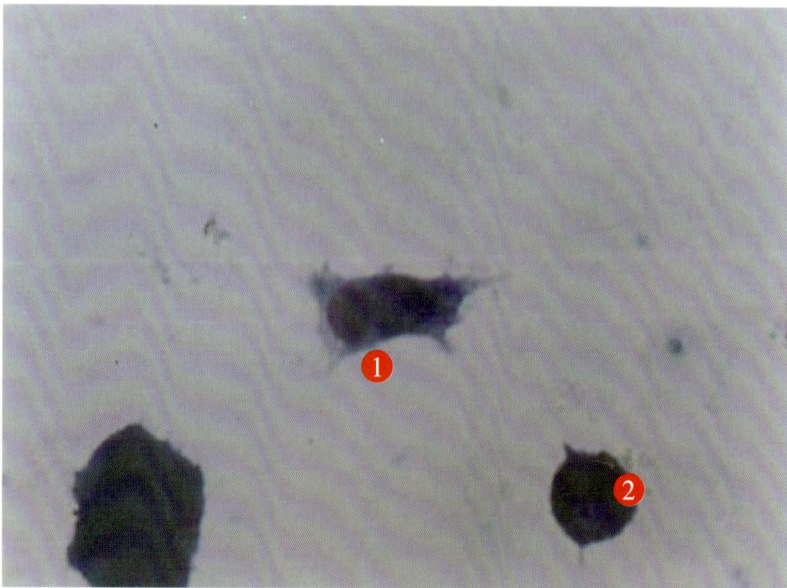

■ 图1-11 演化早期的胶质细胞

吉姆萨染色 ×400

❶示早期神经细胞，核嗜碱性减弱，较多细胞质，原发突起增粗、变长；❷示早期胶质细胞，核浓染，很少细胞质，原发性突起增长。

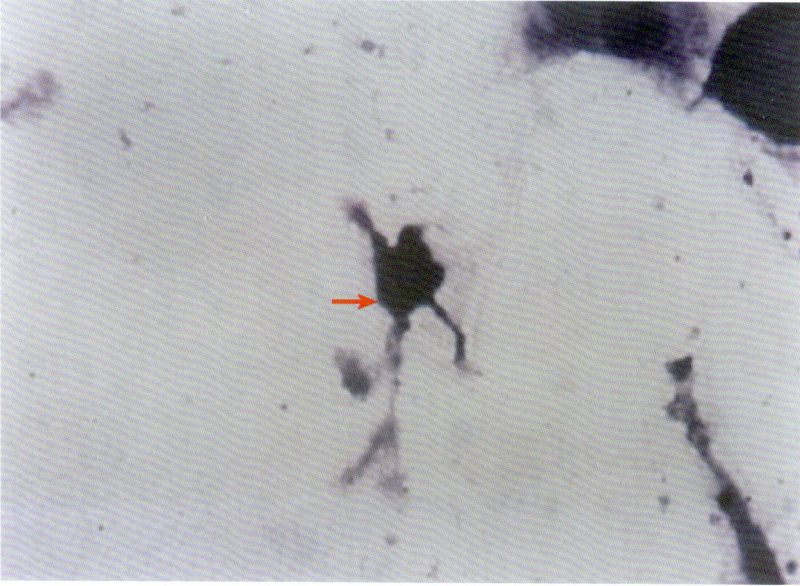

**■ 图1-12　演化中期的胶质细胞**

吉姆萨染色　×400

→ 示演化中期胶质细胞，核浓染，很少细胞质，原发性突起增长。

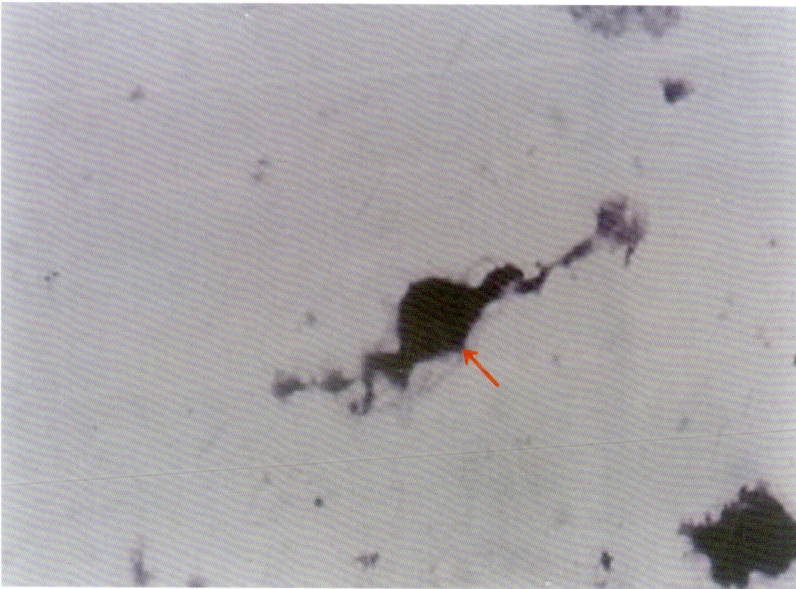

**■ 图1-13　较成熟的胶质细胞（1）**

吉姆萨染色　×400

↖ 示较成熟的胶质细胞，核浓染，很少细胞质，有较粗、较长的营养性突起。

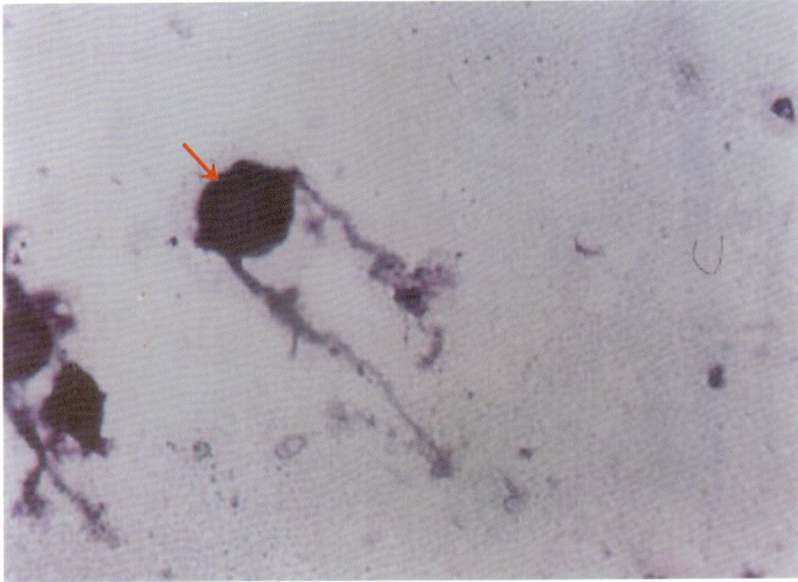

**图1-14 较成熟的胶质细胞（2）**

吉姆萨染色 ×400

示较成熟的胶质细胞，核浓染，很少细胞质，有较粗、较长的营养性突起。

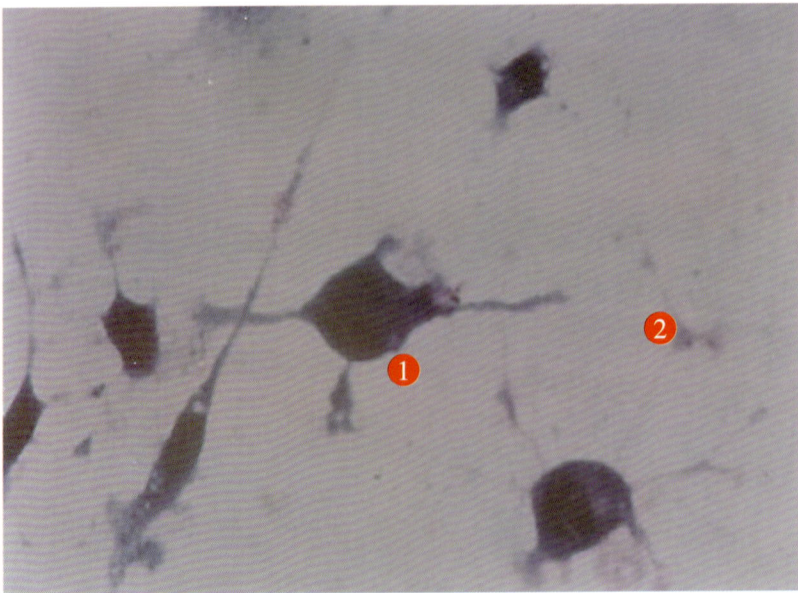

**图1-15 胶质细胞突起（1）**

吉姆萨染色 ×400

❶示少突胶质细胞；❷示星形胶质细胞突起内转移的细胞质成分。

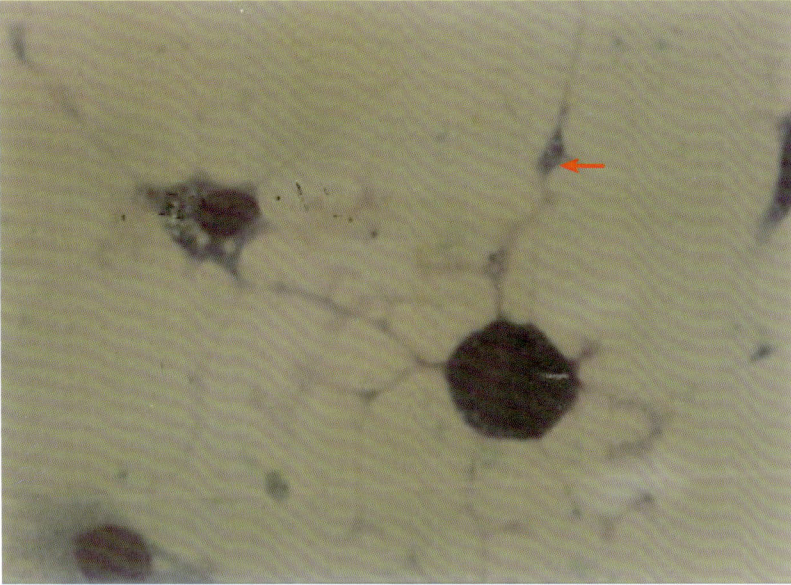

**■ 图1-16　胶质细胞突起（2）**

吉姆萨染色　×400

← 示胶质细胞突起内转移的细胞质成分。

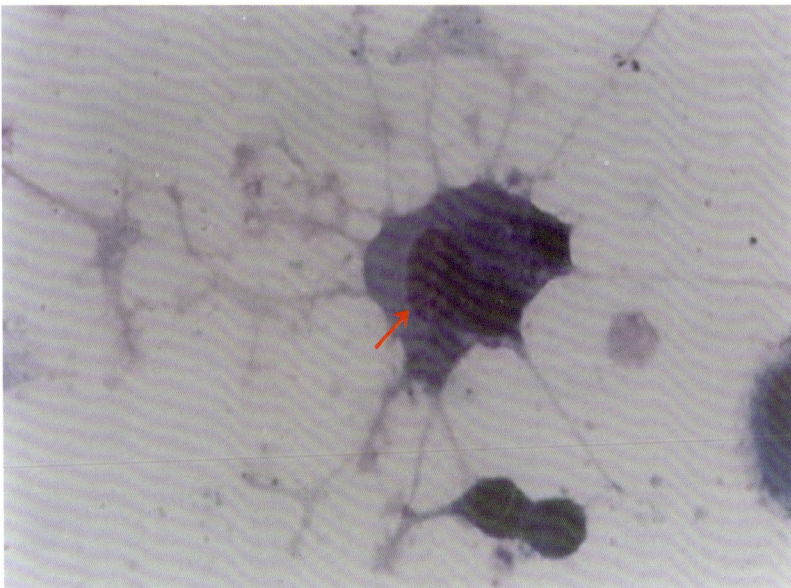

**■ 图1-17　演化特殊的PC12细胞**

吉姆萨染色　×400

示演化特殊的PC12细胞，细胞核明显演化，有丰富细胞质，而细胞突起保持胶质样营养性突起的特征。

## 第二节　PC12细胞分裂

PC12细胞演化是伴随细胞分裂实现的。培养12 h的PC12细胞可见裸核细胞分裂，而后PC12细胞分裂方式随培养时间不断改变。在不经同步化处理的PC12细胞48 h后的盖玻片培养物中，可见不同演化阶段的PC12细胞的多种复杂的直接分裂过程，详见该系列图书第十卷《图说细胞动力学》。本节主要描述与在体神经系统组织动力学密切相关的PC12细胞直接分裂方式。

### 一、对称性PC12细胞分裂

培养PC12细胞二裂类分裂出现较晚，却是更常见的PC12细胞直接分裂方式，二裂类PC12细胞分裂以横裂为主，有对称性和非对称性之别。演化较晚期神经细胞的分裂过程又分核分裂和细胞分裂两个阶段。

#### （一）对称性PC12细胞核横裂

PC12细胞核横裂以横缢型核横裂为主。最早的横缢型核横裂见于裸核细胞和寡质细胞，只可见环形核缢痕（图1-18、图1-19），因时程太短，其他分裂细节不易观察。分化的神经细胞核横裂初期见细胞核赤道部出现环形浅凹痕（图1-20），继之凹痕逐步加深（图1-21～图1-23），而后将要分开的两个子细胞核仅留部分核质相连（图1-24①），接着相连的核质减少（图1-25），连接部逐渐变细（图1-26、图1-27），继之仅留极细的核质细丝相连（图1-28），最后细丝断开，形成两个细胞核（图1-24②）。

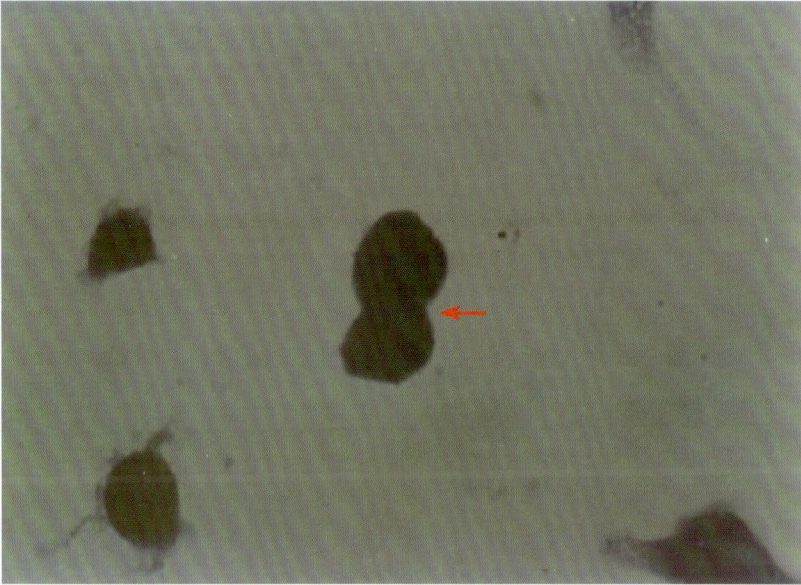

**■ 图1-18　PC12细胞核横缢型直接分裂（1）**
吉姆萨染色　×400
←示细胞核中部出现环形缢痕。

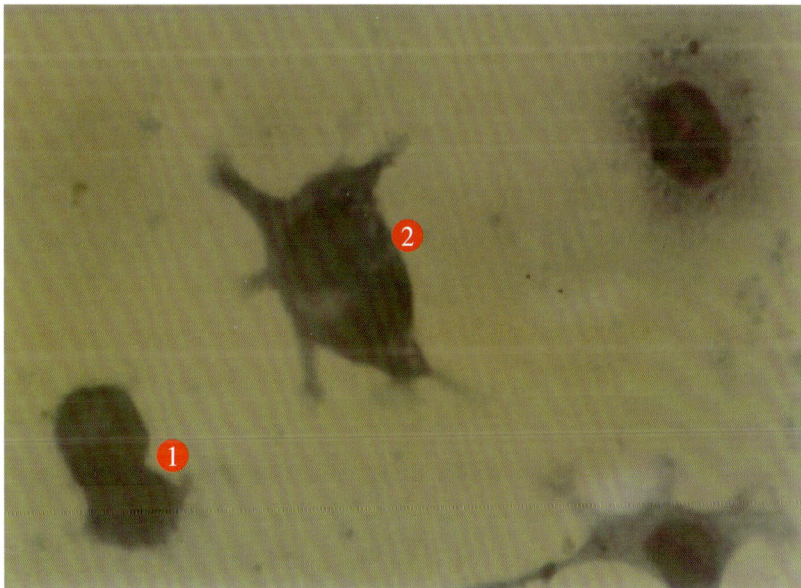

**■ 图1-19　PC12细胞核横缢型直接分裂（2）**
吉姆萨染色　×400
❶示寡质PC12细胞横缢型直接分裂；❷示演化中神经细胞向横裂型直接分裂。

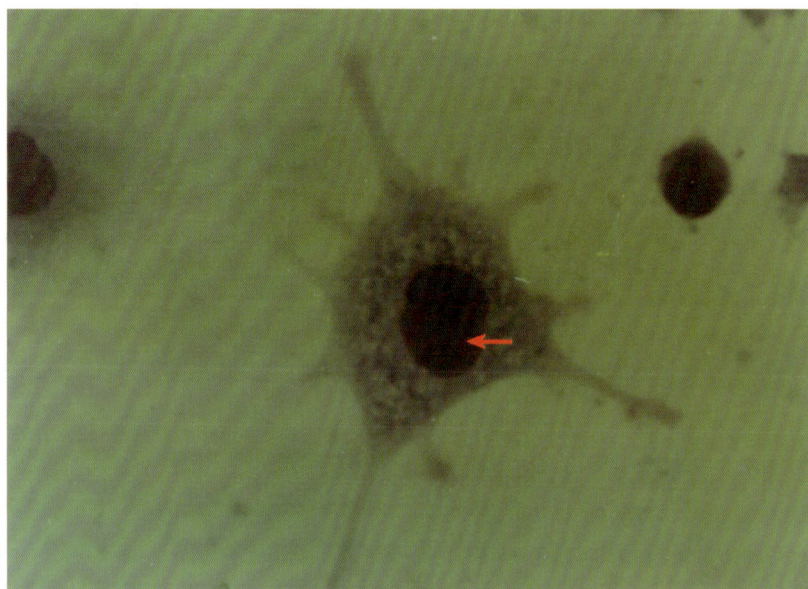

■ 图1-20　PC12细胞核横缢型直接分裂（3）
吉姆萨染色　×400
← 示分裂早期，神经细胞核中部出现环形浅缢痕。

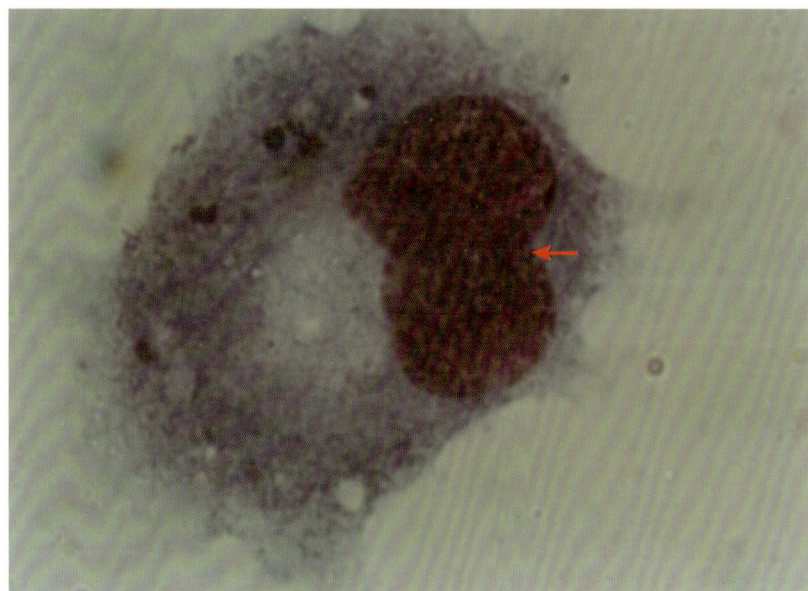

■ 图1-21　PC12细胞核横缢型直接分裂（4）
吉姆萨染色　×1 000
← 示分细胞核中部环形缢痕加深。

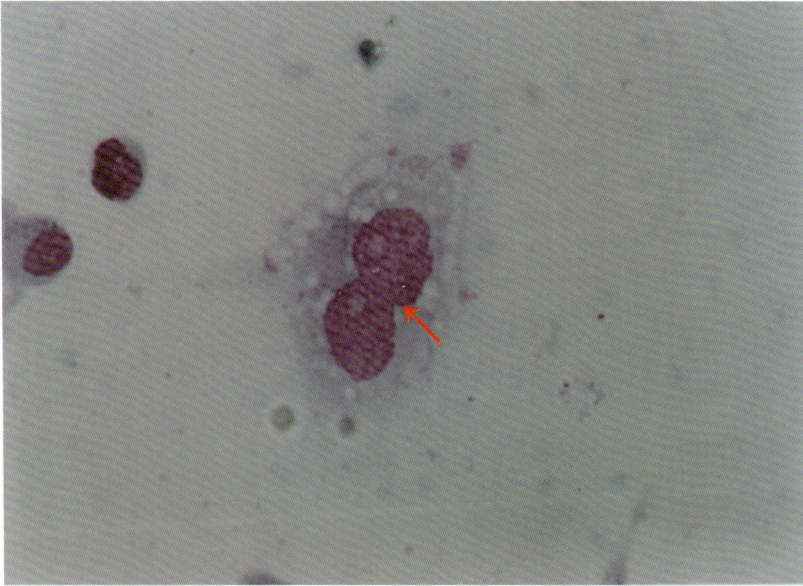

■ 图1-22　PC12细胞核横缢型直接分裂（5）

吉姆萨染色　×400

示细胞核中部环形缢痕更深。

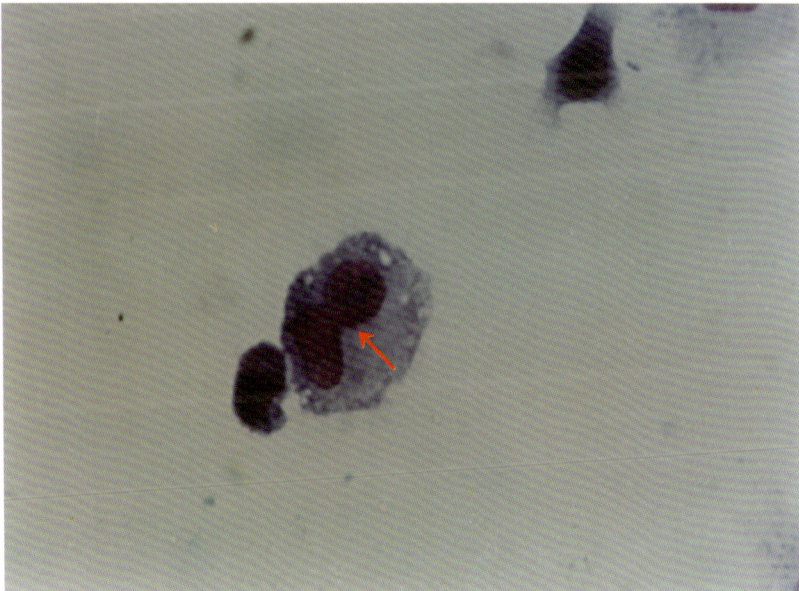

■ 图1-23　PC12细胞横核缢型直接分裂（6）

吉姆萨染色　×400

示细胞核的环形缢痕进一步加深。

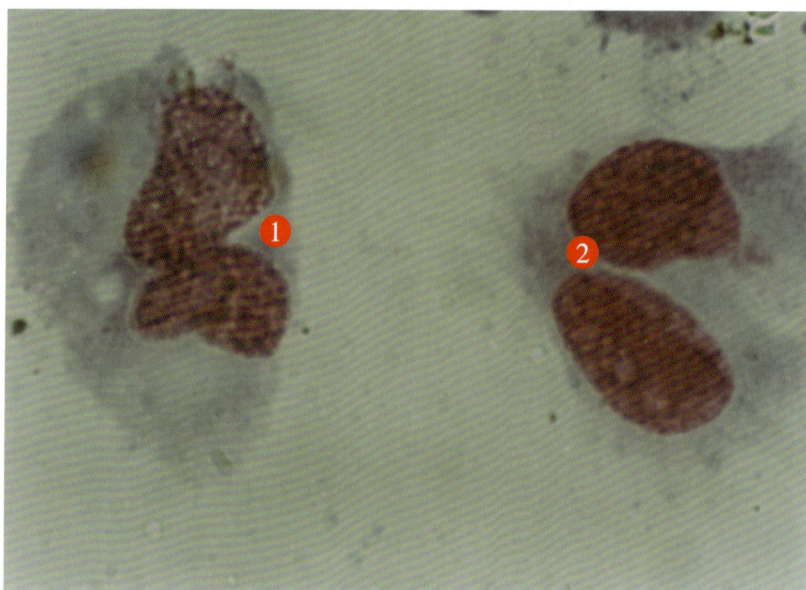

■ 图1-24　PC12细胞核横缢型直接分裂（7）

吉姆萨染色　×1 000

❶示两个子核之间有部分核质相连；❷示刚分开的两个子细胞核。

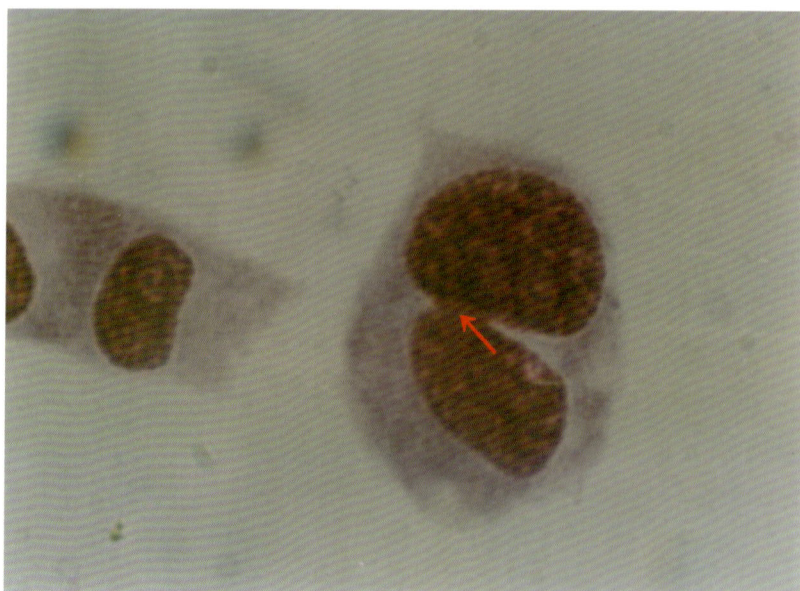

■ 图1-25　PC12细胞核横缢型直接分裂（8）

吉姆萨染色　×1 000

↖示两个子核之间相连核质减少。

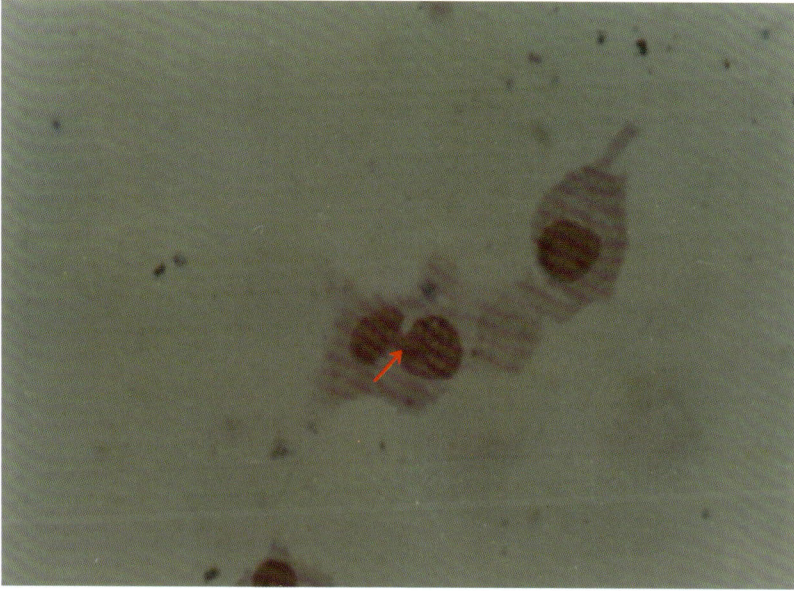

■ 图1-26  PC12细胞核横缢型直接分裂（9）

吉姆萨染色  ×400

↗ 示两子核之间细连接部。

■ 图1-27  PC12细胞核横缢型直接分裂（10）

吉姆萨染色  ×400

↗ 示两子核连接部变细。

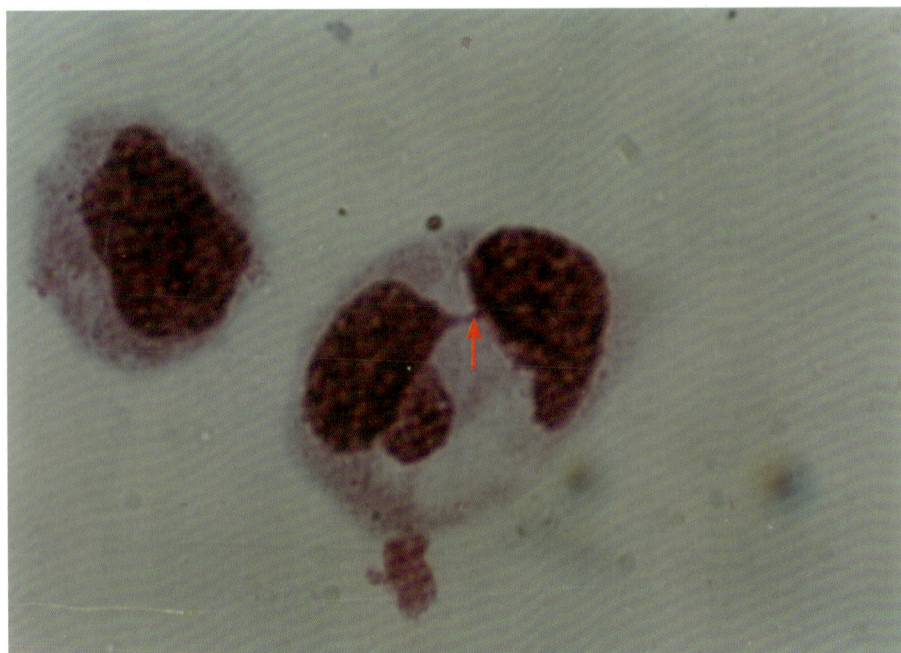

**■ 图1-28　PC12细胞核横缢型直接分裂（11）**

*吉姆萨染色　×1 000*

↑示分裂的两细胞核仅有核细丝相连。

## （二）对称性PC12细胞（质）分裂

细胞质分裂之初，有较多细胞质相连（图1-29、图1-30），随着两细胞距离变远连接部逐渐变细（图1-31、图1-32）。当两细胞远离时连接部可变得细长，以致成为胞质细丝（图1-33、图1-34），可见两神经细胞之间的胞质细丝除单向或双向神经突起接触外，确实有细胞质间桥存在。细胞质间桥细丝继续拉长可致断裂，形成类似突触样连接（图1-35、图1-36），但远不及相向两突起的突触连接复杂（图1-37、图1-38）。

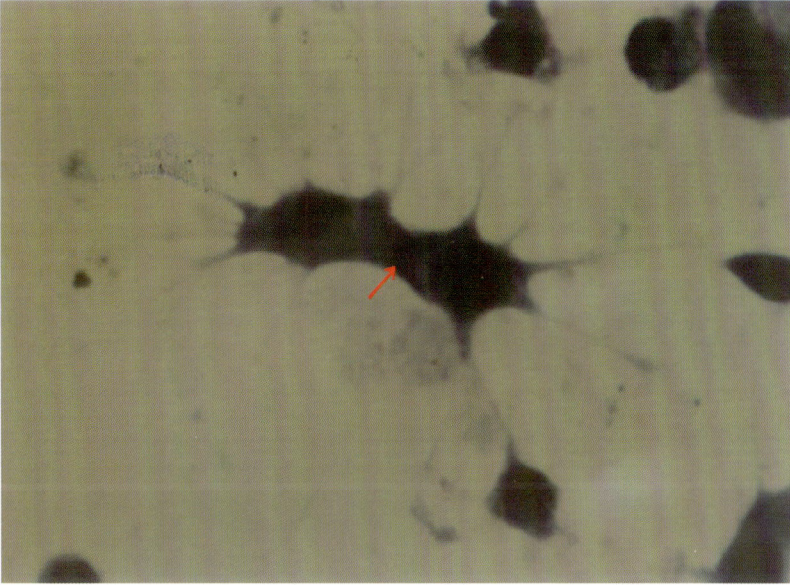

**■ 图1-29 PC12细胞（质）分裂（1）**

吉姆萨染色 ×400

示早期两个细胞之间有较多细胞质相连。

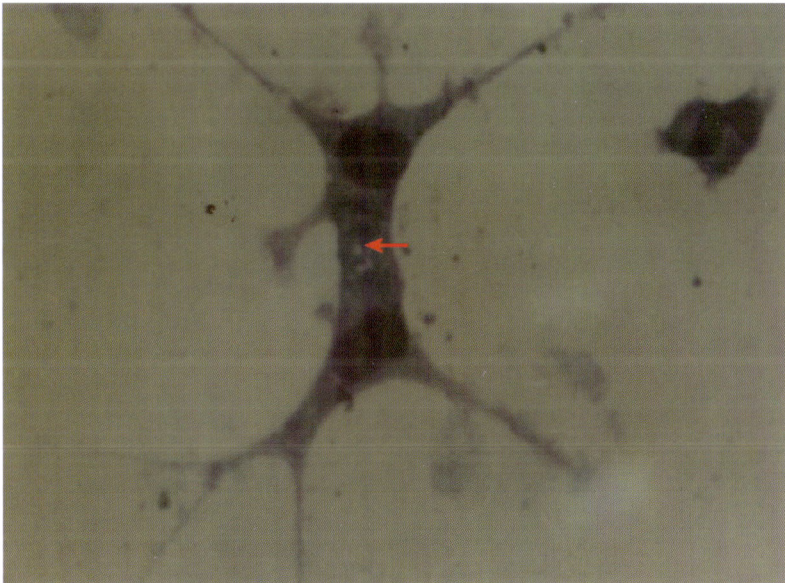

**■ 图1-30 PC12细胞（质）分裂（2）**

吉姆萨染色 ×400

示早期两个细胞之间有较多细胞质相连。

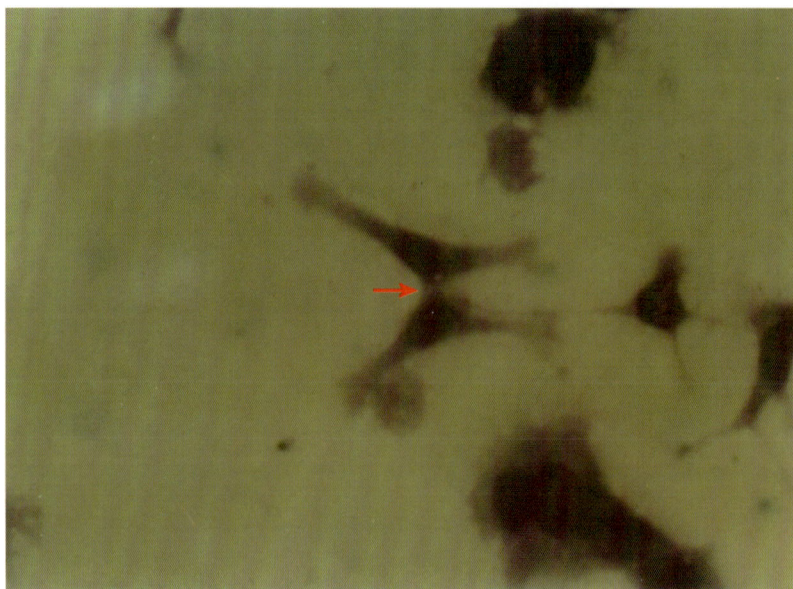

■ 图1-31 PC12细胞（质）分裂（3）

吉姆萨染色 ×400

→ 示较晚期，两个细胞相连细胞质减少。

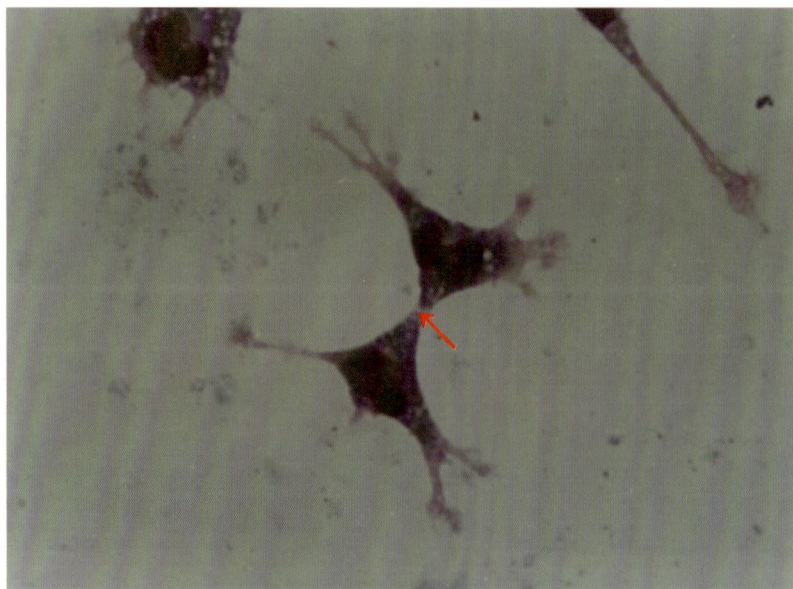

■ 图1-32 PC12细胞（质）分裂（4）

吉姆萨染色 ×400

示细胞质分裂晚期，两个细胞的细胞质将要完全断开。

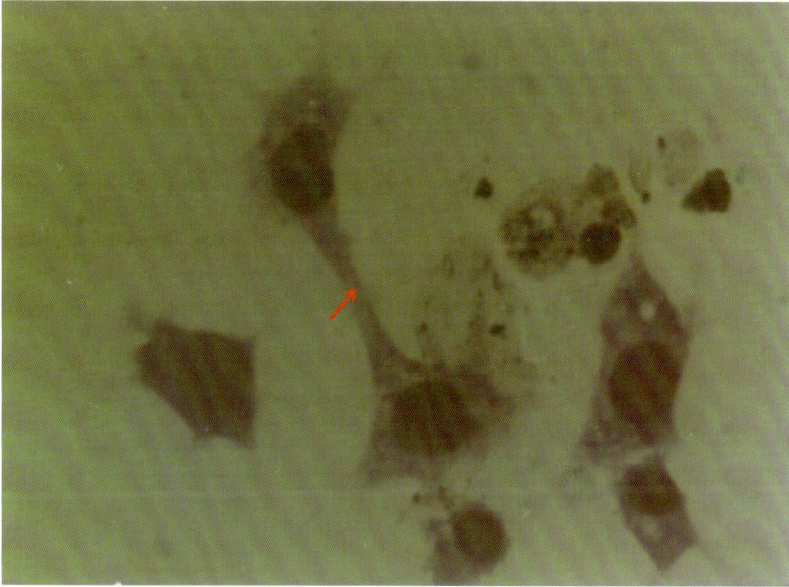

■ 图1-33　PC12细胞（质）分裂（5）

吉姆萨染色　×400

示两个细胞之间有细长的细胞质相连部。

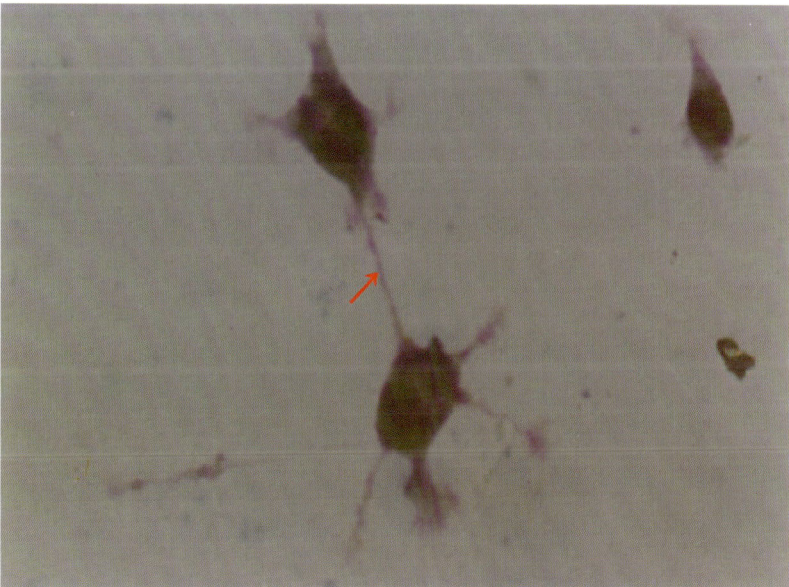

■ 图1-34　PC12细胞（质）分裂（6）

吉姆萨染色　×400

示细胞分裂晚期，两个细胞之间仅有细胞质细丝相连。

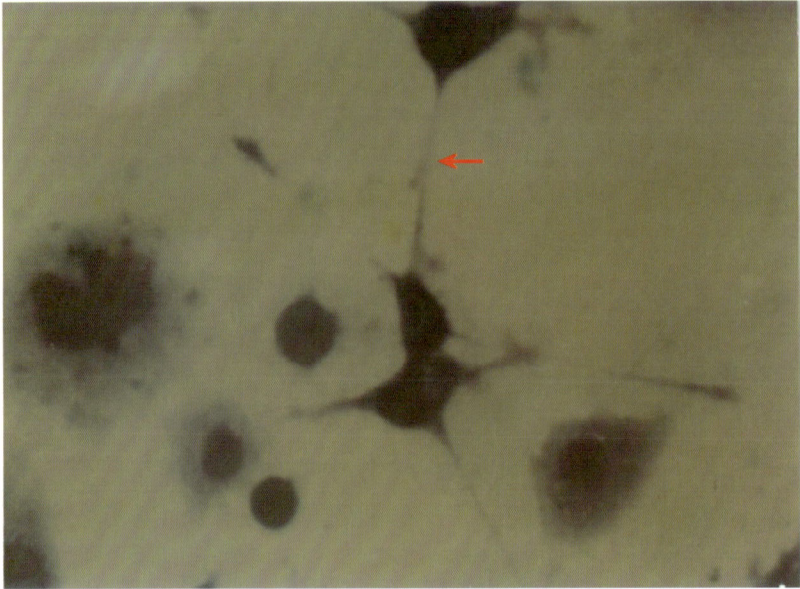

■ 图1-35　PC12细胞（质）分裂（7）
吉姆萨染色　×400
← 示细胞质分裂晚期，两个细胞之间细丝将要断裂。

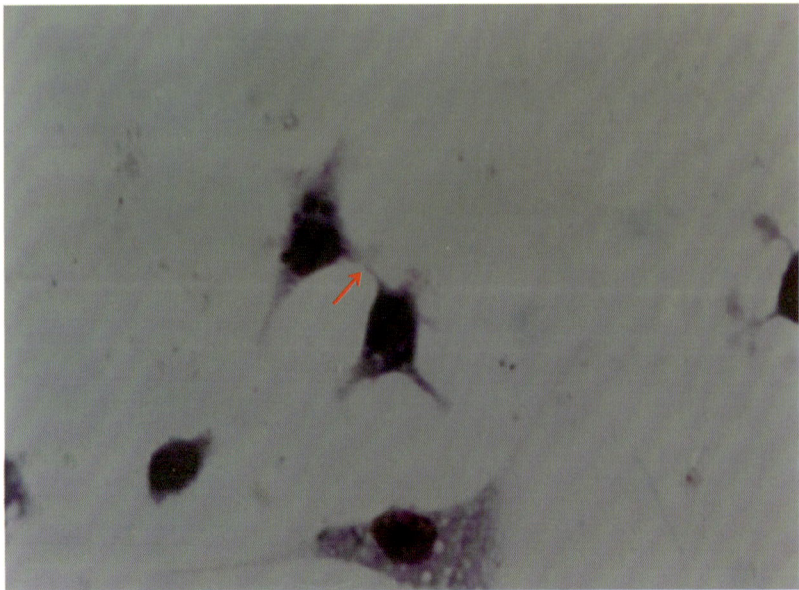

■ 图1-36　PC12细胞（质）分裂（8）
吉姆萨染色　×400
↗ 示细胞质分裂晚期，两个细胞之间连接细丝断离，形成类似突触的突起间连接。

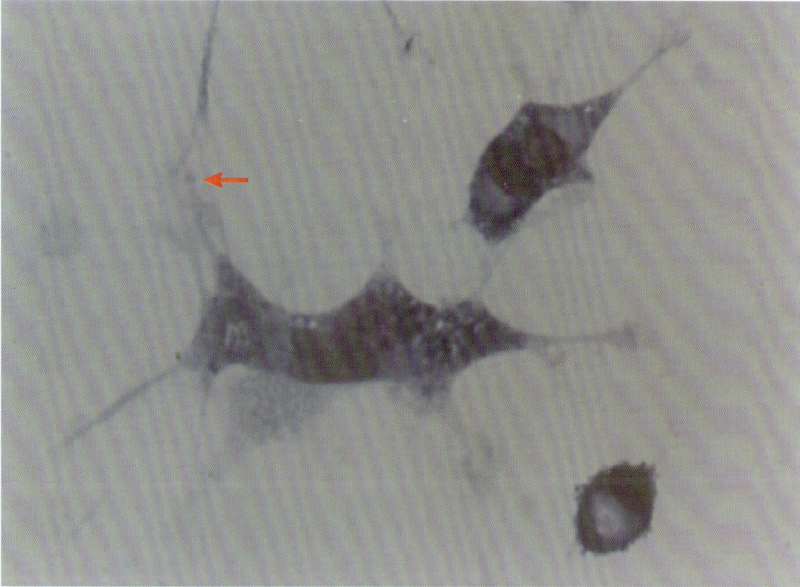

■ 图1-37　神经细胞突起接触（1）

吉姆萨染色　×400

←示神经细胞突起之间较复杂的接触。

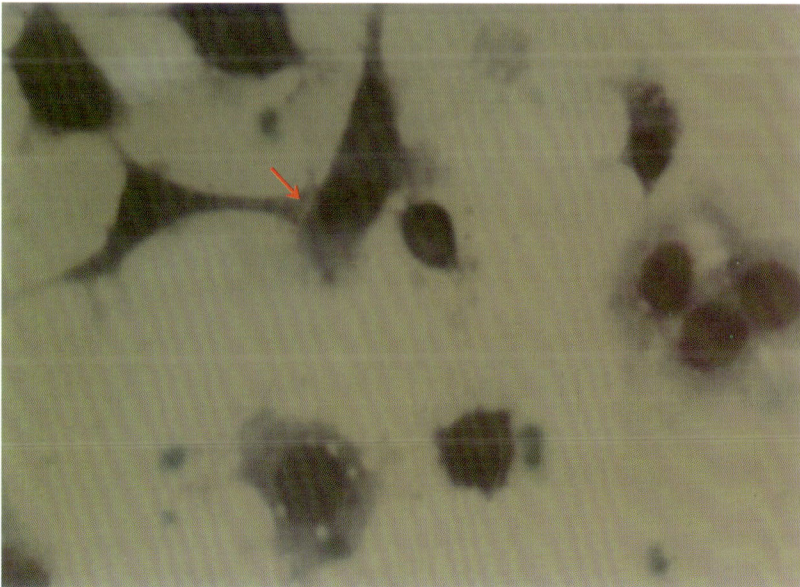

■ 图1-38　神经细胞突起接触（2）

吉姆萨染色　×400

↙示一神经细胞突起与另一神经细胞体接触。

## 二、非对称性PC12细胞分裂

在PC12细胞演化进程中，除对称性二裂类细胞分裂外，也常见PC12细胞的非对称性分裂，主要是演化程度不对称和运动状态不对称。

### （一）演化程度不对称性PC12细胞分裂

演化程度不对称性PC12细胞分裂是指分裂的两个细胞演化程度有明显差别，细胞的演化程度主要依据细胞核的演化程度判定。

**1. 细胞核演化进程** 细胞核也有其演化进程，识别标准是细胞核的嗜色性。随着演化进展，细胞核嗜碱性逐渐减弱，嗜酸性逐渐增强。在吉姆萨染色标本上可明显区分细胞核嗜色性差异，幼稚细胞核强嗜碱性，深蓝色；演化晚期细胞嗜碱性减弱，或显示嗜酸性，呈红色（图1-39）。用甲绿-哌若宁染色的PC12细胞铺片，也可观察到培养PC12细胞核的嗜色性演变。幼稚的PC12细胞核呈深绿色，少量细胞质呈淡红色，随着细胞演化龄增加，细胞核变成灰蓝色，并逐渐淡染，细胞质增加，哌若宁着色明显（图1-40、图1-41）。

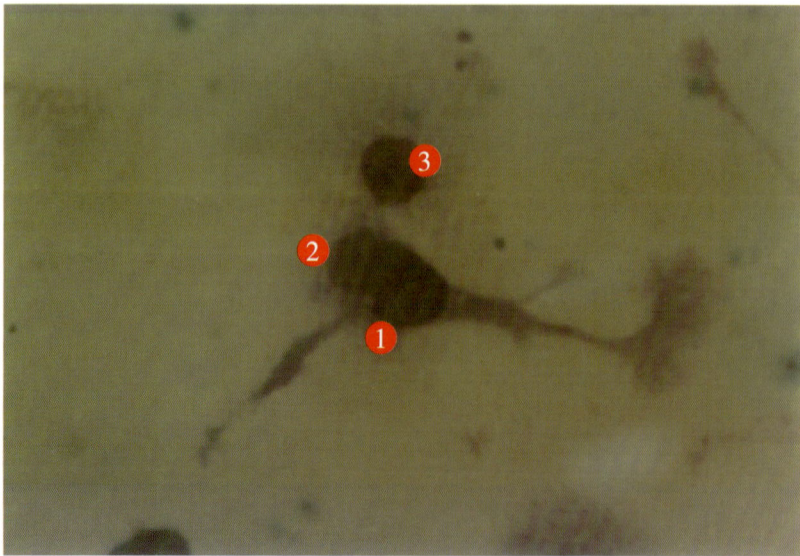

**■ 图1-39 PC12细胞核演化（1）**

吉姆萨染色 ×400

①、②和③示演化程度逐步增高的PC12细胞核。

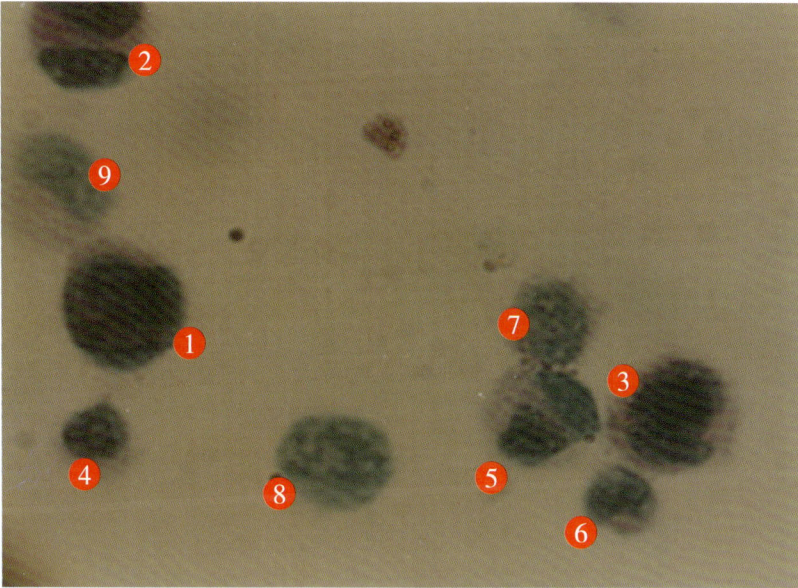

■ 图1-40 PC12细胞核演化（2）

甲绿–哌若宁染色 ×400

❶、❷、❸、❹、❺、❻、❼、❽和❾示PC12细胞核早期演化进程。

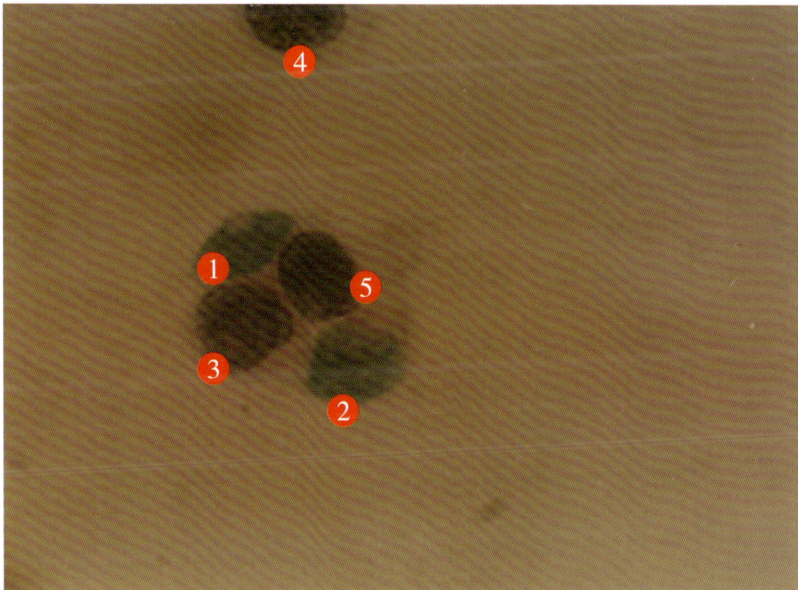

■ 图1-41 PC12细胞核演化（3）

甲绿–哌若宁染色 ×400

❶、❷、❸、❹和❺示PC12细胞核中晚期演化进程。

**2. 细胞分裂进程** 演化程度不对称性PC12细胞分裂表现为绿色细胞核与灰色细胞核的分裂（图1-42、图1-43）。在吉姆萨染色标本上，早期可见细胞核分成红蓝两部分，而后分成两个明显不同的细胞核。其细胞质嗜色性也有明显差异，即成为两个演化程度不同的细胞（图1-44、图1-45）。两个细胞核距离渐远（图1-46），细胞质连接部分由多变少(图1-47)，以至仅留胞质细丝相连（图1-48），最终完全断离，成为两个独立的、演化程度不同的细胞。演化程度不对称性细胞分裂是细胞分化的重要细胞学机制。

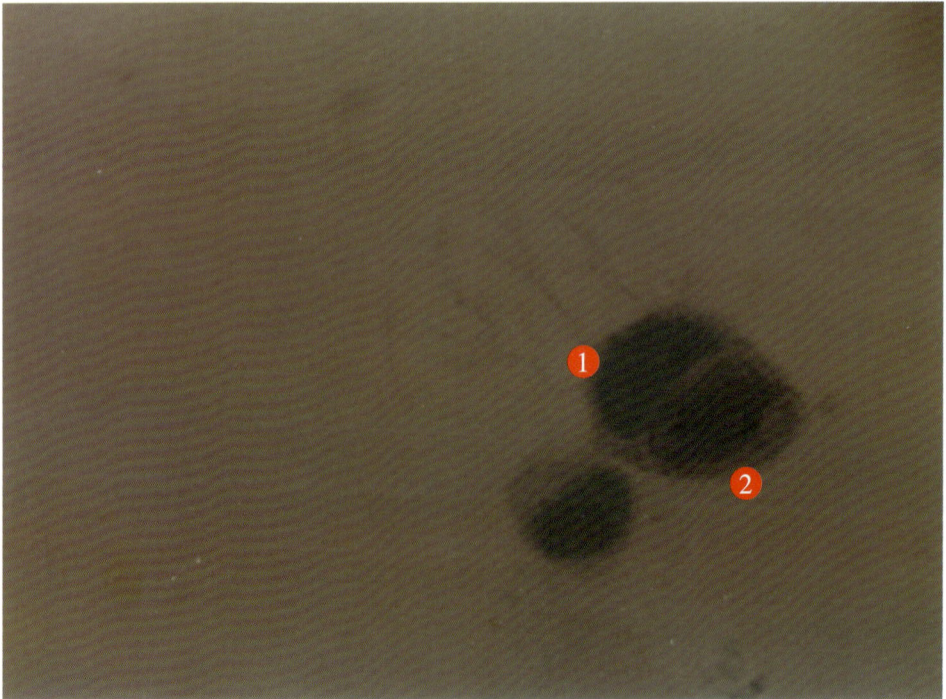

■ **图1-42 演化程度不对称性PC12细胞分裂（1）**
甲绿–哌若宁染色 ×400
❶示演化较早期PC12细胞核；❷示演化较晚期PC12细胞核。

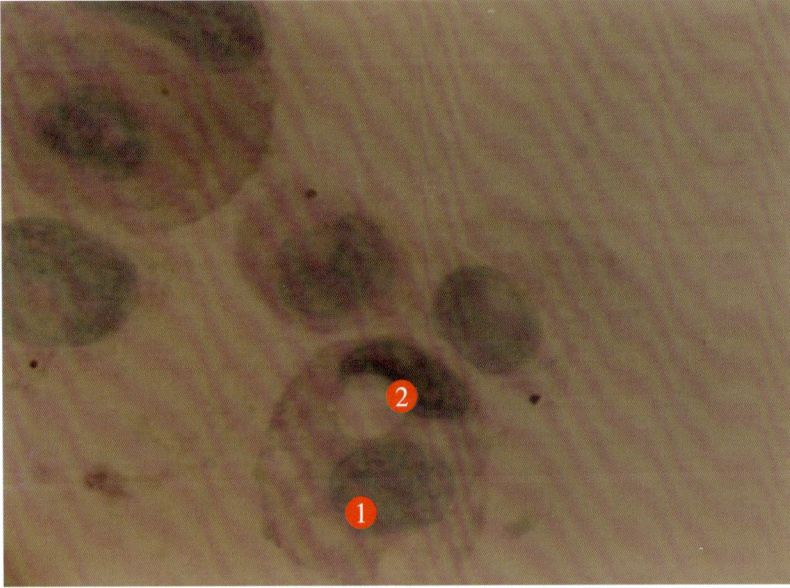

■ 图1-43 演化程度不对称性PC12细胞分裂（2）

甲绿-哌若宁染色 ×1 000

❶示演化较早期PC12细胞核；❷示演化较晚期PC12细胞核。

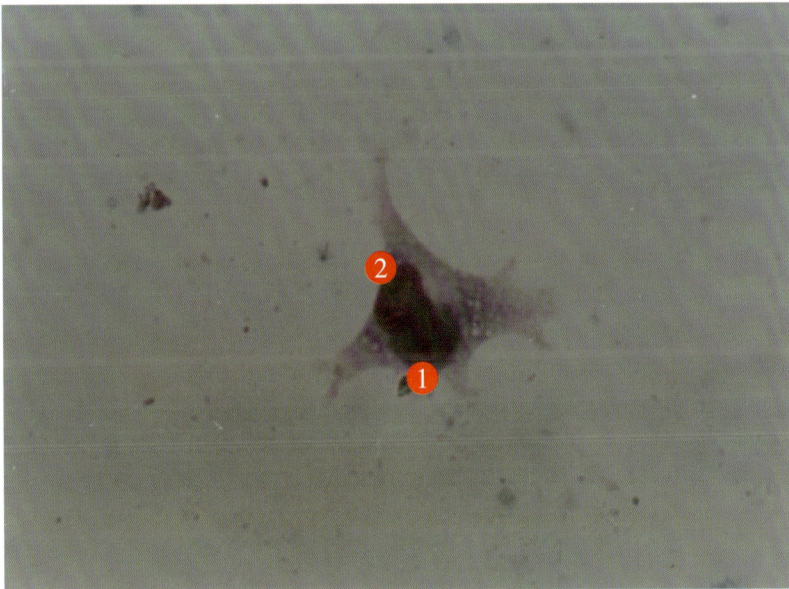

■ 图1-44 演化程度不对称性PC12细胞分裂（3）

吉姆萨染色 ×400

❶示演化较早期PC12细胞核；❷示演化较晚期PC12细胞核。

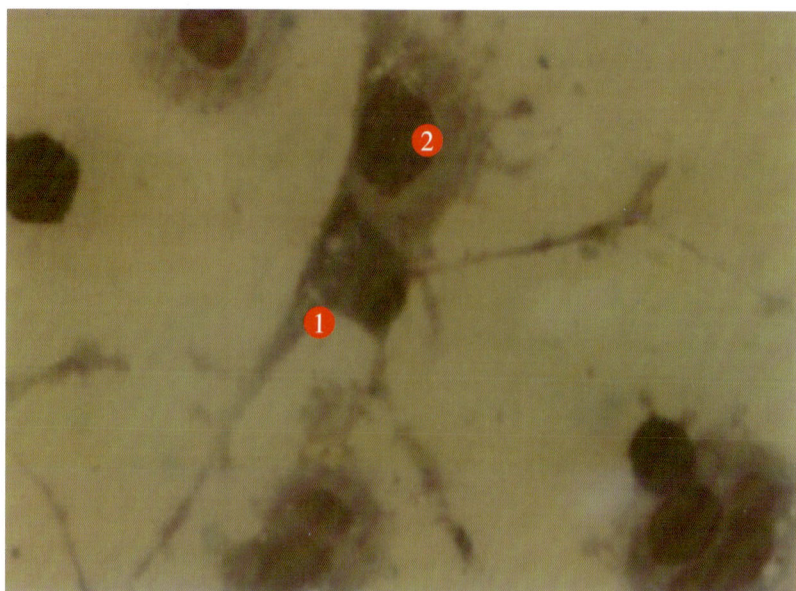

■ 图1-45　演化程度不对称性PC12细胞分裂（4）

吉姆萨染色　×400

❶示演化较早期PC12细胞；❷示演化较晚期PC12细胞。

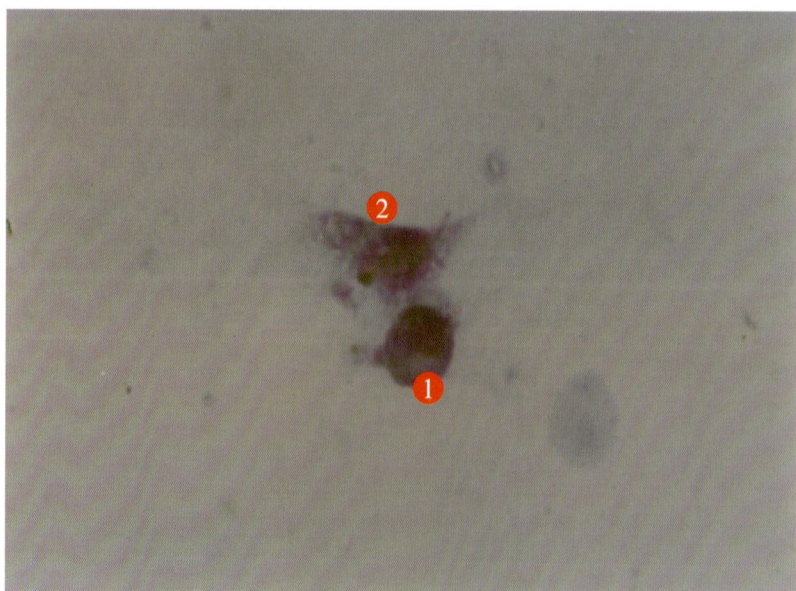

■ 图1-46　演化程度不对称性PC12细胞分裂（5）

吉姆萨染色　×400

❶示演化较早期PC12细胞；❷示演化较晚期PC12细胞。

28

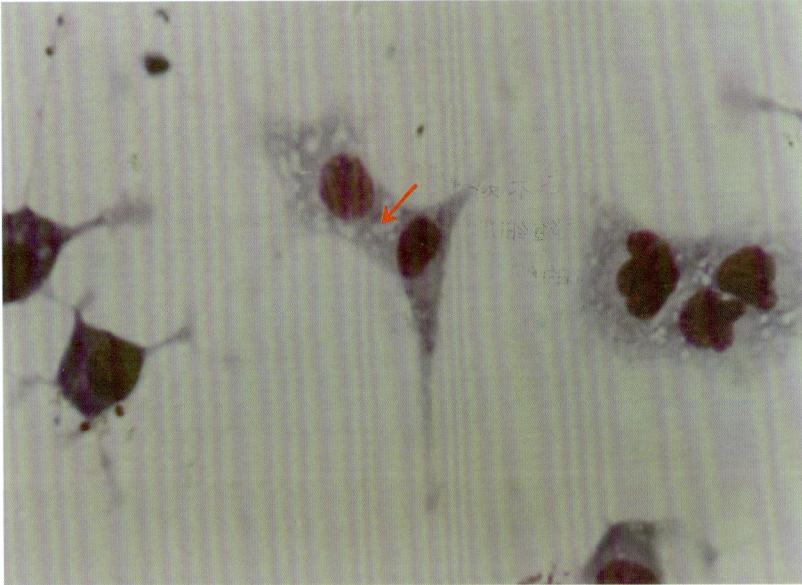

■ 图1-47　演化程度不对称性PC12细胞分裂（6）

吉姆萨染色　×400

↘ 示将要分开的两个子细胞有较多细胞质相连。

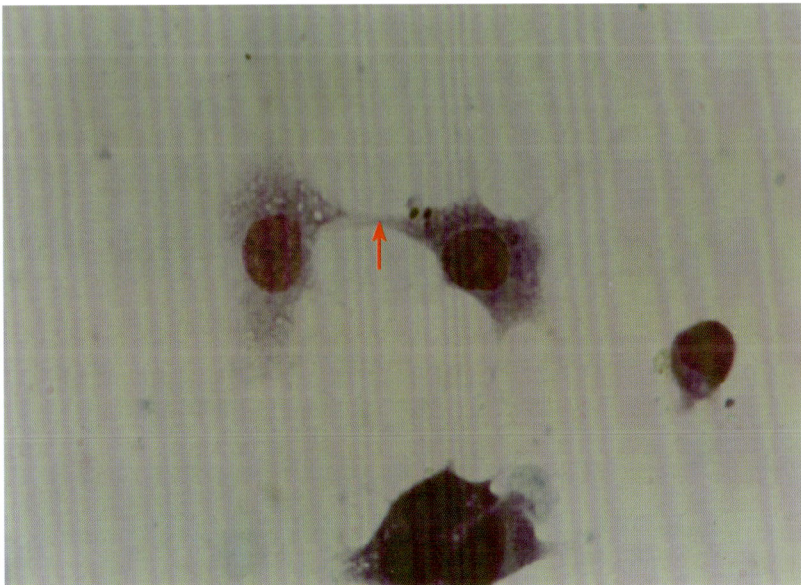

■ 图1-48　演化程度不对称性PC12细胞分裂（7）

吉姆萨染色　×400

↑ 示分开的两个子细胞只留胞质细丝相连。

## （二）PC12细胞动态不对称性细胞分裂

不少PC12细胞分裂伴随细胞突起生长（图1-49、图1-50）。随着细胞突起长长，进入突起内的细胞核离开母细胞核（图1-51、图1-52），突起内的细胞核离开母细胞核渐行渐远（图1-53、图1-54），显然在此分裂过程中，移动的主要是突起内细胞核，而母细胞核很少移动或相对静止。突起内细胞核可以是循前导突方向移动（图1-55、图1-56），当前导突特别细长，从母体离开的细胞核就好像是流星锤被掷出去一样（图1-57、图1-58），相当于锤链的两细胞之间的细胞间桥可以达数百微米长（图1-59~图1-61）。这和其他分裂方式一样，在细胞分裂的一定阶段，两个子细胞之间确实有细胞间桥的存在。这种细胞间桥过细，则可以断裂（图1-62）。大多分离出去的细胞核有完全生存能力，少数可能比母核小得多（图1-63），生存能力可疑（图1-64），甚或失去细胞核的形态，不能成为完整的细胞（图1-65）。

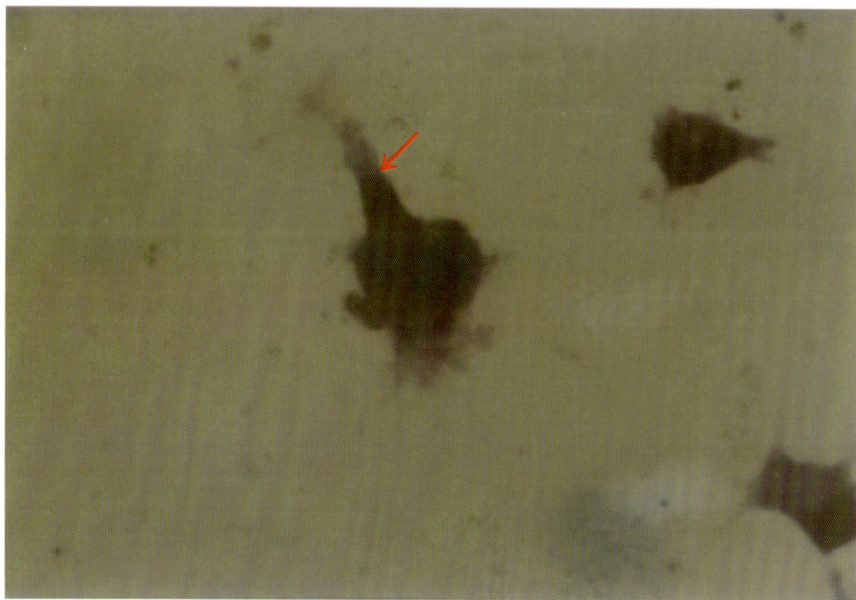

**■ 图1-49　PC12细胞动态不对称性分裂（1）**

吉姆萨染色　×400

↙示PC12细胞突起及突入其中的细胞核。

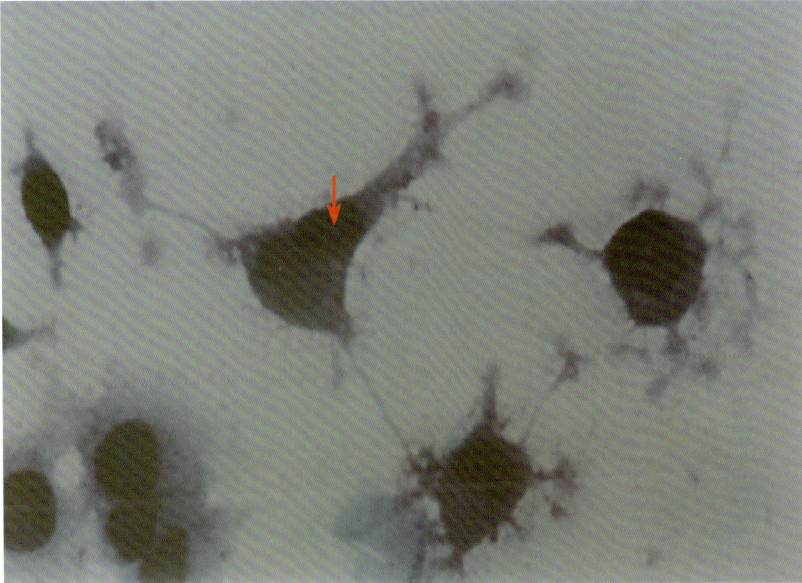

■ 图1-50　PC12细胞动态不对称性分裂（2）
吉姆萨染色　×400
↓示PC12细胞突起及突入其中的细胞核。

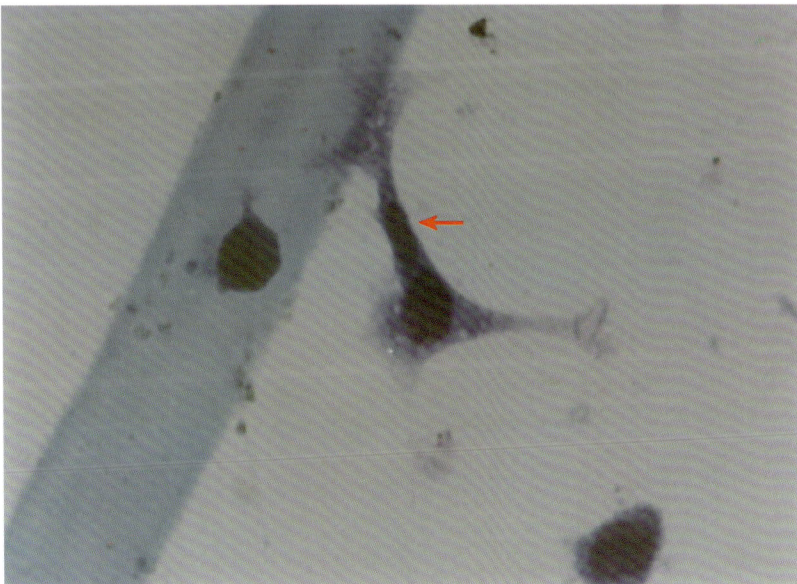

■ 图1-51　PC12细胞动态不对称性分裂（3）
吉姆萨染色　×400
←示PC12细胞突起中的细胞核与母核分离。

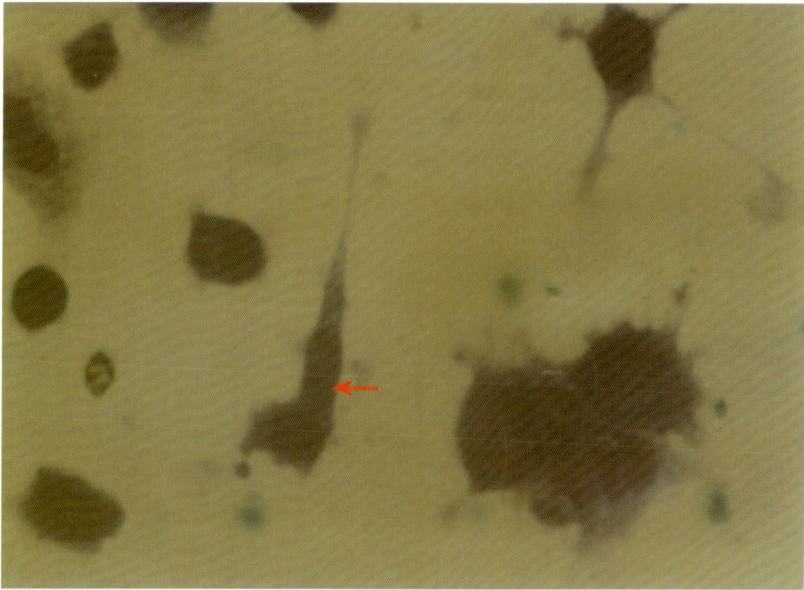

**■ 图1-52　PC12细胞动态不对称性分裂（4）**

吉姆萨染色　×400

←示PC12细胞突起中的细胞核与母核分离。

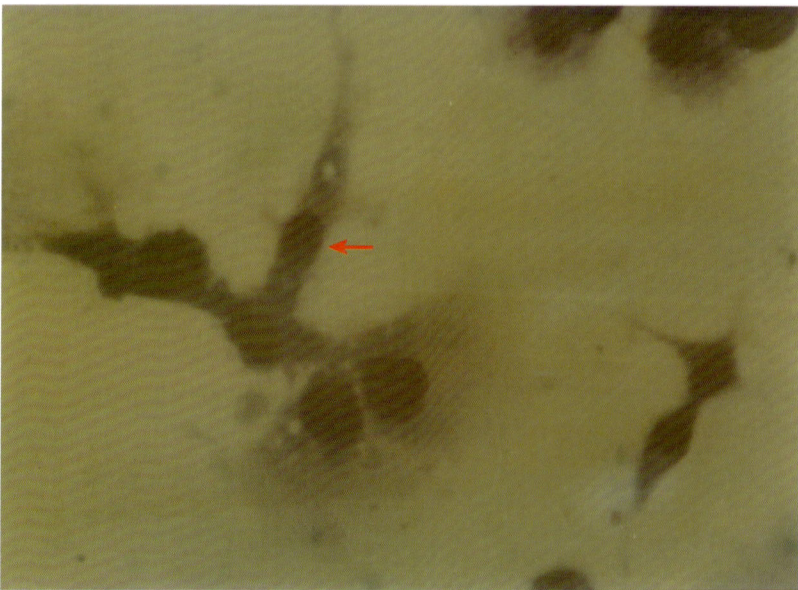

**■ 图1-53　PC12细胞动态不对称性分裂（5）**

吉姆萨染色　×400

←示PC12细胞突起中的细胞核与母核距离渐远。

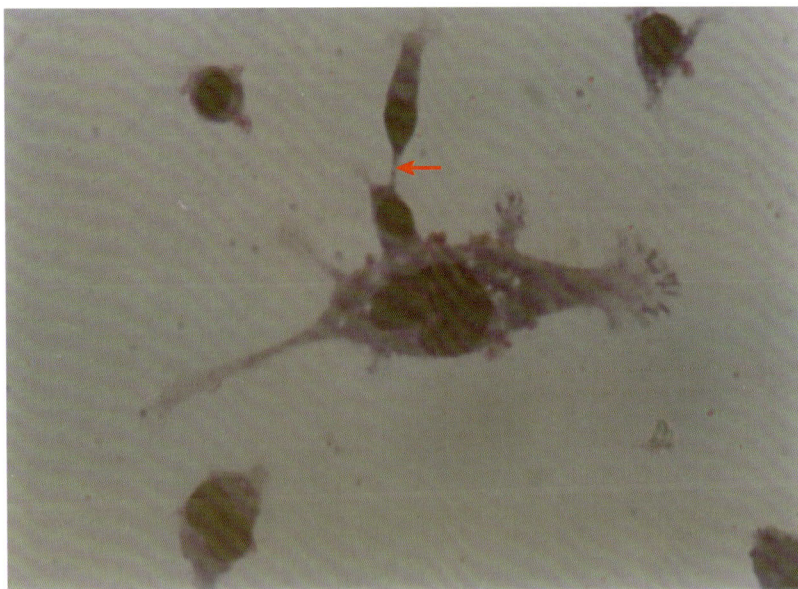

**■ 图1-54　PC12细胞动态不对称性分裂（6）**

吉姆萨染色　×400

← 示突起中的细胞核与母核距离渐远，与之仅有细胞质丝相连。

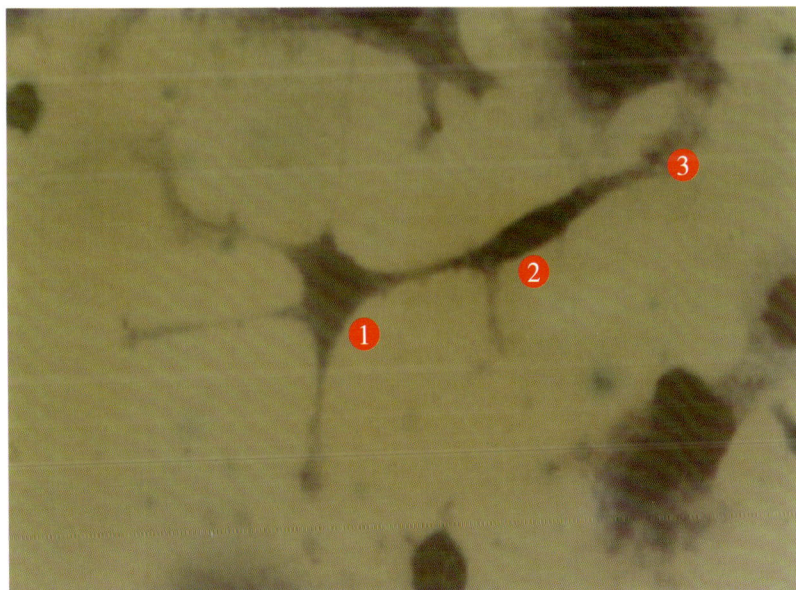

**■ 图1-55　PC12细胞动态不对称性分裂（7）**

吉姆萨染色　×400

❶示母体细胞；❷示远离的细胞核；❸示前导突。

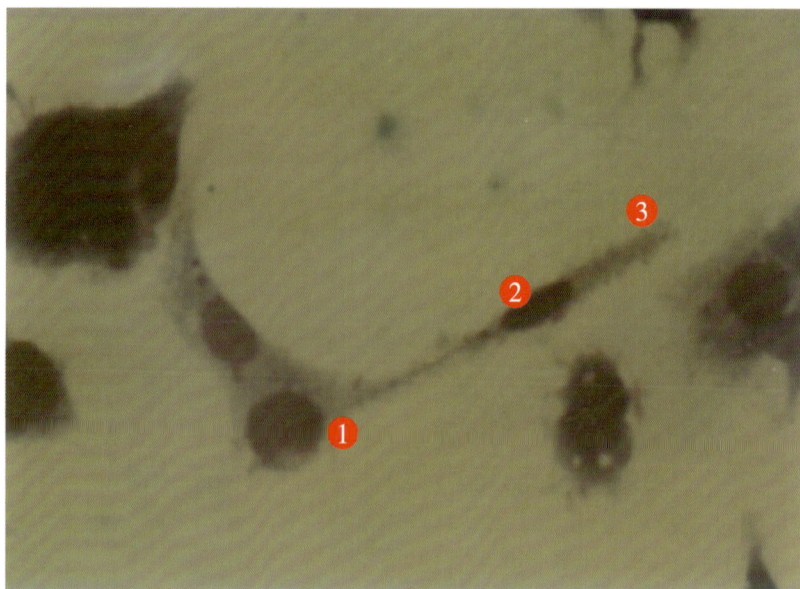

■ 图1-56　PC12细胞动态不对称性分裂（8）

吉姆萨染色　×400

❶示母体细胞；❷示远离的细胞核；❸示前导突。

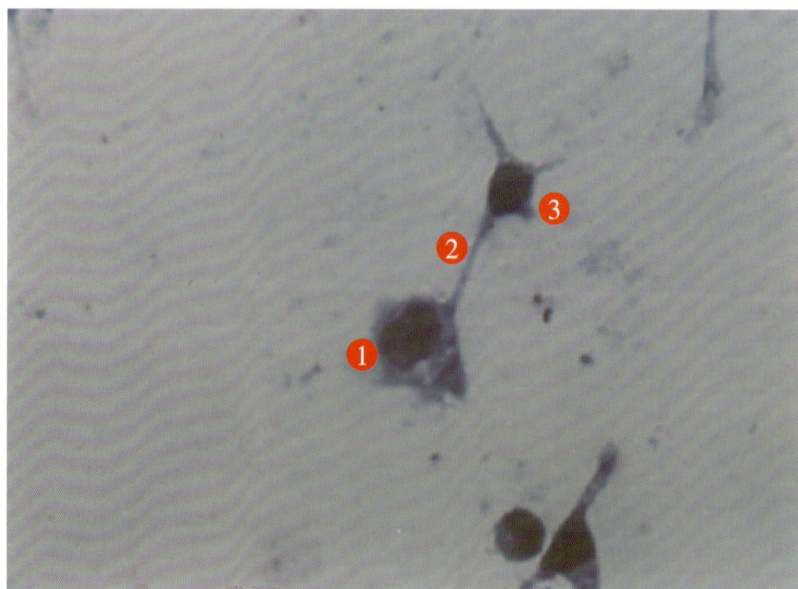

■ 图1-57　PC12细胞动态不对称性分裂（9）

吉姆萨染色　×400

❶示母体细胞；❷示细胞质间桥；❸示远离的细胞。

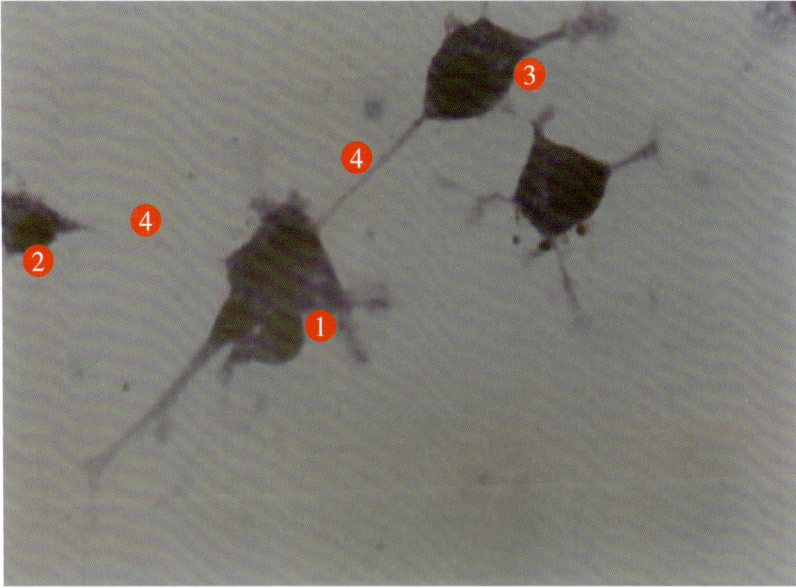

**■ 图1-58 PC12细胞动态不对称性分裂（10）**

吉姆萨染色 ×400

❶示母体细胞；❷和❸示两个远离的细胞；❹示细胞质细丝。

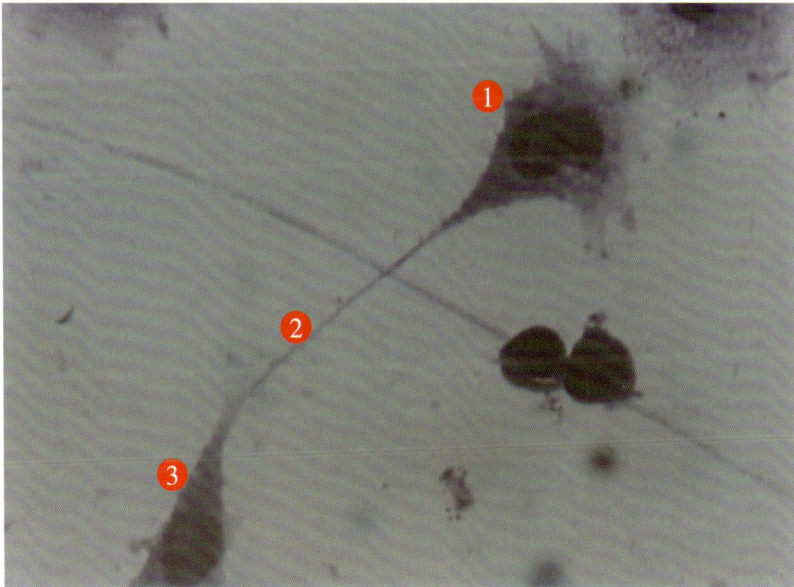

**■ 图1-59 PC12细胞动态不对称性分裂（11）**

吉姆萨染色 ×400

❶示母体细胞；❷示细胞质间桥；❸示远离的细胞。

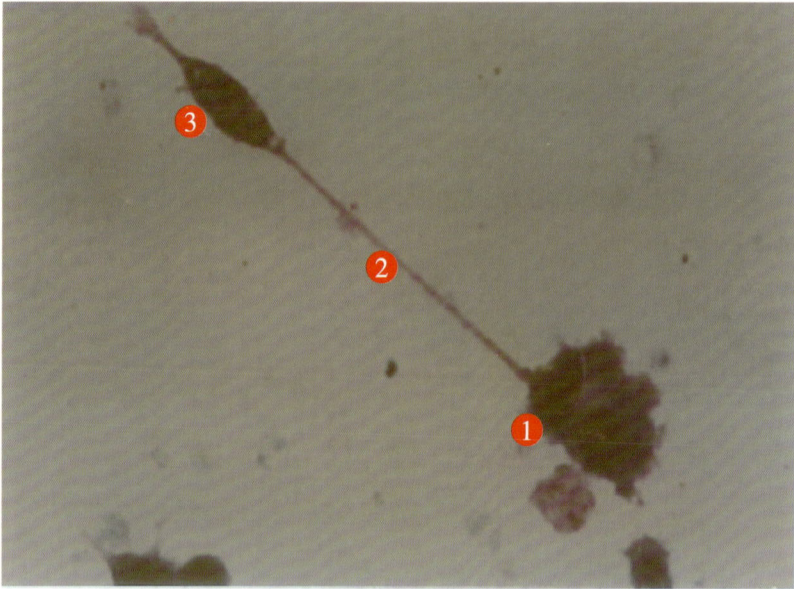

■ 图1-60　PC12细胞动态不对称性分裂（12）

吉姆萨染色　×200

❶示母体细胞；❷示细胞质间桥；❸示远离的细胞。

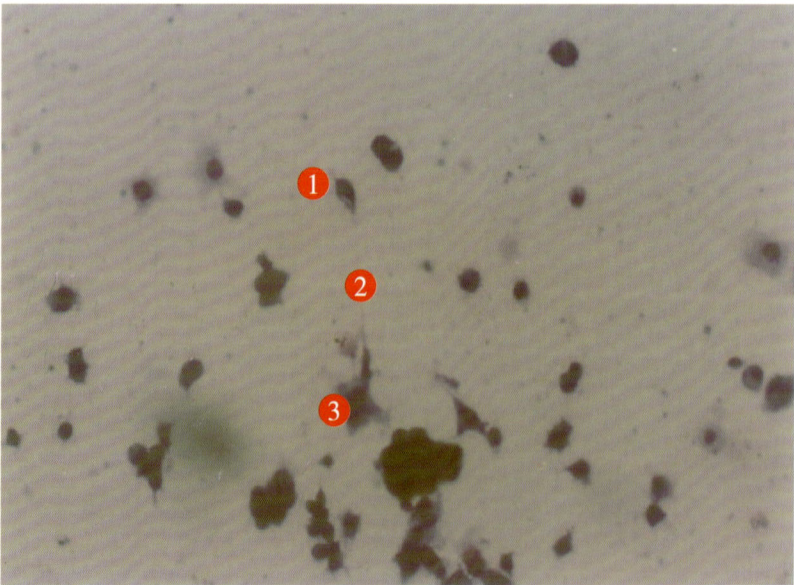

■ 图1-61　PC12细胞动态不对称性分裂（13）

吉姆萨染色　×100

❶示母体细胞；❷示细胞质间桥；❸示远离的细胞。

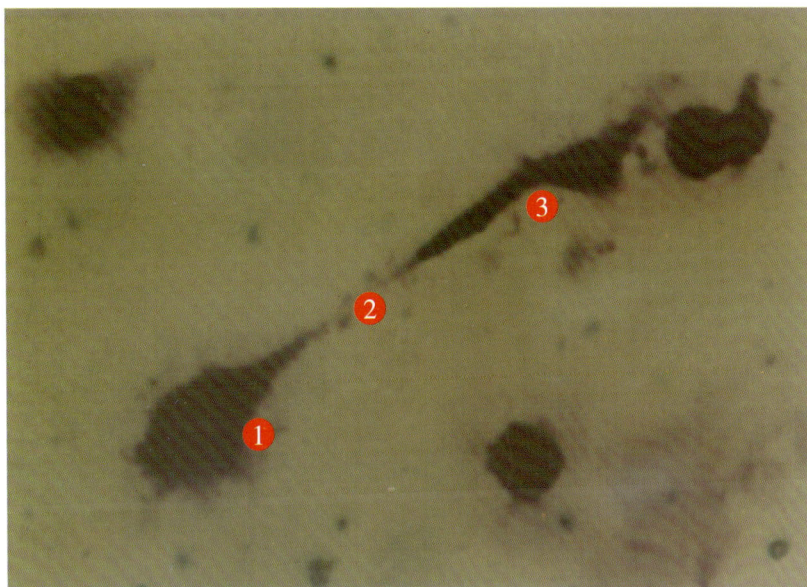

■ 图1-62　PC12细胞动态不对称性分裂（14）

吉姆萨染色　×400

❶示母体细胞；❷示细胞质间桥断裂；❸示远去的细胞。

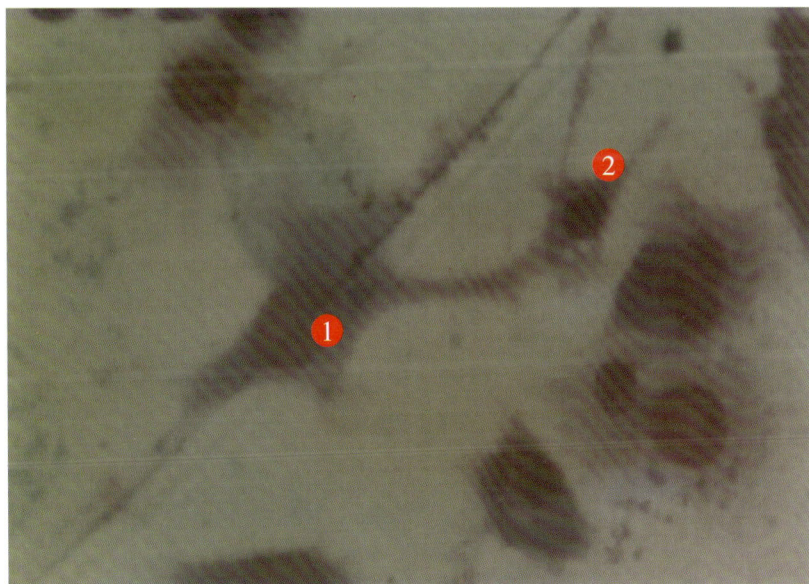

■ 图1-63　PC12细胞动态不对称性分裂（15）

吉姆萨染色　×400

❶示母体细胞核；❷示远去的突起内明显较小的细胞核。

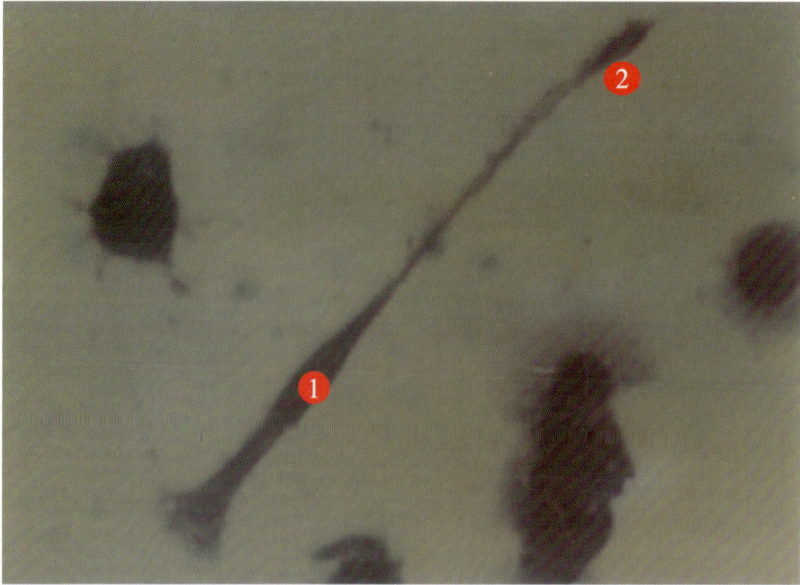

■ 图1-64　PC12细胞动态不对称性分裂（16）

吉姆萨染色　×400

❶示母体细胞核；❷示远去的突起内明显较少的核物质。

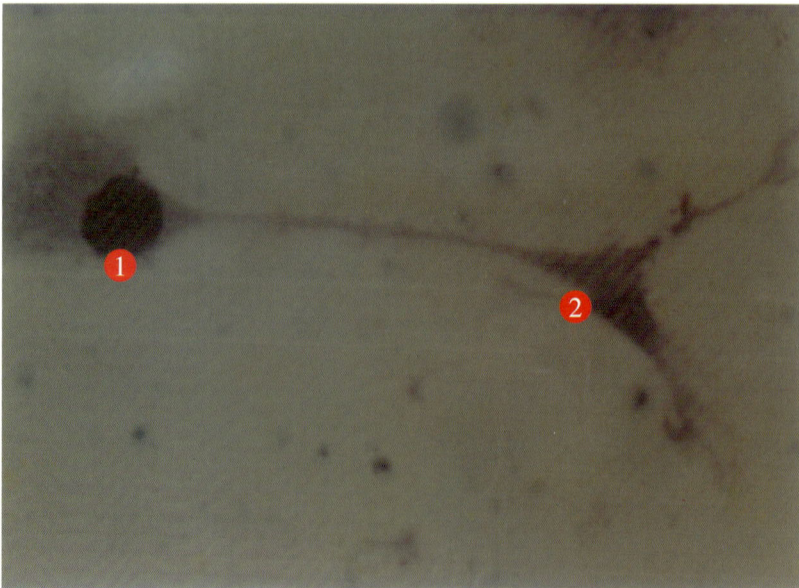

■ 图1-65　PC12细胞动态不对称性分裂（17）

吉姆萨染色　×400

❶示母体细胞核；❷示远途运达的无结构核物质。

# 第三节　PC12细胞多裂型分裂与自组织

PC12细胞多裂型分裂是指一个PC12细胞分裂生成许多子细胞的过程。PC12细胞多裂型分裂与PC12细胞自组织密切相关。这里主要描述PC12演化较晚期神经细胞多向多裂和单向多裂分别与神经细胞网络和多级神经传导通路自组织结构形成的关联。

## 一、PC12细胞多向多裂与神经细胞网络

一些神经细胞的一个核可分为多个子细胞核(图1-66、图1-67),原位分裂形成多个细胞(图1-68)。多个细胞核也可循不同的细胞突起分支外迁(图1-69、图1-70),其中个别迁入细胞核的突起可以脱颖方式脱离母体(图1-71)。不同突起内细胞核外迁速度并不一致(图1-72),个别突起内细胞核外迁较快、较远(图1-73、图1-74)。沿不同突起方向迁移的细胞核命运不同,或脱颖离去,或核再分裂,或脱离母体但仍保持联系(图1-75)。

同源神经细胞相互联系组成神经网络单元。神经细胞通过多向多裂方式形成神经网络单元。前述PC12细胞通过二裂类细胞分裂,由细胞间桥和突触连接也可形成神经细胞复合网络单元。神经网络单元中的神经细胞行为、信息交换都表现有其类群特征,这提示人们研究神经系统功能时,不能只重视神经细胞信息交换的一般模式,还要关注各神经网络单元信息编码的类群特征。

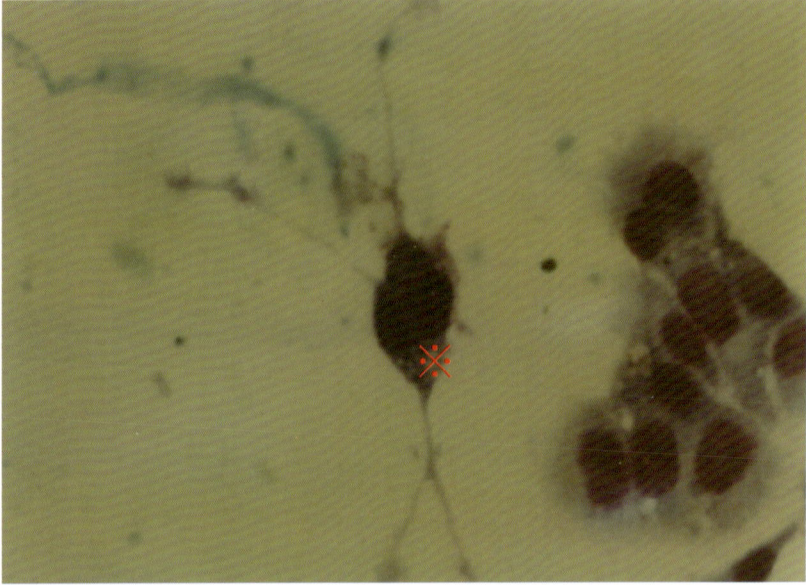

**■ 图1-66　神经细胞多向多裂（1）**

吉姆萨染色　×400

※示神经细胞核一分为三。

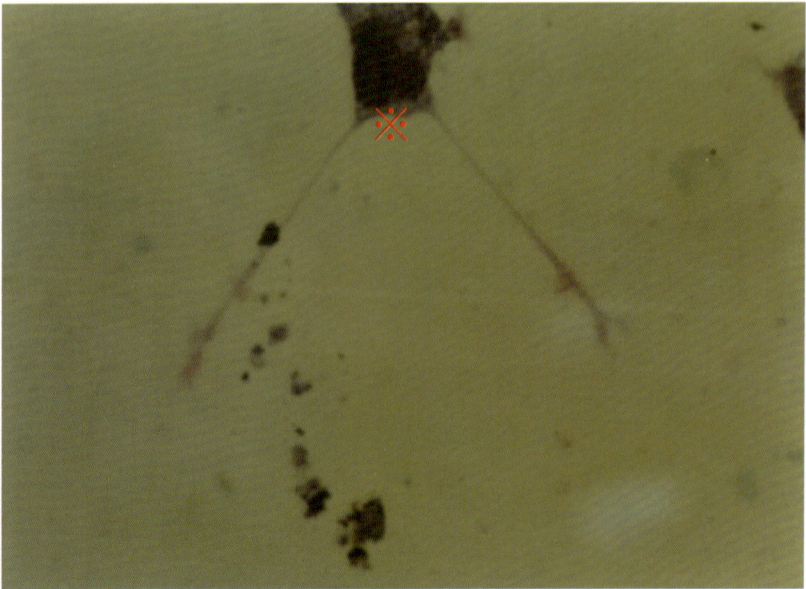

**■ 图1-67　神经细胞多向多裂（2）**

吉姆萨染色　×400

※示细胞核分成3个。

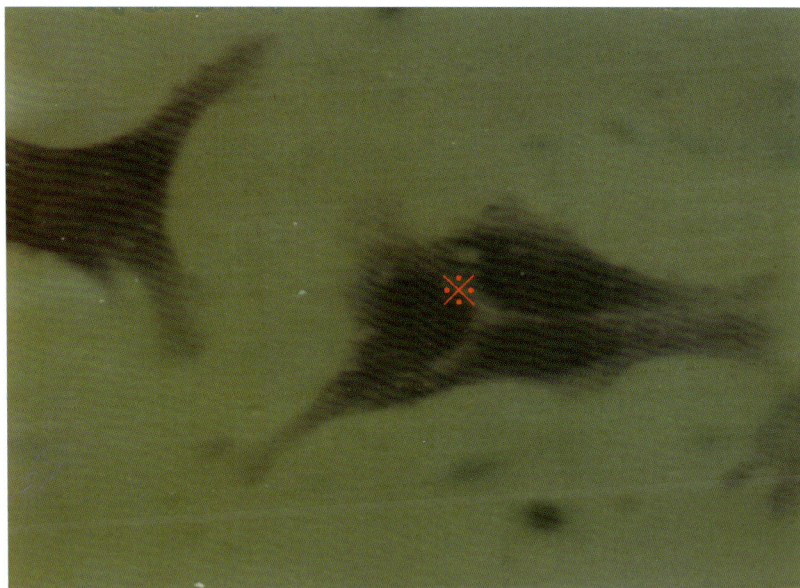

■ 图1-68　神经细胞多向多裂（3）
吉姆萨染色　×1 000
※示分裂形成的3个细胞。

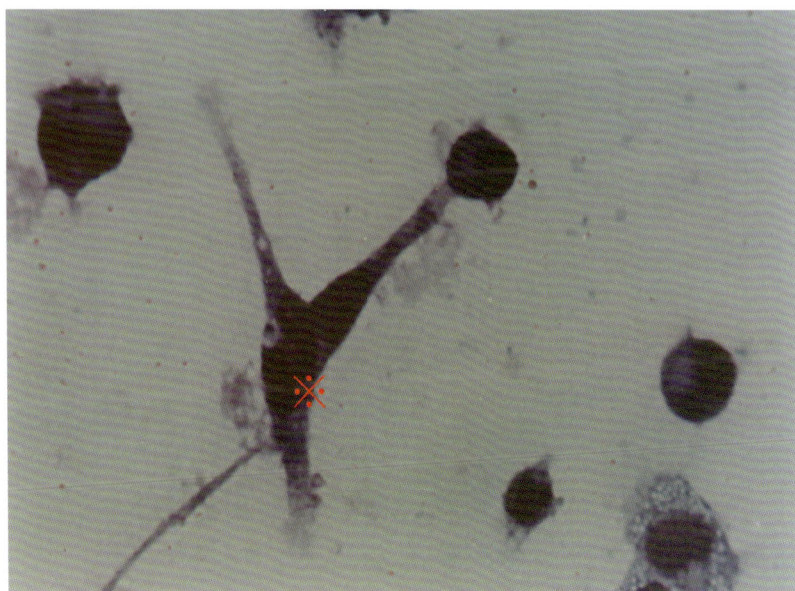

■ 图1-69　神经细胞多向多裂（4）
吉姆萨染色　×400
※示3个细胞核分别循3个细胞分支迁移。

41

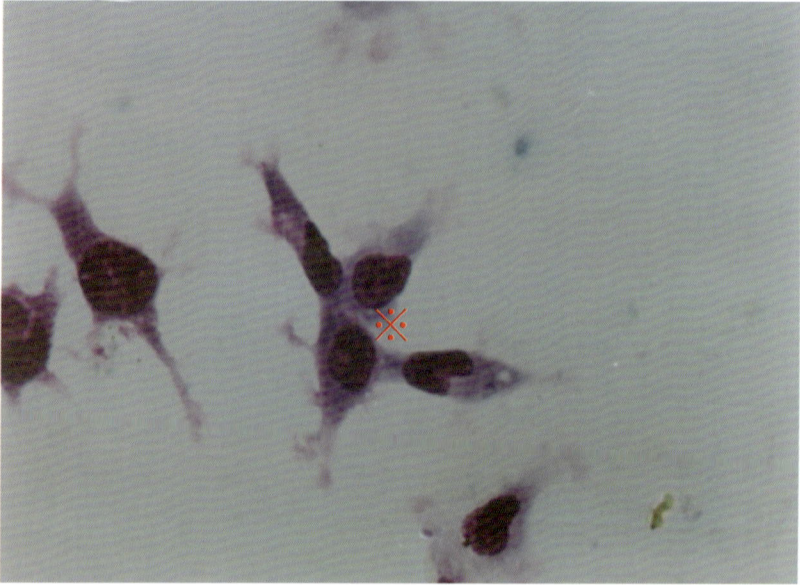

■ 图1-70 神经细胞多向多裂（5）

吉姆萨染色 ×400

※示4个细胞核以不同速度迁移。

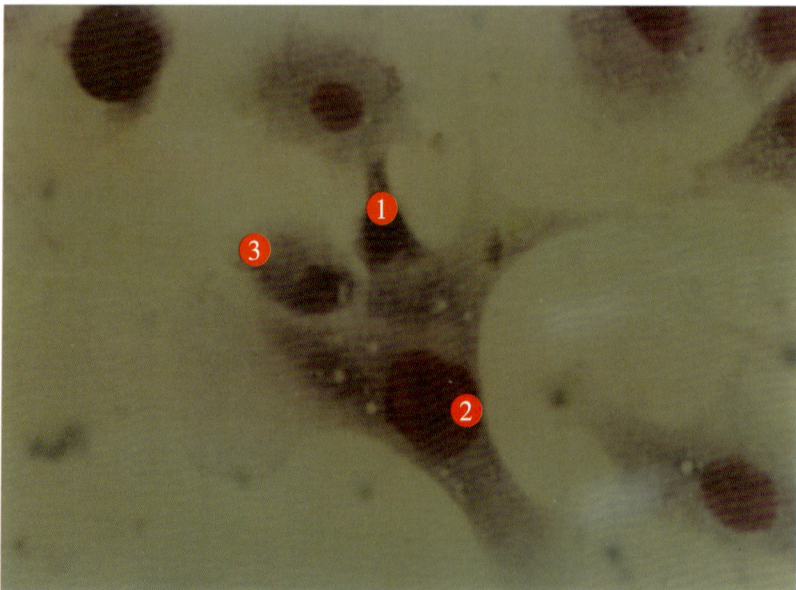

■ 图1-71 神经细胞多向多裂（6）

吉姆萨染色 ×400

❶和❷示循上下分支迁移的细胞核；❸示脱颖而出的子细胞。

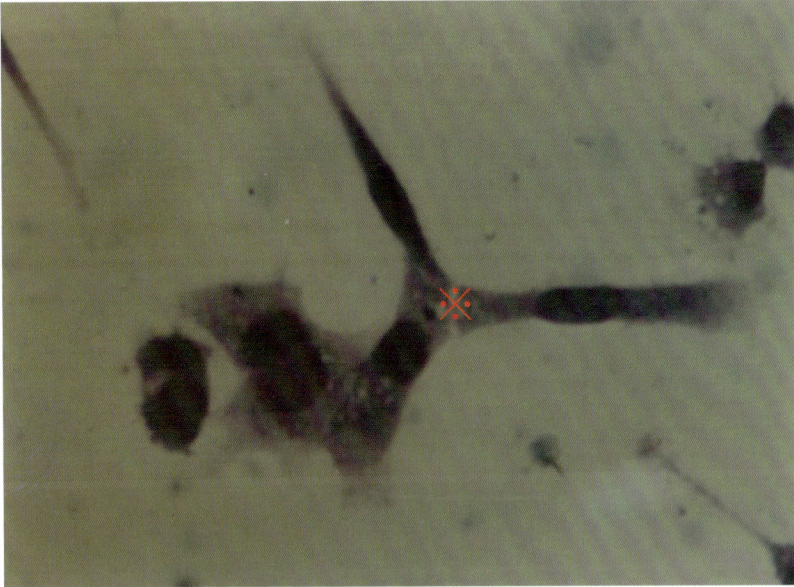

■ 图1-72　神经细胞多向多裂（7）

吉姆萨染色　×400

※示3个细胞核循3个细胞分支以不同速度外迁。

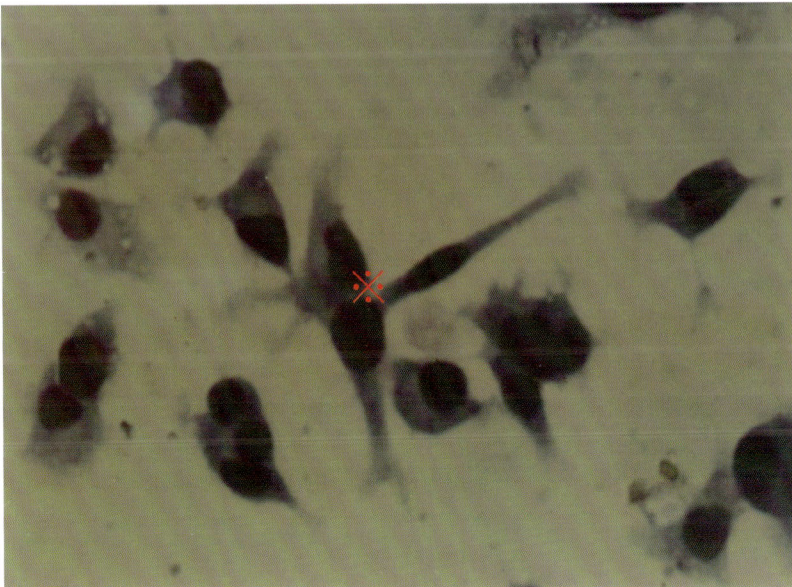

■ 图1-73　神经细胞多向多裂（8）

吉姆萨染色　×400

※示3个细胞核的迁移速度与迁移距离不同，其中一个迁移最显著。

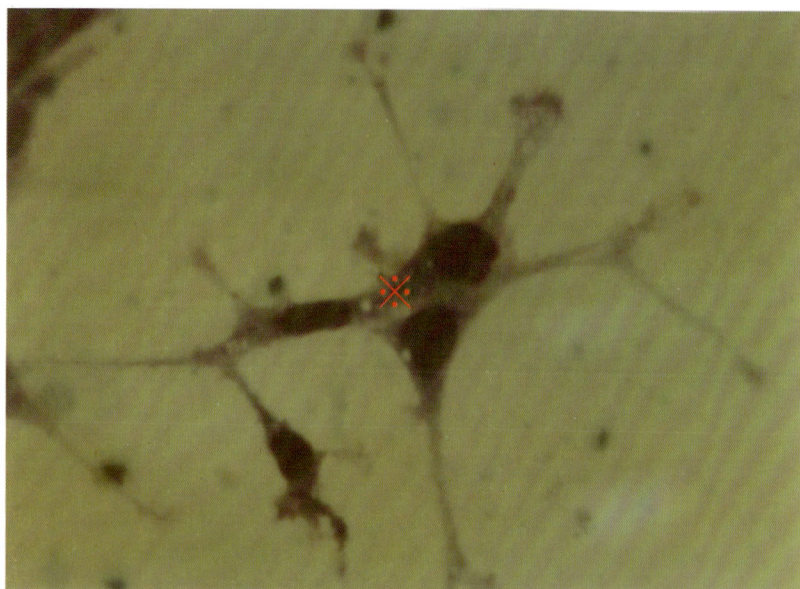

■ 图1-74　神经细胞多向多裂（9）

吉姆萨染色　×400

※示3个细胞核的迁移速度与迁移距离不同，其中一个迁移最
显著。

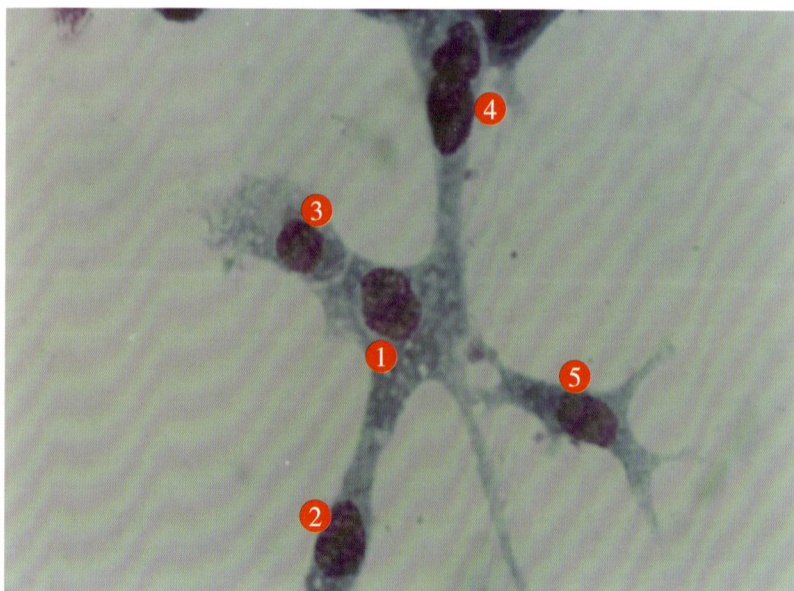

■ 图1-75　神经细胞多向多裂（10）

吉姆萨染色　×400

图示5个细胞核的外迁：❶示迁移较近细胞核；❷示迁移较远细
胞核；❸示细胞脱颖；❹示远迁细胞核分裂；❺示与母体脱离但仍
保持联系的子细胞。

## 二、PC12细胞单向多裂与多级神经传导通路

有时PC12细胞呈现为单向多细胞分裂，细胞核递次向单一突起方向移动（图1-76～图1-78）。有时前后细胞像竹节样相互衔接（图1-79），多个世代接续的细胞递次衔接组成宝塔样结构，即单向神经细胞链（图1-80），这正是多级神经传导通路的基本细胞学基础。

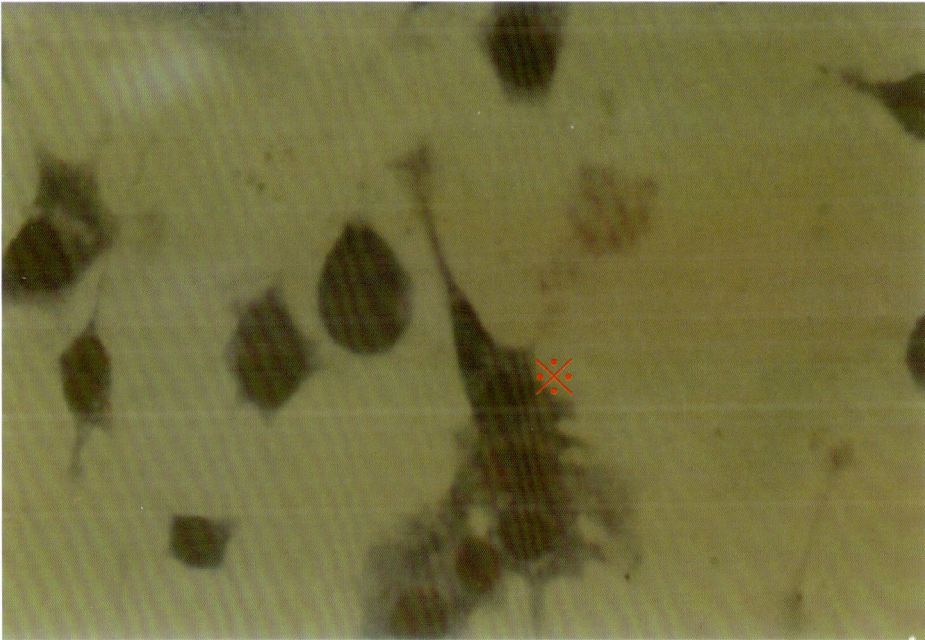

■ 图1-76 神经细胞单向多裂（1）

吉姆萨染色 ×400

※示单向多裂的神经细胞。

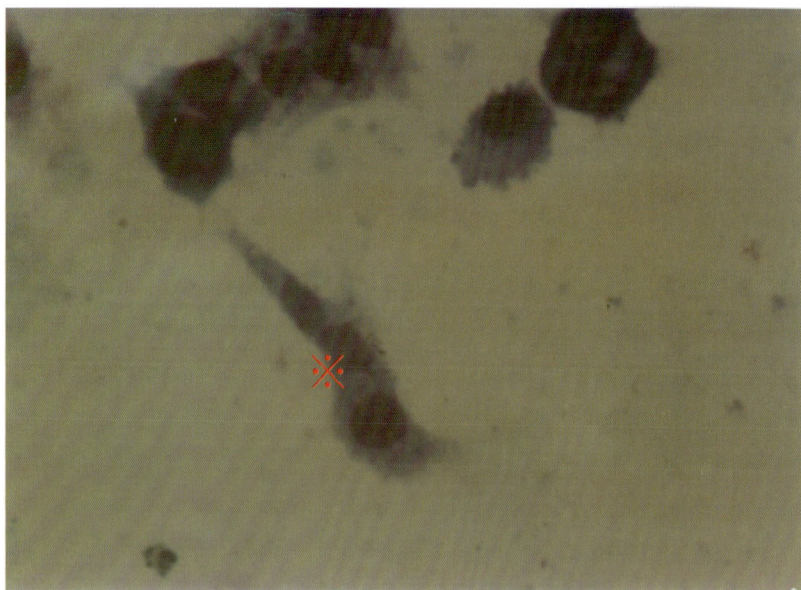

**■ 图1-77　神经细胞单向多裂（2）**

吉姆萨染色　×400

※示单向多裂的神经细胞。

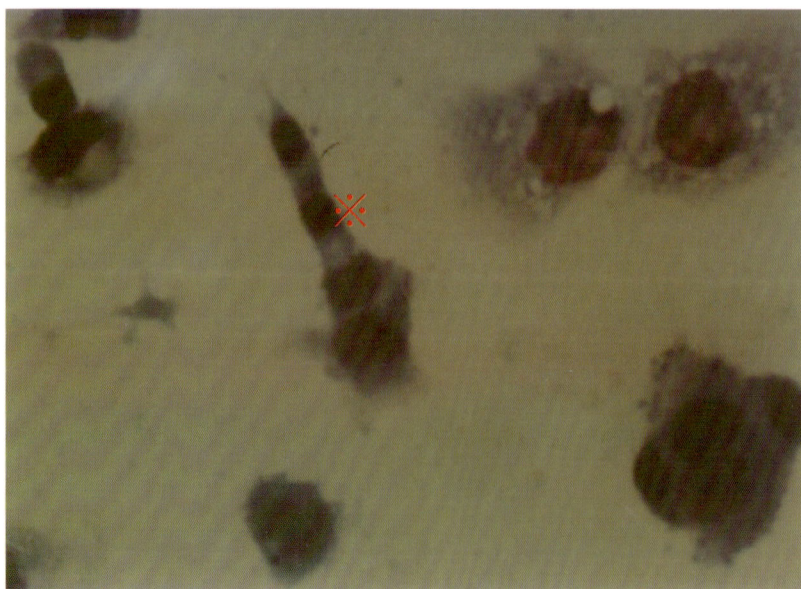

**■ 图1-78　神经细胞单向多裂（3）**

吉姆萨染色　×400

※示单向多裂的神经细胞。

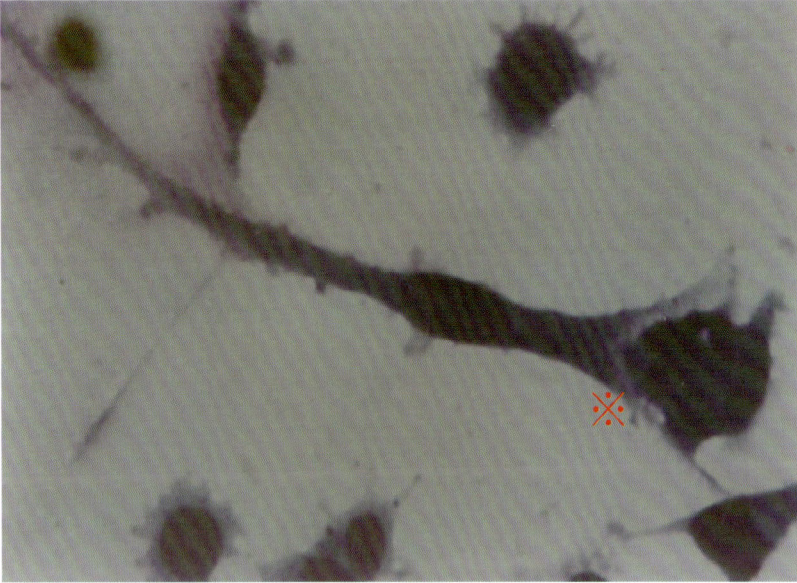

**■ 图1-79 神经细胞单向多裂（4）**

吉姆萨染色 ×400

※示单向多裂的前后神经细胞像竹节样衔接。

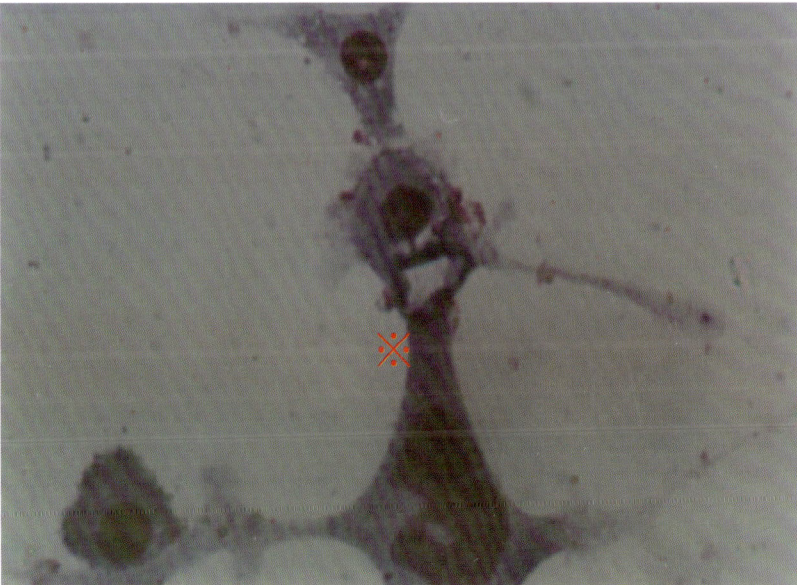

**■ 图1-80 神经细胞单向多裂（5）**

吉姆萨染色 ×400

※示单向多裂的前后神经细胞相互衔接，构建成宝塔样单向细胞链。

## 小　结

　　PC12细胞系源于成年大白鼠肾上腺髓质嗜铬细胞瘤，是研究神经细胞动力学的良好模型。

　　裸核PC12细胞是演化形成神经细胞和胶质细胞的共同的原始干细胞，其演化的最初表现为细胞质的出现，并逐渐增多，且表面形成多数细小的营养性突起，而后PC12细胞分别演化形成神经细胞演化系和胶质细胞演化系。

　　神经细胞演化系演化进程中，较早形成较多细胞质，一些无效营养性突起消失，另一些营养性突起较长、较粗，这些优势突起成为神经性突起，其起始部也随之增粗，随着细胞核的位移可分出前导突和尾随突，可伴随神经细胞核嗜碱性逐渐减弱。与神经细胞相比，神经胶质细胞核演化滞后，保持强嗜碱性。胶质细胞突起也由营养性突起的稍微增粗、延长形成，但突起起始部不增粗。胶质细胞和神经细胞的动力学差别是神经细胞核有显著的运动能力，而胶质细胞核则没有这种能力。

　　PC12细胞演化是伴随细胞分裂实现的。培养的PC12细胞不断进行直接分裂，包括二裂类和多裂型直接分裂。PC12细胞二裂类核分裂以横缢型为主，又有对称和非对称分裂之别。对称性核横裂的神经细胞核横裂初期见细胞核赤道部浅凹痕，继之加深，而后核分开成两个子细胞核。一个神经细胞核还可分裂为演化程度不同的两部分，形成细胞核明显不同的、细胞质嗜色性也有明显差异的两个演化程度不同的细胞。演化程度不对称性细胞分裂是细胞分化的内在动因。在细胞质分裂的一定阶段，两个子细胞之间的细胞质连接部逐渐变细，成为细胞间桥。这与突起连接一样，都是神经细胞网络的基本构件。

PC12细胞二裂与多向多裂均可产生同源神经细胞细胞群，其间以细胞间桥及突触相互连接，组成神经网络基本单元，进而参与神经细胞网络自组织过程。PC12细胞单向多裂则形成单向神经细胞链，这是多级神经传导通路建立的基本细胞学基础。

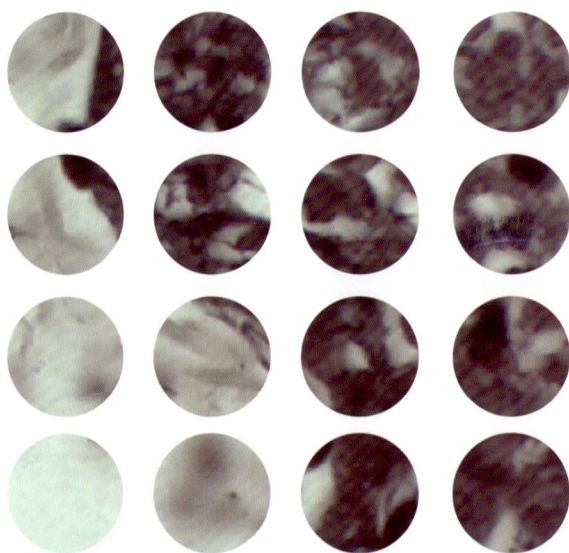

# 第二章
# 中枢神经系统组织动力学

中枢神经系统包括大脑、小脑和脊髓，是神经系统的组织者。

# 第一节　大脑组织动力学

## 一、大脑细胞动力学

长期以来大脑被列为再生禁区，认为大脑细胞数目出生已确定，生后大脑细胞死一个少一个。哺乳动物成体神经干细胞的发现，彻底打破了人们认为中枢神经组织一成不变的认识，是中枢神经系统可塑性及其损伤后修复再生研究的又一里程碑。近20年来，用现代科学技术研究发现，成年哺乳动物的神经干细胞（NSCs）存在于中枢神经系统的侧脑室室管膜下区（SVZ）、海马齿状回颗粒层下区（SGZ）和室管膜等部位。其实，大量常规组织学技术、免疫组织化学方法和分子生物学技术研究，都可为大脑细胞动力学和组织动力学提供丰富而有力的证据。

### （一）大白鼠大脑细胞动力学

分子生物学技术和免疫组织化学方法，分别证明大白鼠脑细胞存在凋亡与增生细胞动力学过程。

**1. 大白鼠大脑细胞凋亡**　TUNEL（TDT-mediated dUTP nick end labeling）是较常用检测细胞凋亡的分子生物学技术，TUNEL阳性表明大白鼠脑细胞存在凋亡（图2-1～图2-3）。

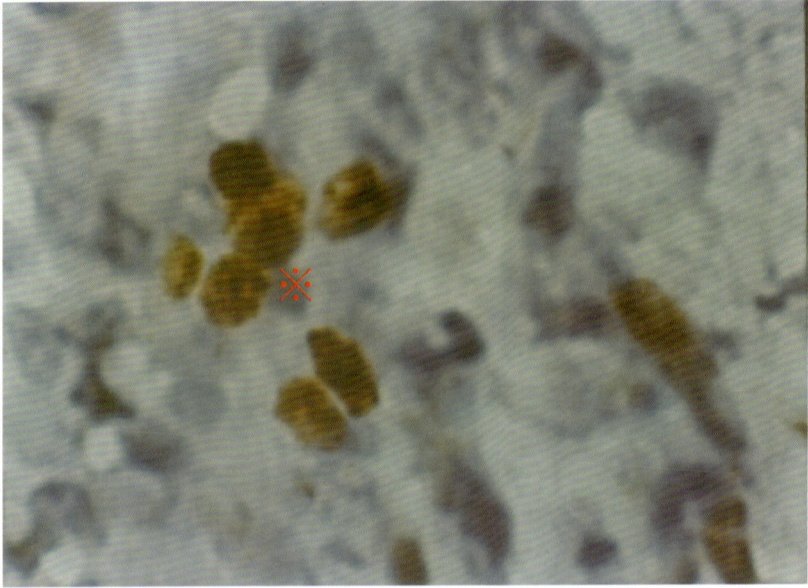

■ 图2-1　大白鼠大脑细胞凋亡（1）
TUNEL方法　×400
※示大白鼠成簇脑细胞呈TUNEL阳性。

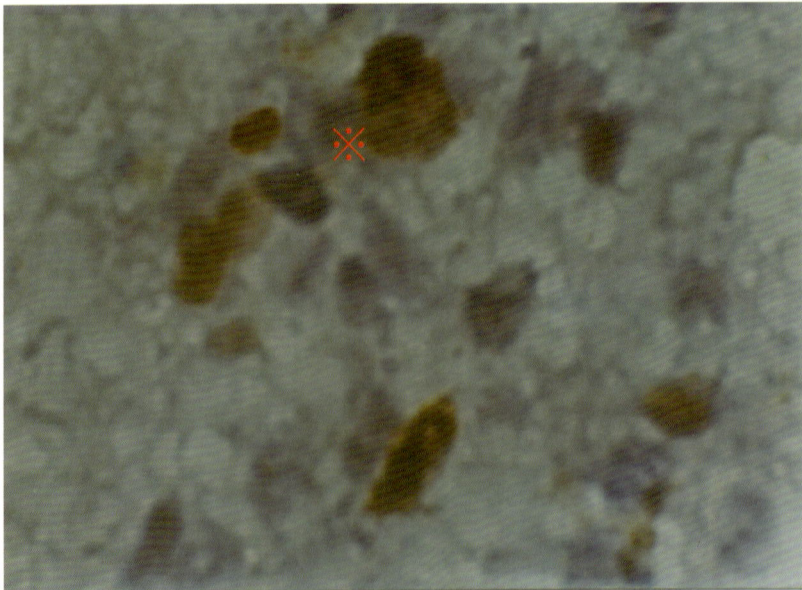

■ 图2-2　大白鼠大脑细胞凋亡（2）
TUNEL方法　×400
※示大白鼠成簇脑细胞呈TUNEL阳性。

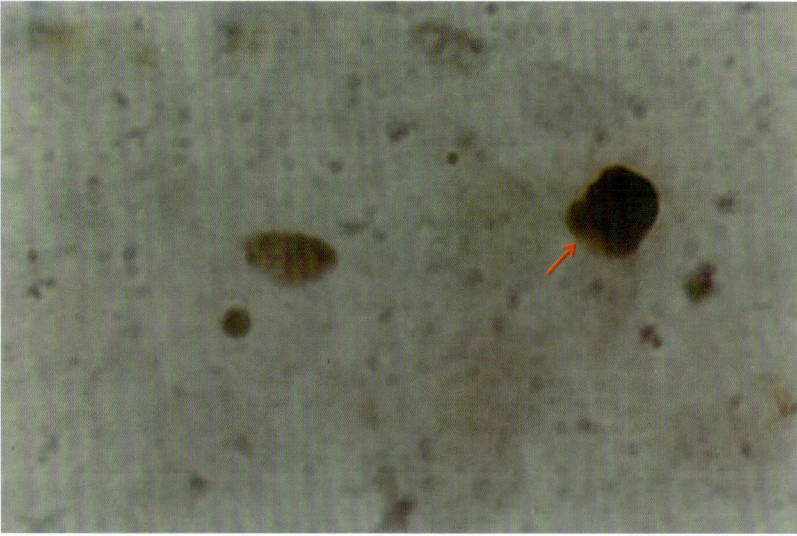

■ 图2-3　大白鼠大脑细胞凋亡（3）

TUNEL方法　×400

↗ 示大白鼠单个脑细胞呈TUNEL阳性。

**2. 大白鼠大脑细胞增生**　检测细胞增生的常用方法是增殖细胞核抗原免疫组织化学方法（proliferating cell nuclear antigen，PCNA），PCNA阳性为大白鼠脑细胞增生提供了更有力的证据（图2-4、图2-5），并可见不对称性细胞分裂象（图2-6）。

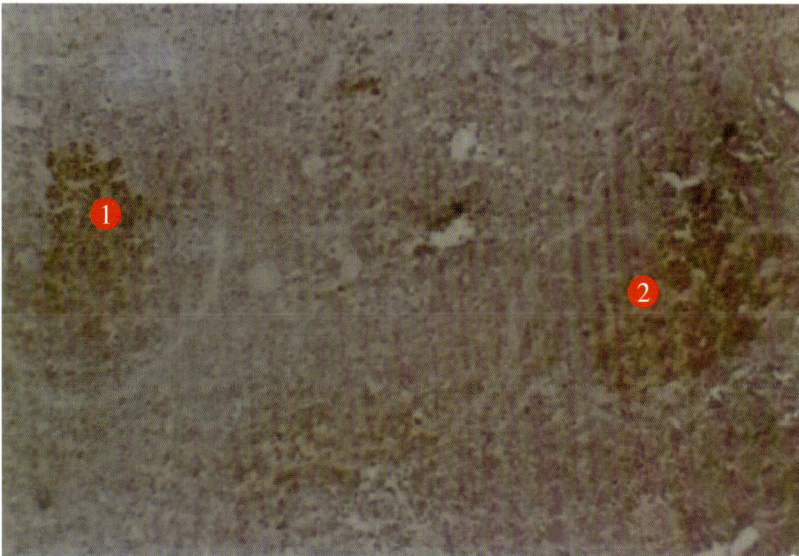

■ 图2-4　大白鼠大脑细胞增生（1）

PCNA技术　×100

❶和❷示大白鼠大脑PCNA阳性细胞集中区。

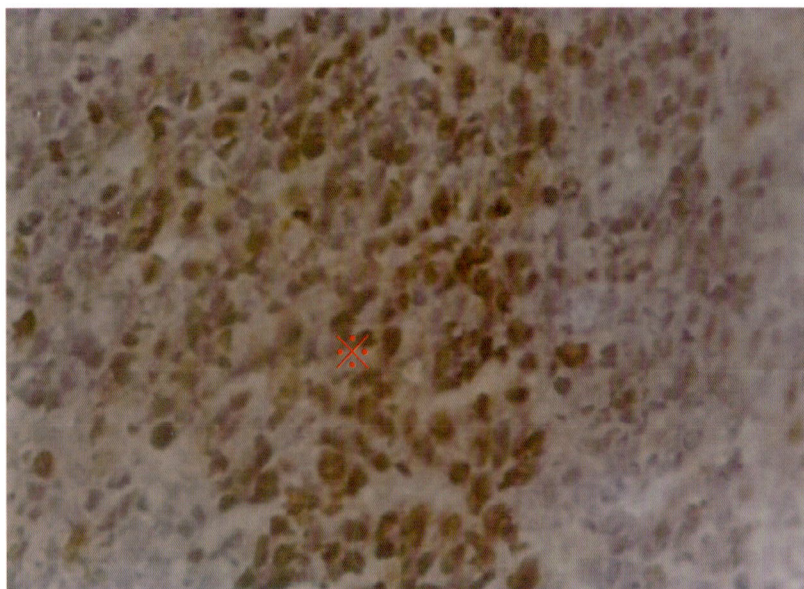

**■ 图2-5 大白鼠大脑细胞增生（2）**

PCNA技术 ×200

※示大白鼠大脑PCNA阳性细胞集中区（图2-4❷之局部放大）。

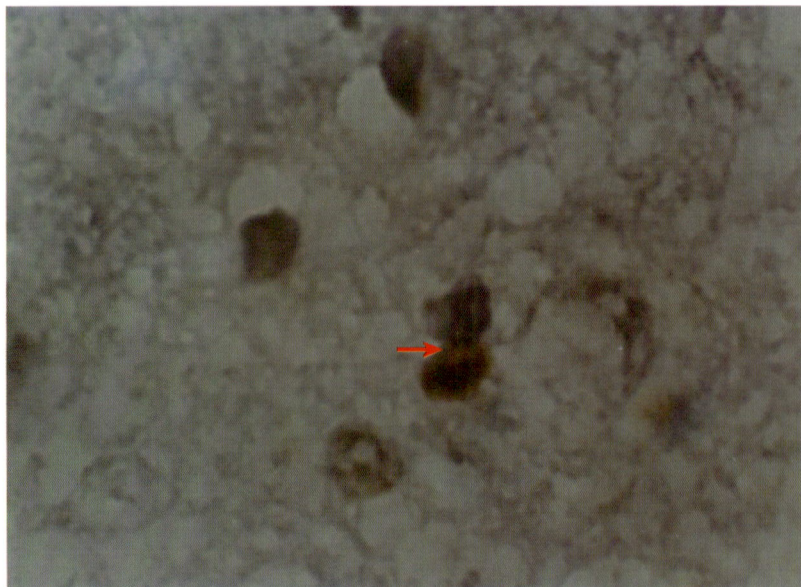

**■ 图2-6 大白鼠大脑细胞不对称直接分裂**

PCNA技术 ×400

➡示一个大白鼠脑细胞核分裂出一个PCNA阳性和一个PCNA阴性子细胞核。

## （二）人大脑细胞动力学

当打破对大脑组织再生认识的禁锢后，仔细认真地观察常规组织切片，如苏木素-伊红染色组织学标本，很容易发现大量存在的人大脑细胞直接分裂与细胞演化的翔实证据。

**1. 人大脑细胞直接分裂**　人大脑细胞直接分裂是大脑细胞演化的重要机制。人大脑细胞直接分裂可见分裂的细胞移向两端，其间连接部分逐渐减少、变细（图2-7、图2-8），也可见两子细胞核直接分开，位移较少（图2-9、图2-10）。还可见到不对称性细胞核分裂，如演化程度极不对称性核分裂及核脱颖（图2-10、图2-11）。

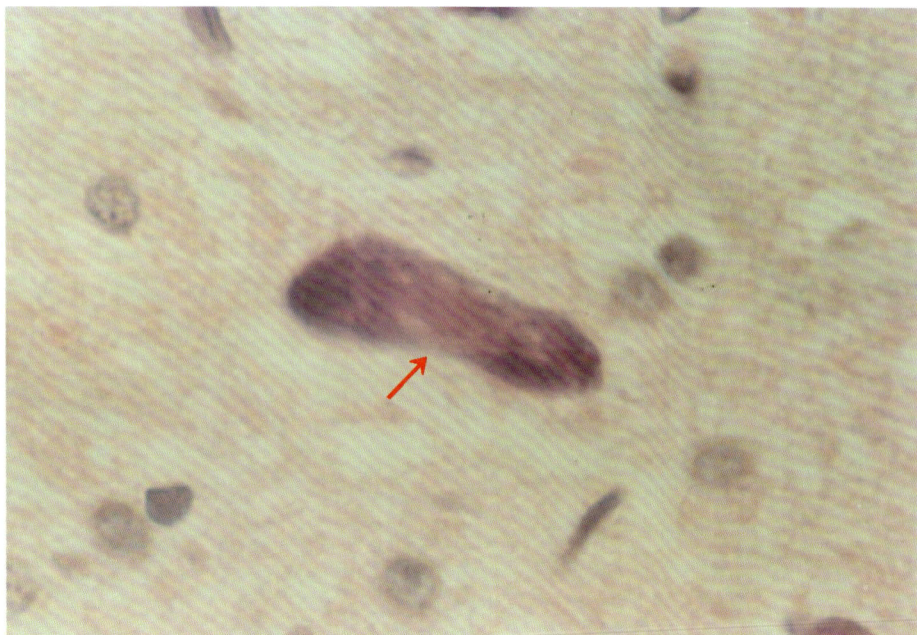

■ **图2-7　人大脑细胞直接分裂（1）**
苏木素-伊红染色　×400
↗示人大脑细胞核直接分裂，分裂的两部分移向两端。

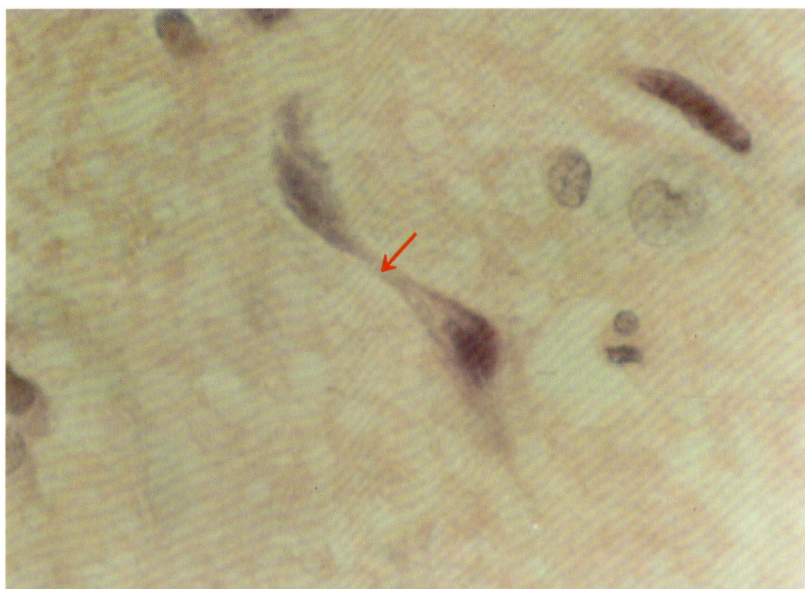

**■ 图2-8　人大脑细胞直接分裂（2）**

苏木素–伊红染色　×400

示人大脑细胞核直接分裂，分裂的两部分之间连接部变细。

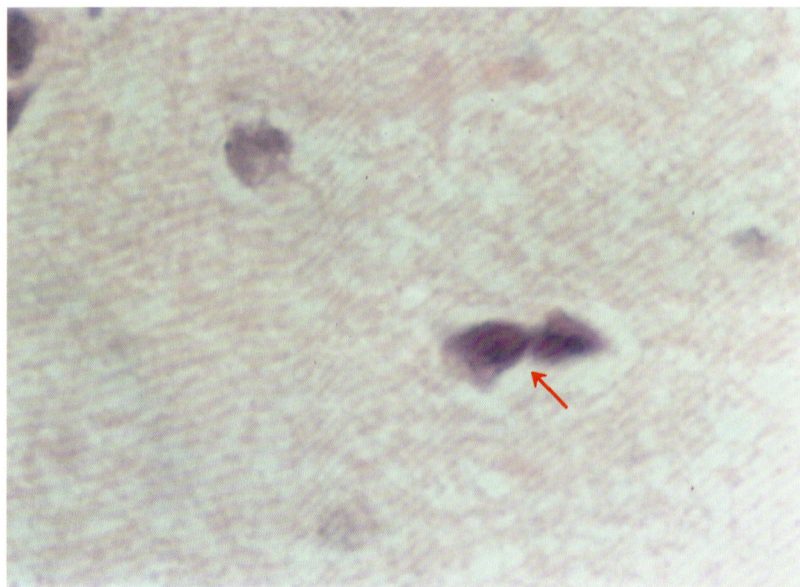

**■ 图2-9　人大脑细胞直接分裂（3）**

苏木素–伊红染色　×400

示人大脑细胞核直接分裂，分裂的两部分直接分开，移位较少。

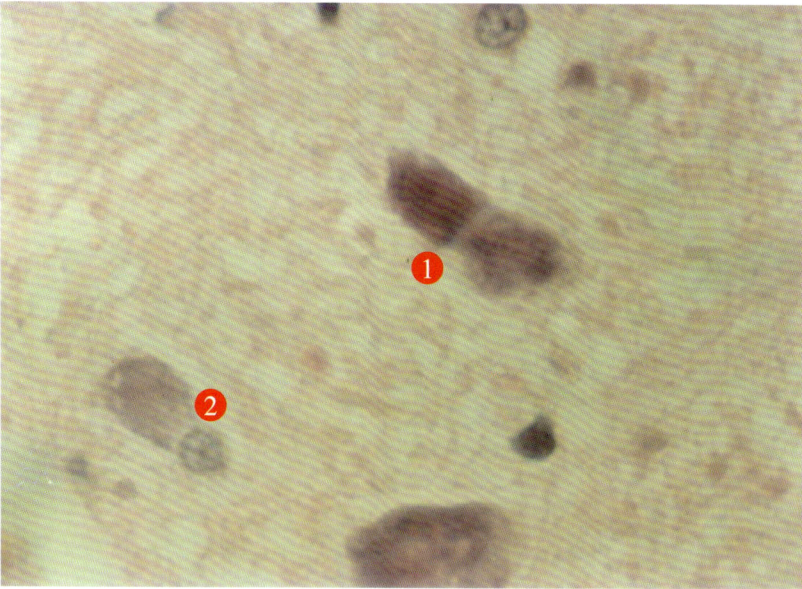

**■ 图2-10　人大脑细胞直接分裂（4）**

苏木素–伊红染色　×400

❶示人大脑细胞核直接分裂，分裂的两部分直接分开，移位较少；❷示核脱颖。

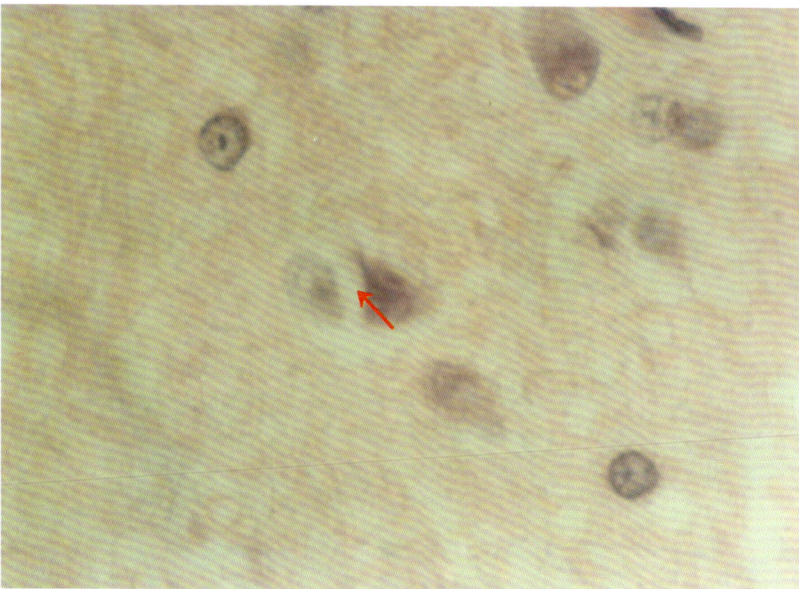

**■ 图2-11　人大脑细胞直接分裂（5）**

苏木素–伊红染色　×400

示人大脑细胞核演化程度极不对称性直接分裂，核脱颖。

**2. 人大脑细胞演化系** 人大脑细胞演化正如PC12细胞提示的那样，干细胞裸核开始分叉演化形成神经干细胞和胶质干细胞（图2-12）。胶质干细胞核演化滞后，较长时间保持较强嗜碱性，核嗜碱性逐渐减弱以致脱色，此反映胶质细胞演化成熟至衰亡的过程，苏木素–伊红染色标本很少能显示出明显的细胞质与其突起（图2-13）。神经干细胞核演化较早，并较早合成嗜酸性细胞质，神经干细胞首先演化为有少量嗜酸性细胞质的寡质干细胞（图2-14），细胞质可增多，嗜酸性更明显（图2-15），而后神经干细胞核嗜碱性逐渐减弱，细胞质逐渐增多，且嗜酸性逐渐减弱，并出现越来越多的嗜碱性成分（图2-16～图2-19），以致形成逐渐增多的嗜染质颗粒（图2-20、图2-21），嗜染质颗粒减少是神经细胞衰老死亡的标志（图2-22、图2-23）。

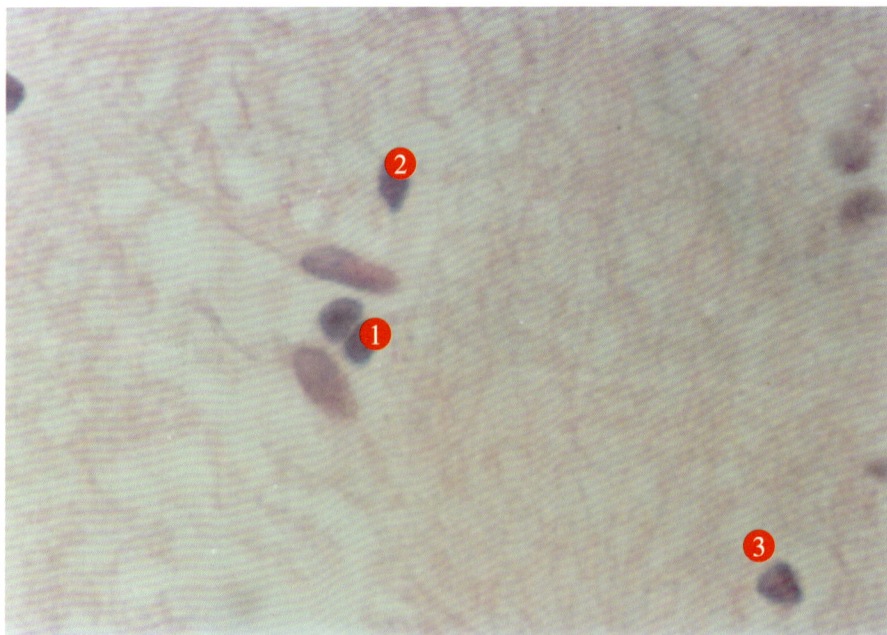

■ **图2-12 人大脑细胞演化系（1）**
苏木素–伊红染色 ×400
❶示直接分裂中的大脑干细胞裸核；❷示胶质干细胞；❸示神经干细胞。

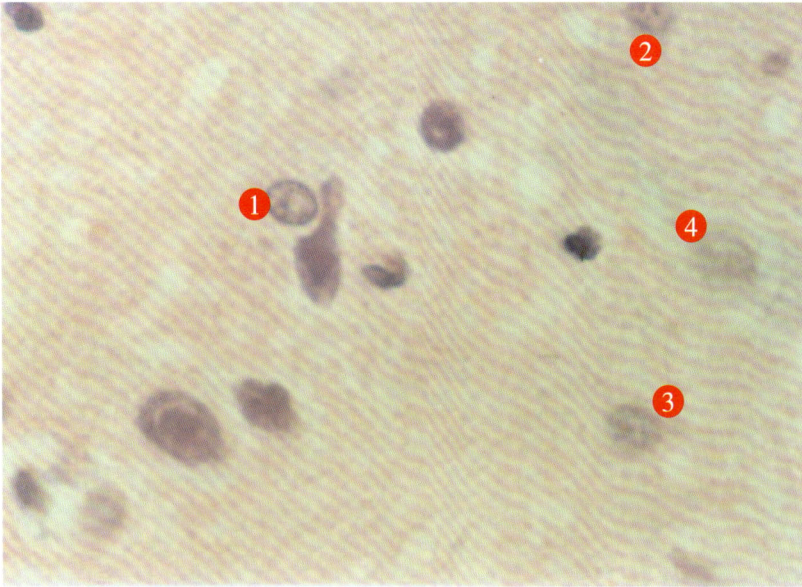

■ 图2-13  人大脑细胞演化系（2）

苏木素-伊红染色  ×400

❶和❷示成熟星形胶质细胞核；❸和❹示核脱色衰退胶质细胞核。

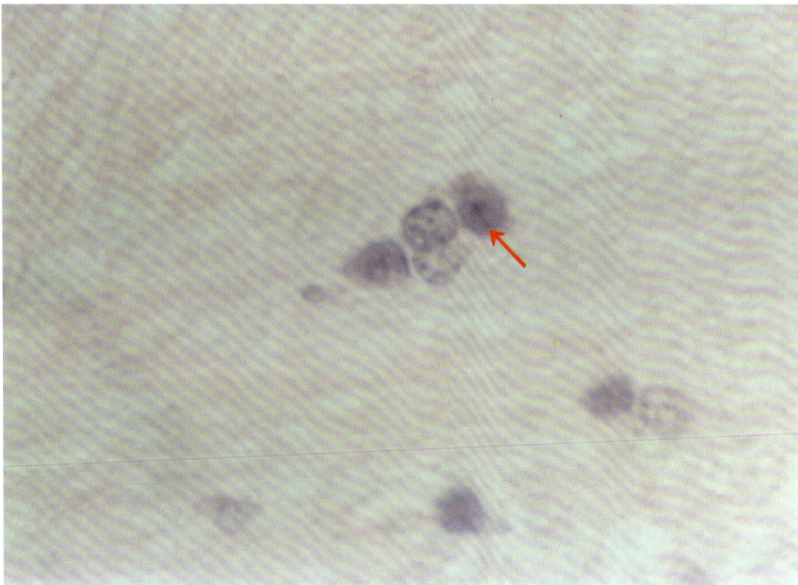

■ 图2-14  人大脑细胞演化系（3）

苏木素-伊红染色  ×400

示有少量嗜酸性胞质的寡质神经干细胞。

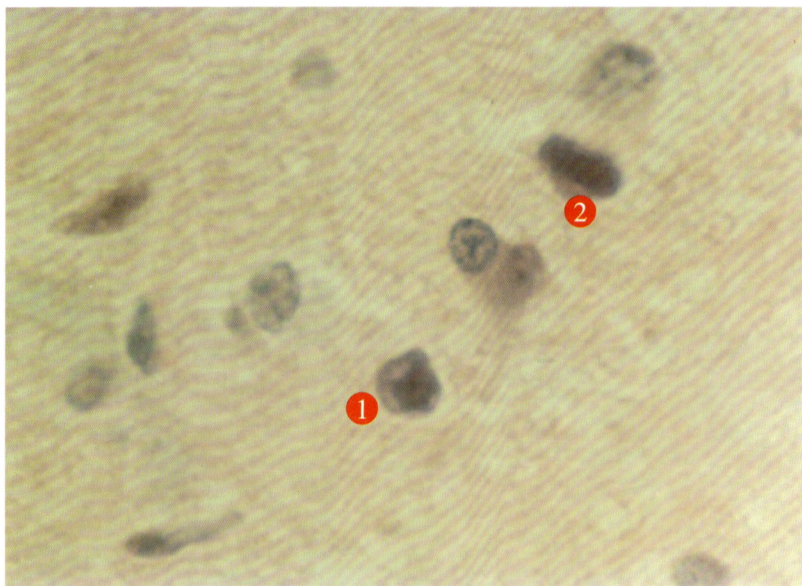

**■ 图2-15　人大脑细胞演化系（4）**

*苏木素-伊红染色　×400*

❶示寡质神经干细胞；❷示寡质神经干细胞细胞质增多，嗜酸性明显。

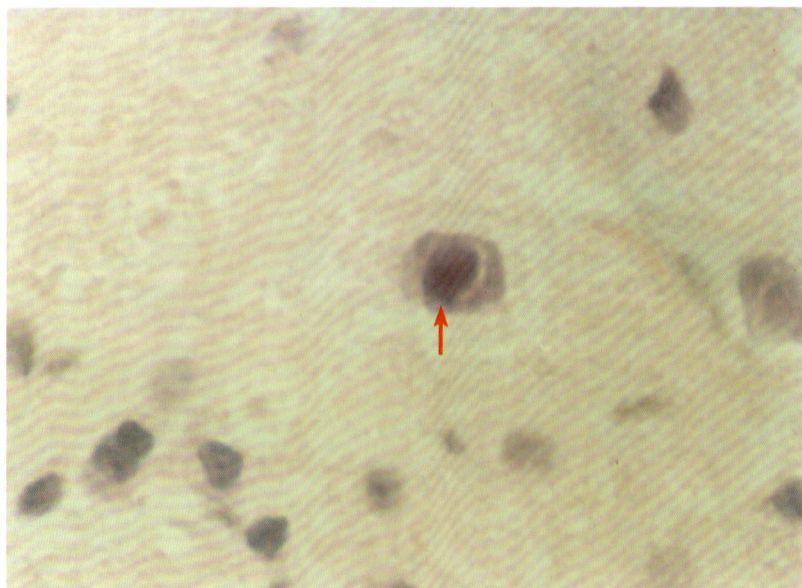

**■ 图2-16　人大脑细胞演化系（5）**

*苏木素-伊红染色　×400*

↑示人大脑神经干细胞胞质继续增多，细胞核嗜碱性减弱。

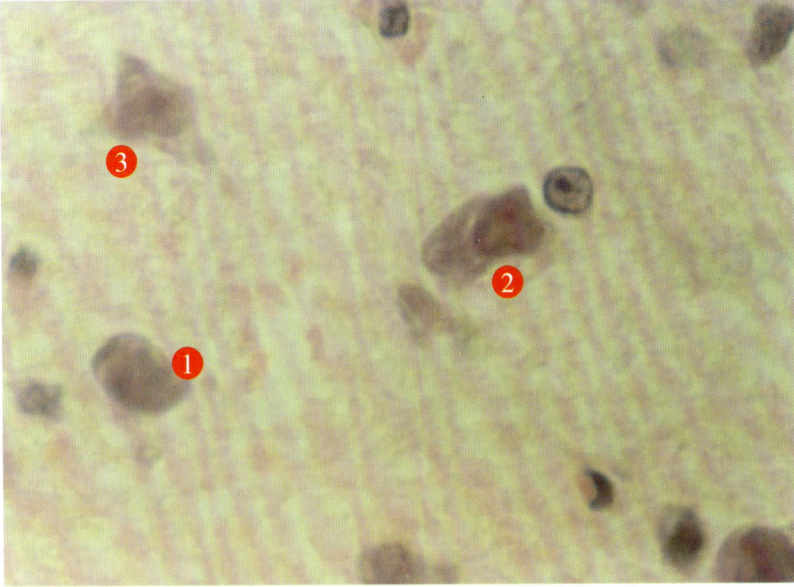

**■ 图2-17　人大脑细胞演化系（6）**
苏木素-伊红染色　×400

**❶**、**❷**和**❸**示人大脑细胞细胞质逐渐增多并开始出现嗜碱性成分，而细胞核逐渐呈嗜酸性。

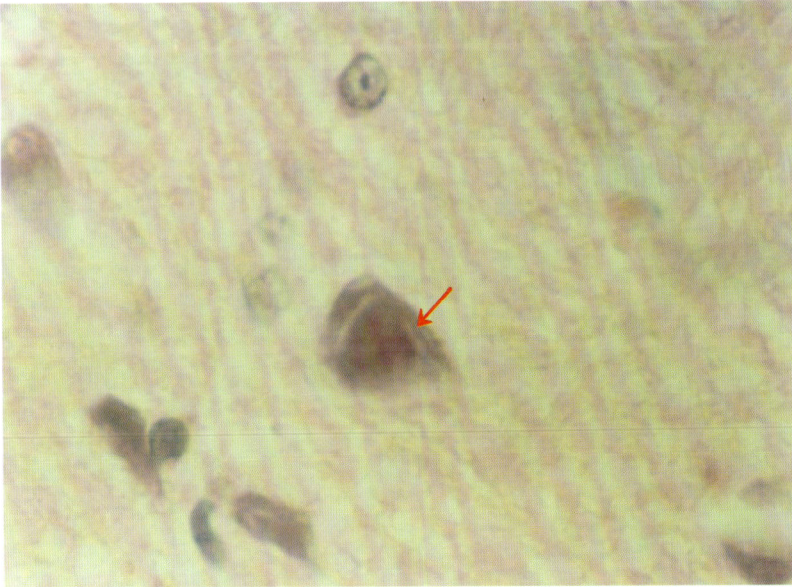

**■ 图2-18　人大脑细胞演化系（7）**
苏木素-伊红染色　×400

↙示人大脑细胞细胞质继续增多并出现嗜碱性成分，但细胞核嗜酸性也增加。

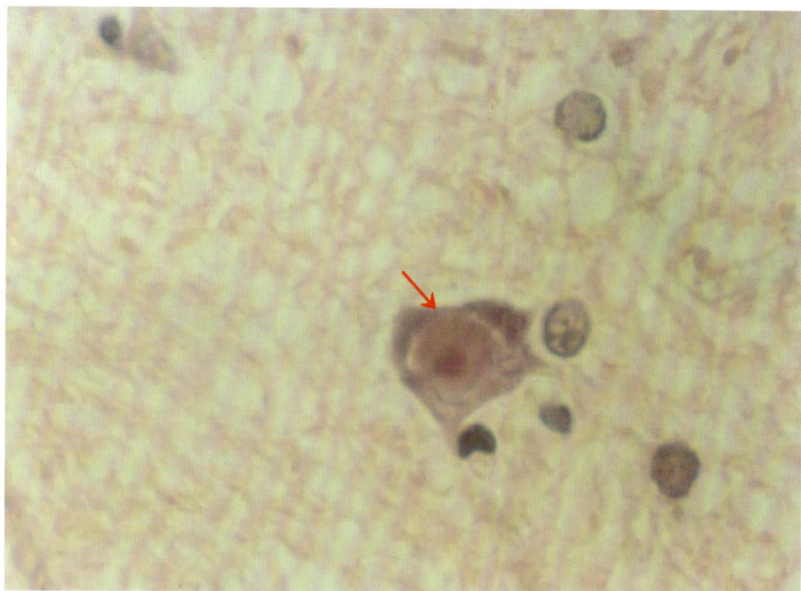

**■ 图2-19　人大脑细胞演化系（8）**

苏木素-伊红染色　×400

示人大脑细胞细胞质继续增多并出现嗜碱性成分，但细胞核嗜酸性增加。

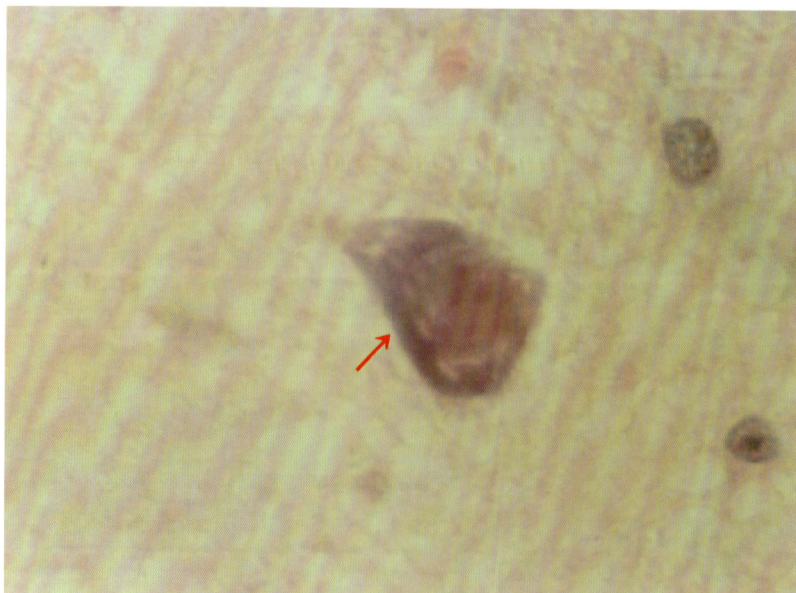

**■ 图2-20　人大脑细胞演化系（9）**

苏木素-伊红染色　×400

示人大脑细胞细胞质继续增多并出现明显嗜碱性的嗜染质颗粒，但细胞核呈明显嗜酸性。

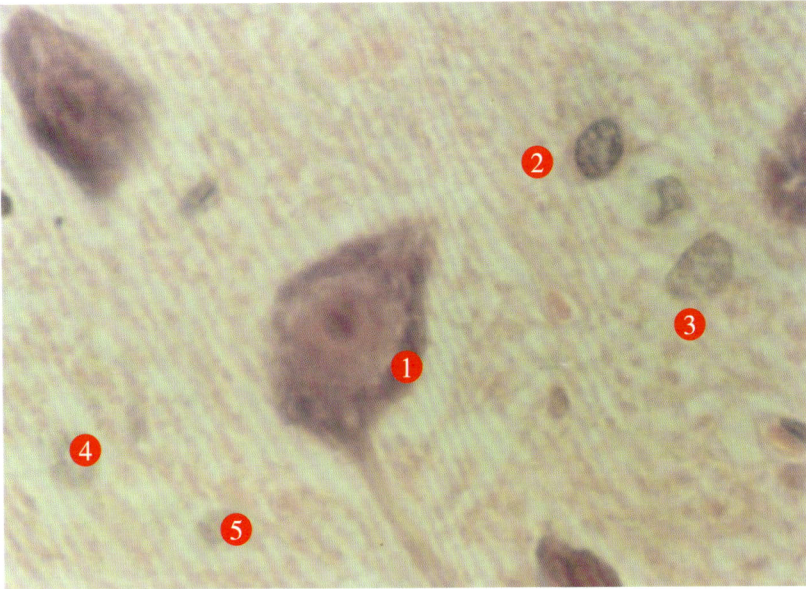

■ 图2-21　人大脑细胞演化系（10）
苏木素-伊红染色　×400
❶示人大脑细胞尼氏体增多，但细胞核呈明显嗜酸性；❷、
❸、❹和❺示以核脱色为标志的胶质细胞衰亡过程。

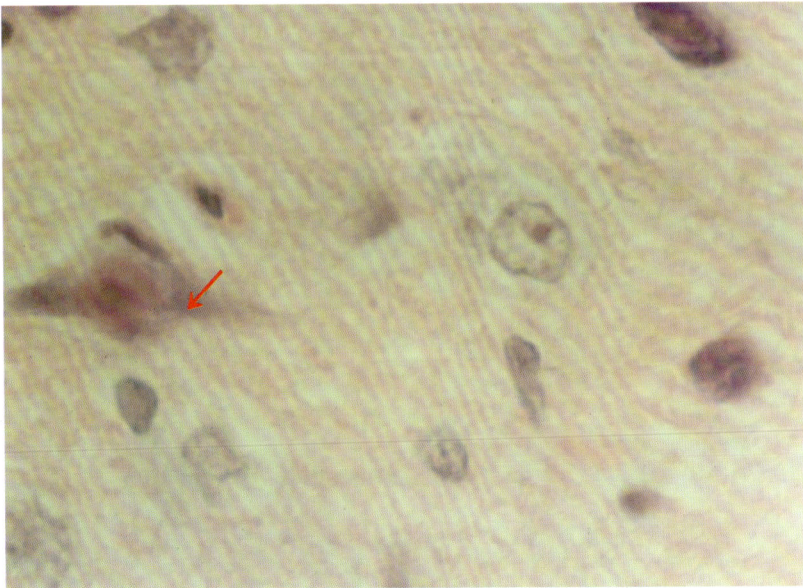

■ 图2-22　人大脑细胞演化系（11）
苏木素-伊红染色　×400
示衰退的人大脑神经细胞尼氏体减少，细胞核呈明显嗜酸性。

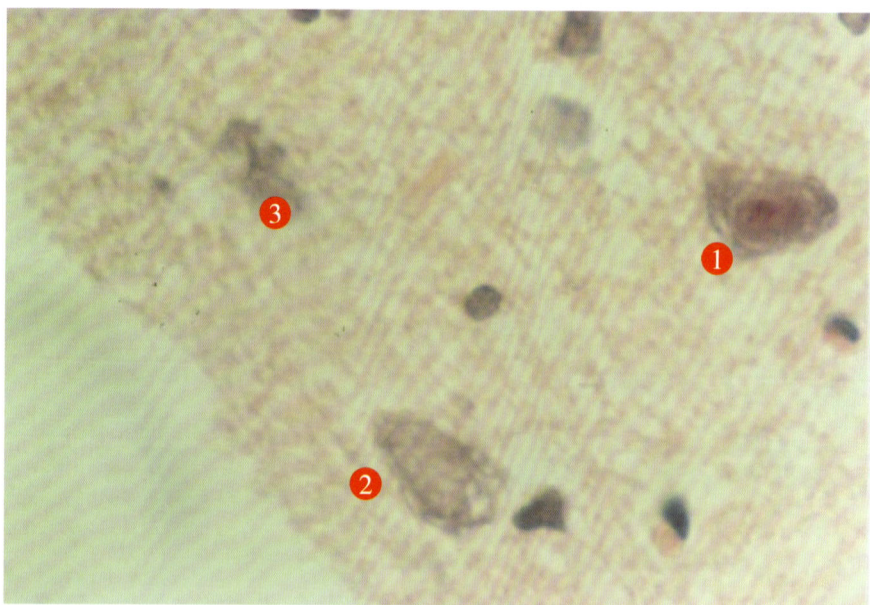

**■ 图2-23  人大脑细胞演化系（12）**

苏木素－伊红染色  ×400

❶、❷和❸示人大脑神经细胞逐步衰亡过程。

## 二、大脑组织动力学

神经干细胞可分化增生，并按严格的时空顺序迁移至中枢神经组织的不同部位。研究发现，成年动物位于侧脑室室管膜下区的神经干细胞沿着一条特定的迁移路线过移，嘴侧迁移流（rostral migrate stream，RMS）迁移至嗅球，并分化为嗅球神经细胞，不断地实施细胞的生理性置换，并可能赋予嗅球特有的适应性，比如对一种新气味的嗅觉感知。大脑海马齿状回颗粒层下区（SGZ）的神经干细胞迁移分化为不同类型的神经细胞和神经胶质细胞，维持大脑的可塑性，从而参与大脑空间认知和学习记忆等过程。大脑细胞增生的干细胞来源有侧脑室室管膜源、蛛网膜源和脑内血管源。

### （一）侧脑室室管膜源大脑细胞演化途径

大白鼠侧脑室室管膜有大量PCNA阳性细胞，显示室管膜细胞增生并向外迁移（图2-24、图2-25）。人大脑内显示有升达大脑皮质上行迁移的神经细胞和神经细胞流线（图2-26、图2-27）。

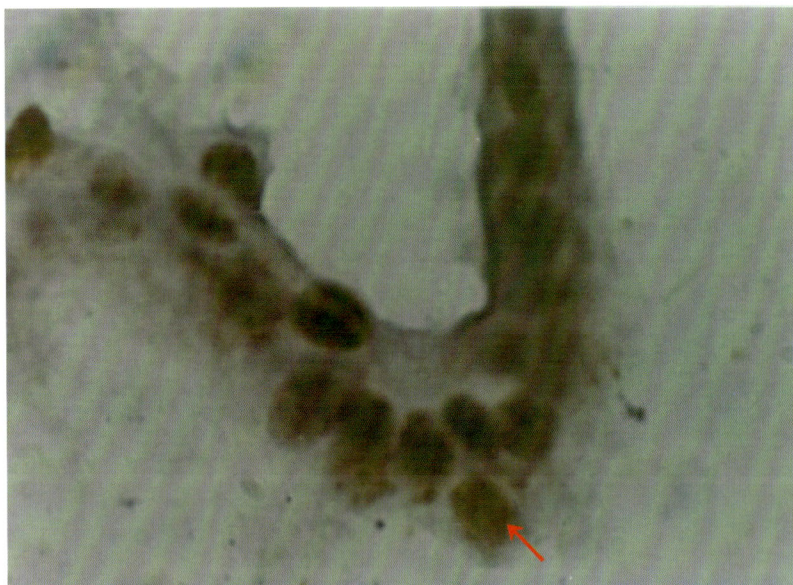

■ 图2-24  大白鼠大脑室管膜细胞增生（1）

PCNA技术  ×1 000

示大脑室管膜PCNA阳性细胞。

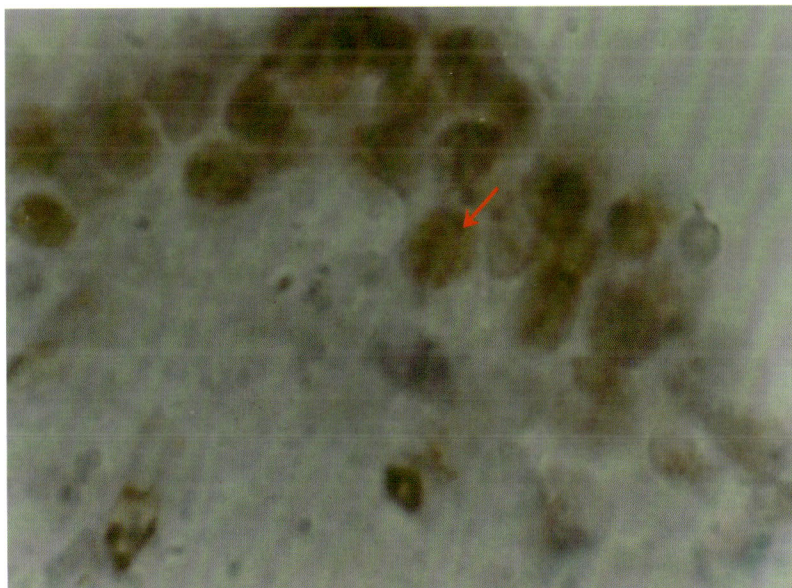

■ 图2-25  大白鼠大脑室管膜细胞增生（2）

PCNA技术  ×1 000

示大白鼠大脑侧脑室室管膜PCNA阳性细胞增生及外迁。

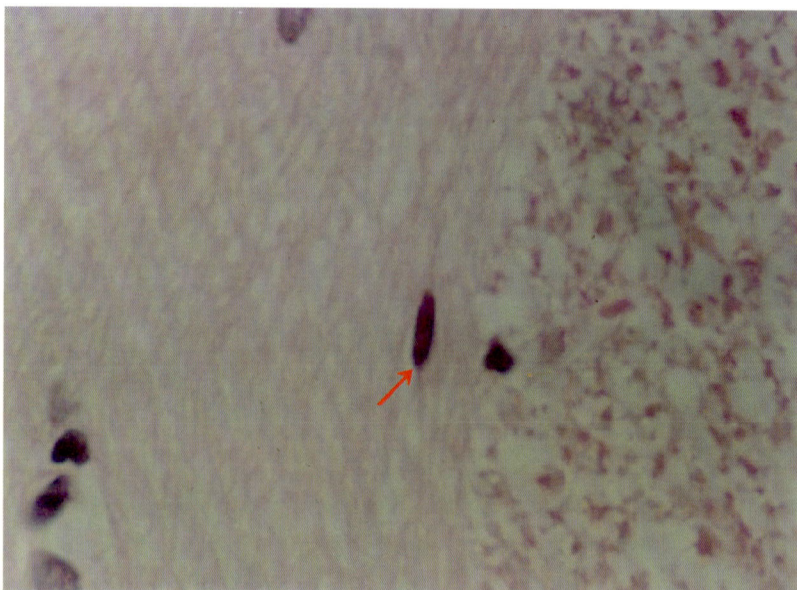

**■ 图2-26  人大脑内神经细胞迁移（1）**

苏木素–伊红染色   ×400

↗示人大脑内上行迁移的神经细胞。

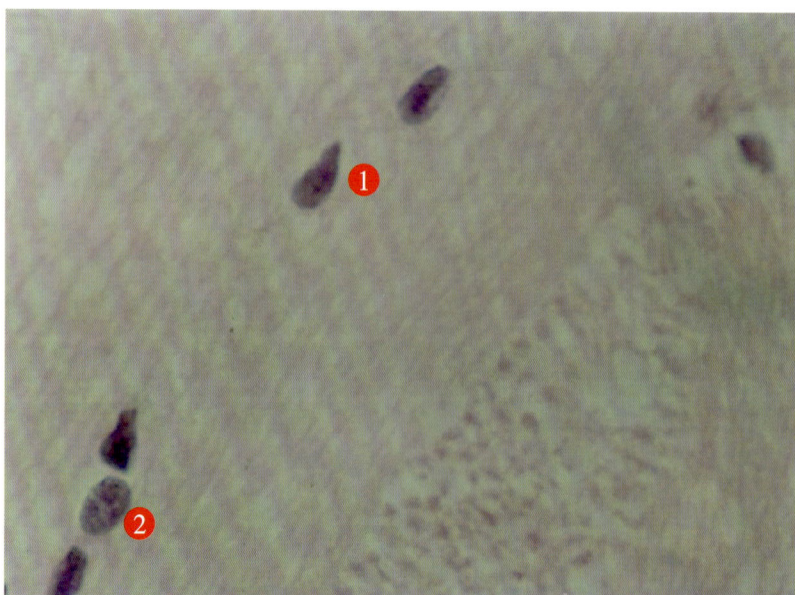

**■ 图2-27  人大脑内神经细胞迁移（2）**

苏木素–伊红染色   ×400

❶和❷示人大脑内上行迁移的神经细胞流线。

## （二）蛛网膜源大脑细胞演化途径

蛛网膜细胞可向下迁入大脑皮质表层，成为大脑干细胞（图2-28），内迁大脑干细胞可演化形成皮质内上行轴突细胞（图2-29），这也是学习机制的重要细胞学基础。

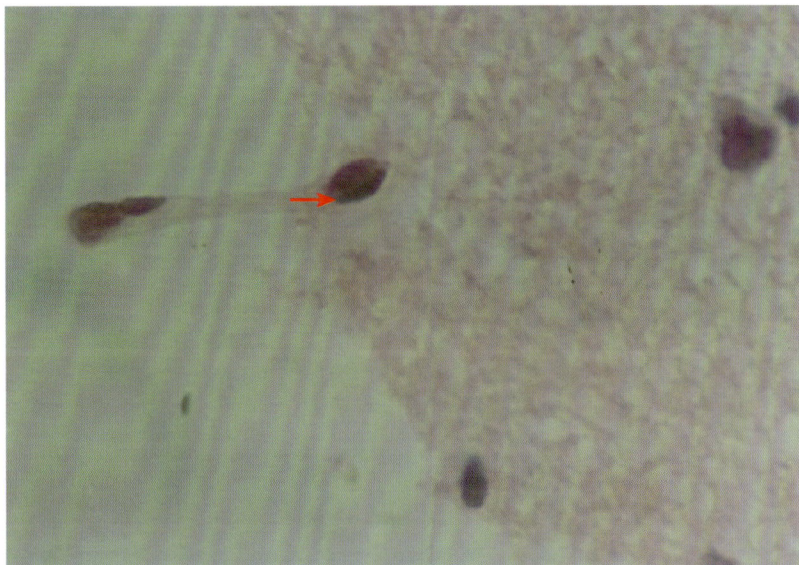

**■ 图2-28　人大脑蛛网膜细胞内迁**

苏木素–伊红染色　×400

→ 示人大脑蛛网膜细胞迁入大脑皮质表层。

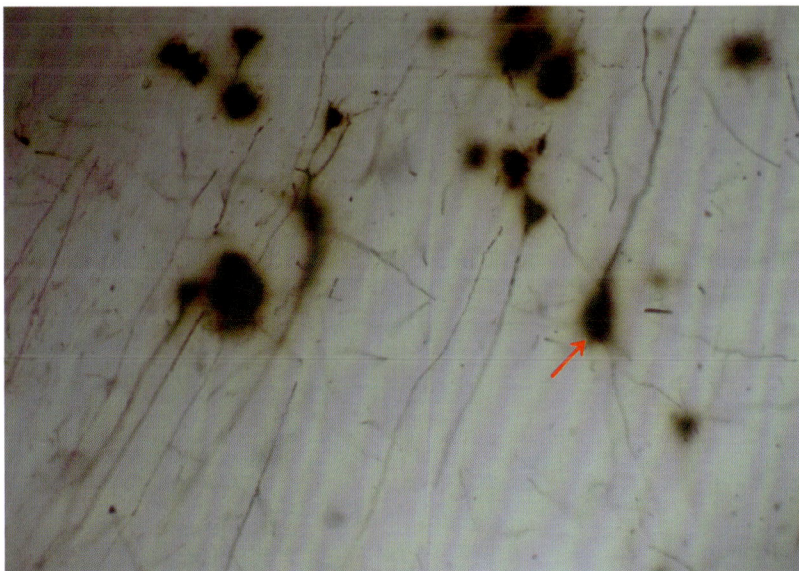

**■ 图2-29　人大脑上行轴突细胞**

硝酸银染色　×200

↗ 示人大脑皮质上行轴突细胞。

## （三）血管源大脑细胞演化途径

大脑表面血管可深入皮质带入血源性干细胞，或由血管系膜细胞演化为大脑干细胞。大脑内血管也可以这两种方式为大脑提供干细胞，甚至可在血管旁形成大脑干细胞巢（图2-30）。

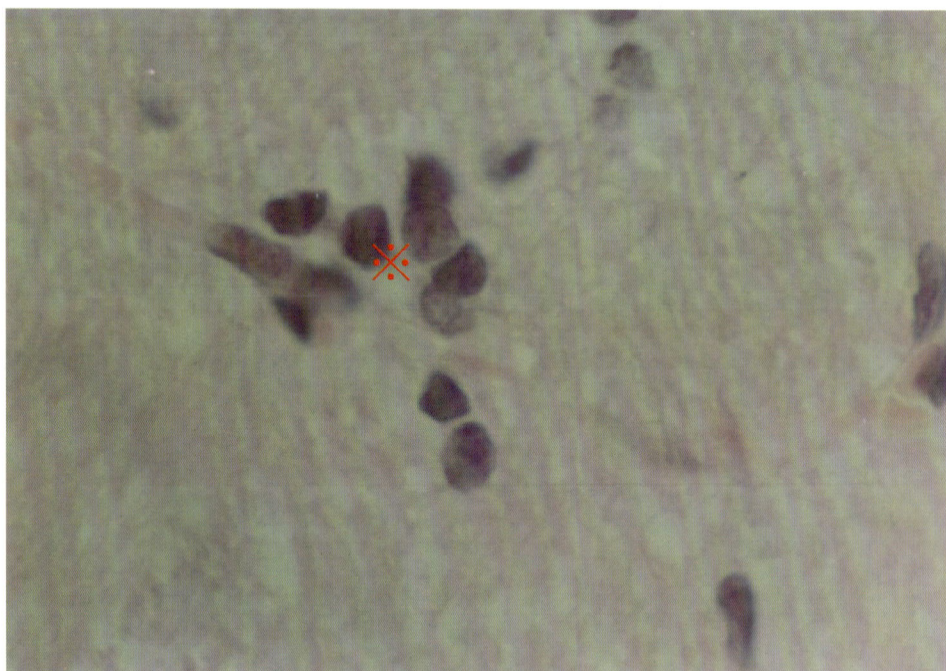

■ **图2-30　人大脑内血管旁干细胞巢**
苏木素－伊红染色　×400
※示人大脑内血管旁大脑干细胞巢。

## 第二节　小脑组织动力学

　　小脑蛛网膜是小脑细胞演化的重要来源。小脑蛛网膜细胞通过细胞下迁内化、随血管下迁内化和小脑叶片新生等方式演化形成小脑组织细胞。

### 一、大白鼠小脑蛛网膜细胞动力学

　　大白鼠小脑蛛网膜常有单层上皮，其与软脑膜之间为蛛网膜下隙，向硬膜下隙伸出分支状绒毛突起（图2-31），可见蛛网膜细胞增生（图2-32~图2-34）与衰亡（图2-35、图2-36）。

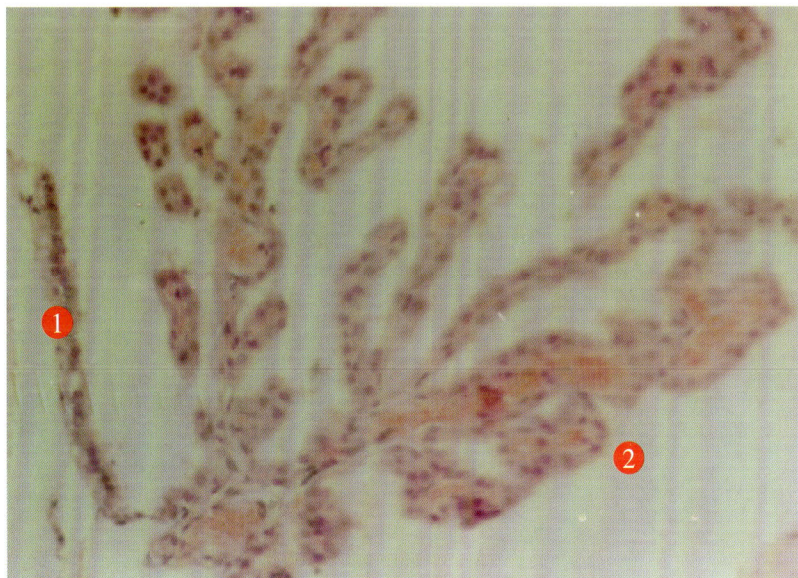

■ 图2-31　大白鼠小脑蛛网膜

苏木素-伊红染色　×100

❶示蛛网膜上皮；❷示伸入硬膜下隙的绒毛样突起。

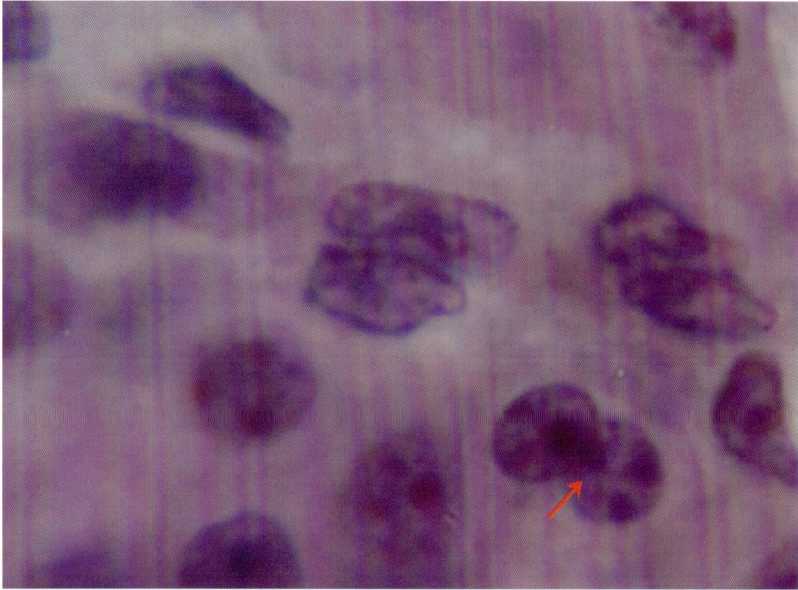

■ 图2-32　大白鼠小脑蛛网膜细胞增生（1）
苏木素-伊红染色　×1 000
↗示直接分裂中的蛛网膜细胞。

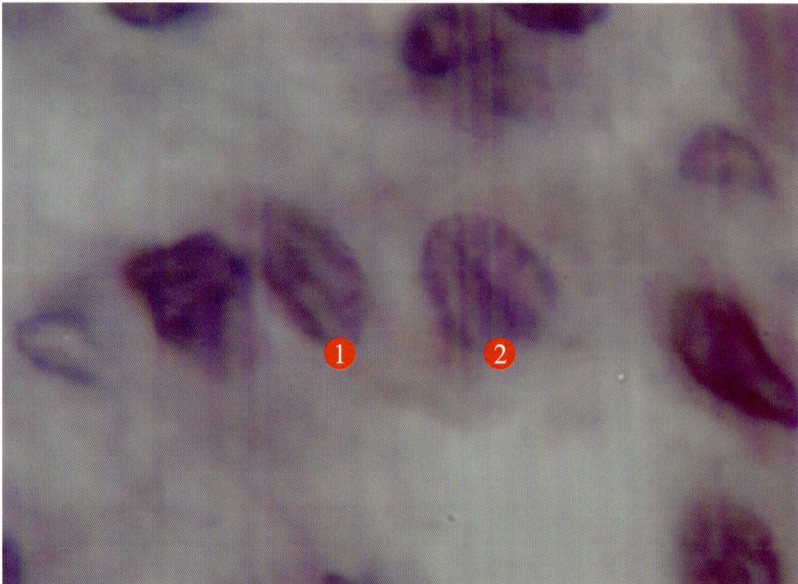

■ 图2-33　大白鼠小脑蛛网膜细胞增生（2）
苏木素-伊红染色　×1 000
❶和❷示两个较早期纵隔式直接分裂中的蛛网膜细胞。

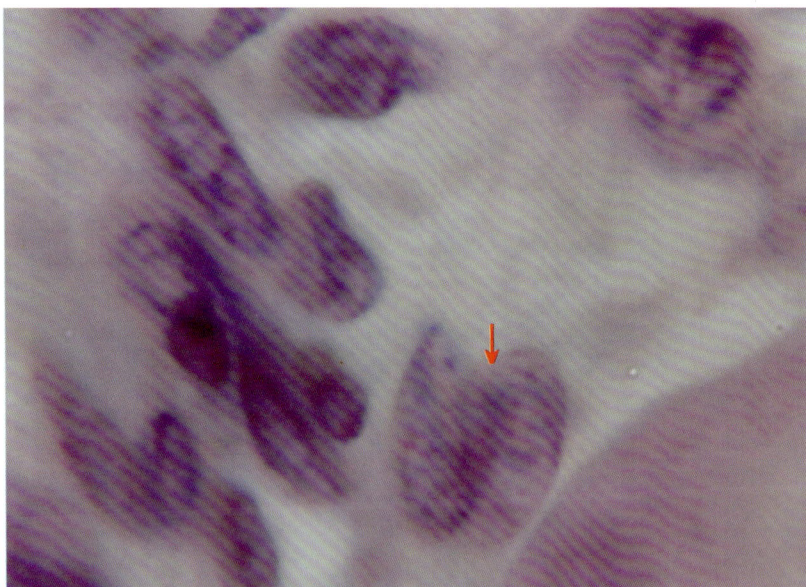

■ 图2-34　大白鼠小脑蛛网膜细胞增生（3）
苏木素–伊红染色　×1 000
↓示晚期纵隔式直接分裂中的蛛网膜细胞。

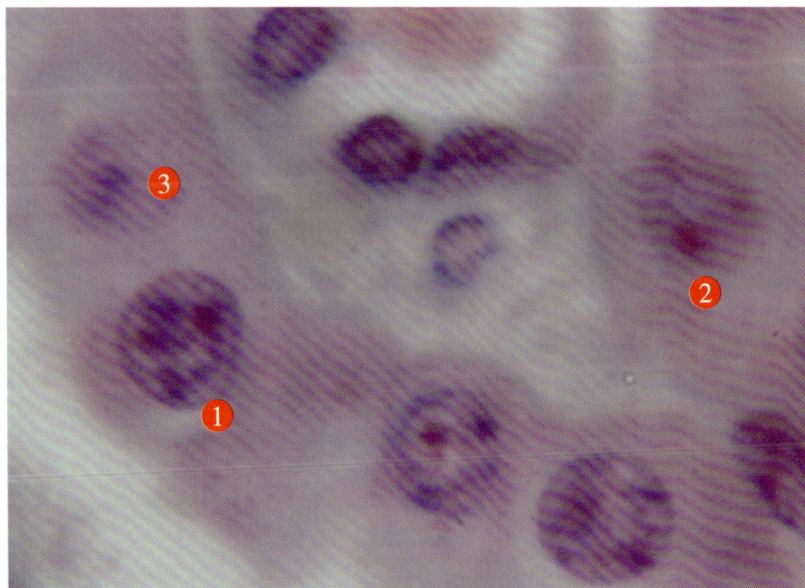

■ 图2-35　大白鼠小脑蛛网膜细胞演化（1）
苏木素–伊红染色　×1 000
❶示成熟蛛网膜细胞；❷示衰退蛛网膜细胞；❸示进一步衰退
的蛛网膜细胞。

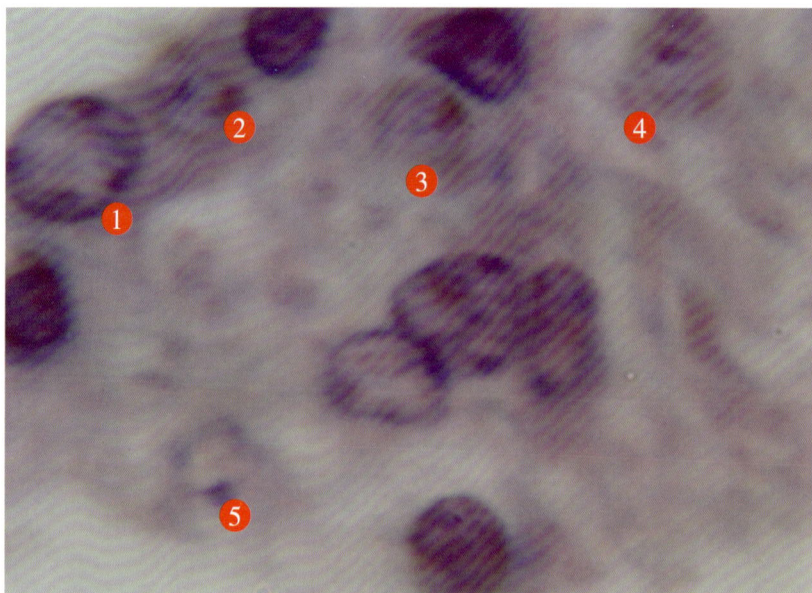

■ 图2-36　大白鼠小脑蛛网膜细胞演化（2）

苏木素-伊红染色　×1 000

❶～❺示蛛网膜细胞逐渐衰退过程。

## 二、大白鼠小脑蛛网膜组织动力学

大白鼠小脑蛛网膜与小脑软脑膜分界并不固定，其关系处于动态变化之中。小脑皮质表面尽管一些部位缺如，但大多有软脑膜覆盖。软脑膜以上皮为基本存在形式，可见扁平上皮和立方上皮两种类型，二者均可演变形成蛛网膜，且在演变过程中都有细胞迁移内化成为小脑细胞。

### （一）扁平上皮软脑膜组织动力学

在小脑皮质静止区，小脑软脑膜上皮呈典型单层扁平上皮，但仍可见小脑干细胞脱离上皮，向下面的小脑皮质迁移（图2-37）。软脑膜上皮细胞分裂，可使上皮复层化，并见神经干细胞继续向下迁移（图2-38），随着软脑膜细胞增多，细胞间距离增大，开始出现软脑膜下间隙（图2-39），此间隙扩大融合形成大的腔隙，其下方形成新的扁平软脑膜上皮，此时的腔隙应改称蛛网膜下隙，其上的上皮则为蛛网膜上皮（图2-40）。蛛网膜形成可重复进行，以致出现双层蛛网膜上皮。软脑膜上皮细胞内化形成新的小脑颗粒细胞（图2-41、图2-42），也可见双层蛛网膜上皮和双层蛛网膜下隙（图2-43），蛛网膜下隙内干细胞向下迁移至裸露的皮质胶质表面，可再形成新的软脑膜上皮（图2-44）。

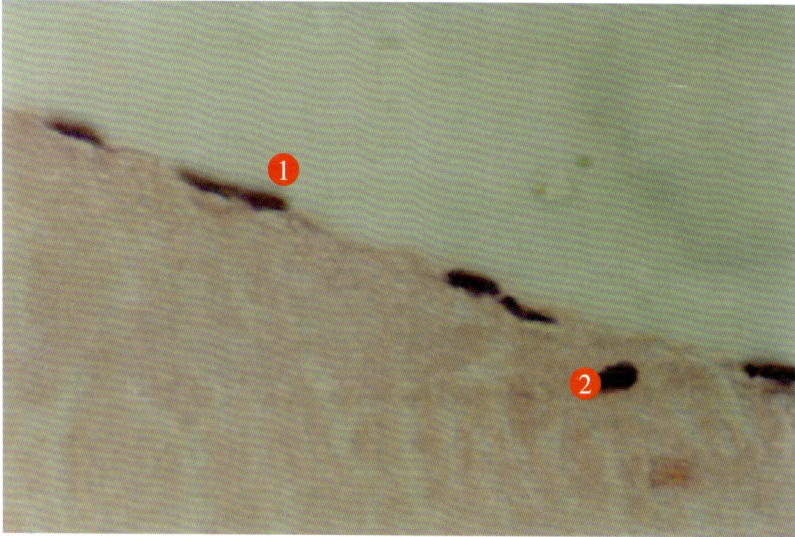

**■ 图2-37　大白鼠小脑扁平上皮型软脑膜（1）**

苏木素−伊红染色　×400

❶示软脑膜单层扁平上皮；❷示下陷内化的神经干细胞。

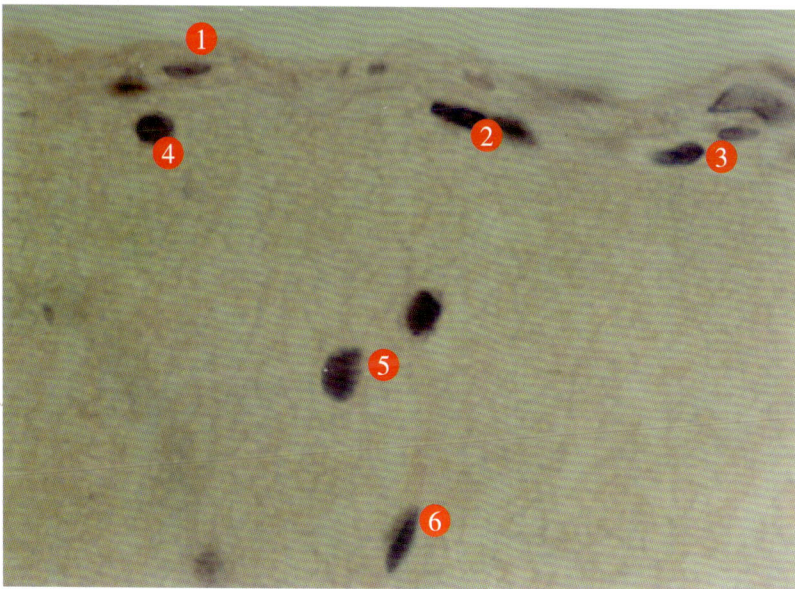

**■ 图2-38　大白鼠小脑扁平上皮型软脑膜（2）**

苏木素−伊红染色　×400

❶示软脑膜扁平上皮；❷示细胞直接分裂；❸示软脑膜上皮复层化；❹示开始下迁的神经干细胞；❺和❻示继续下迁的干细胞。

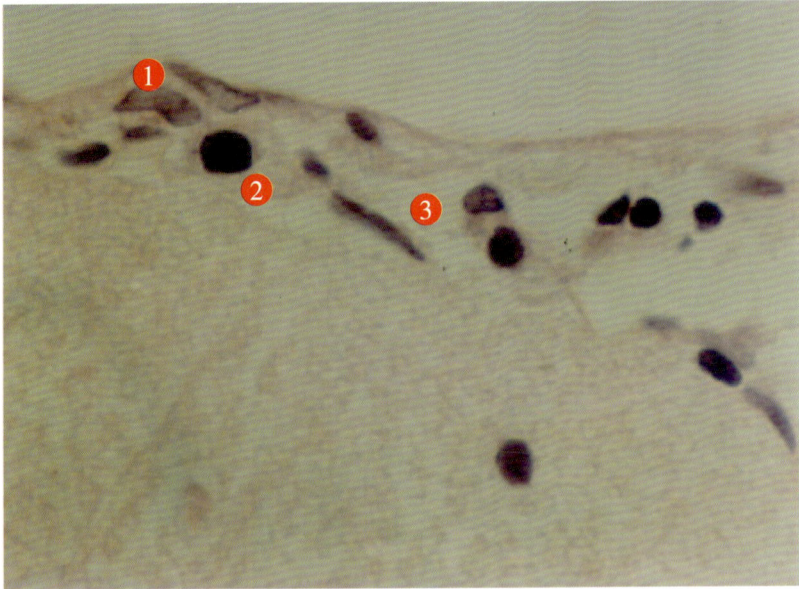

**■ 图2-39　大白鼠小脑扁平上皮型软脑膜（3）**

**苏木素-伊红染色　×400**

❶示软脑膜上皮复层化；❷示脱离软脑膜上皮的神经干细胞；
❸示开始出现的软脑膜下间隙。

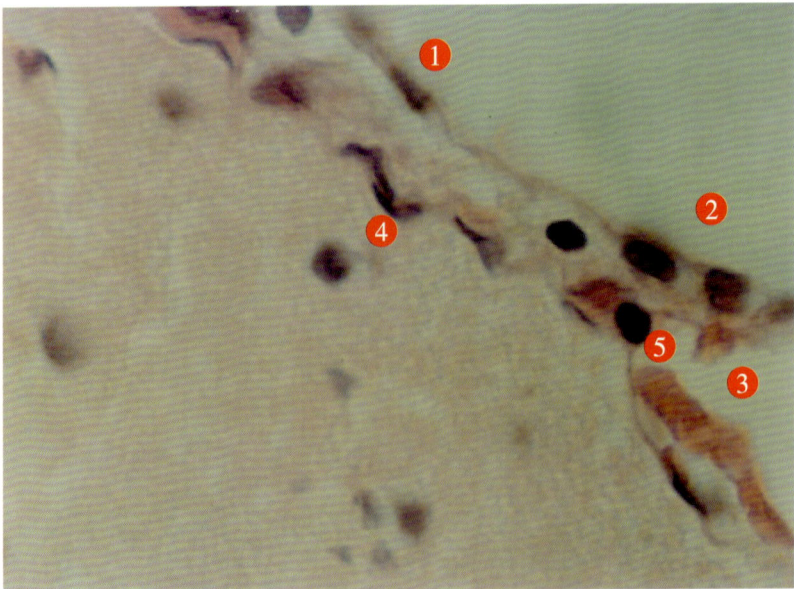

**■ 图2-40　大白鼠小脑蛛网膜演化（1）**

**苏木素-伊红染色　×400**

❶示扁平上皮；❷示立方上皮；❸示蛛网膜下隙；❹示又形成
的扁平软脑膜上皮；❺示蛛网膜下隙内的神经干细胞。

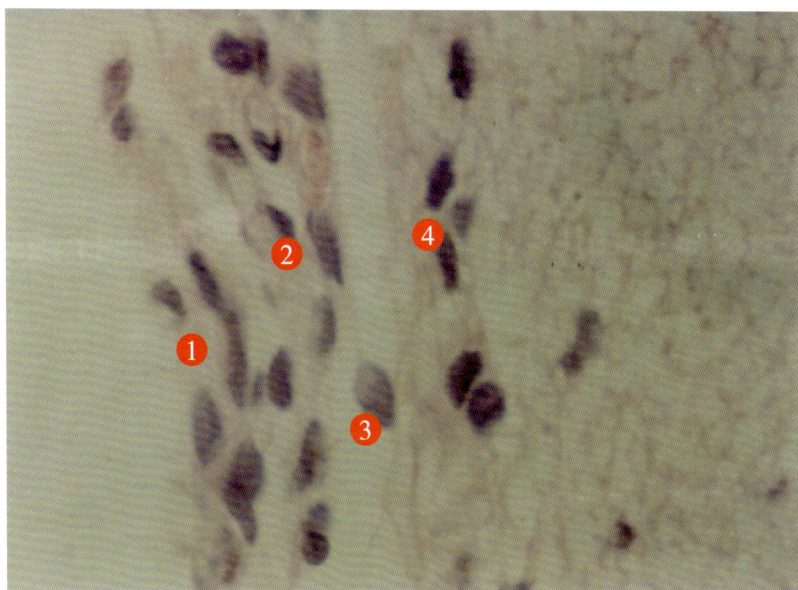

■ 图2-41  大白鼠小脑蛛网膜演化（2）
苏木素-伊红染色  ×400
①示先形成的蛛网膜上皮；②示又形成的蛛网膜上皮；③示蛛网膜下隙及其中的干细胞；④示软脑膜上皮及其表面的神经胶质。

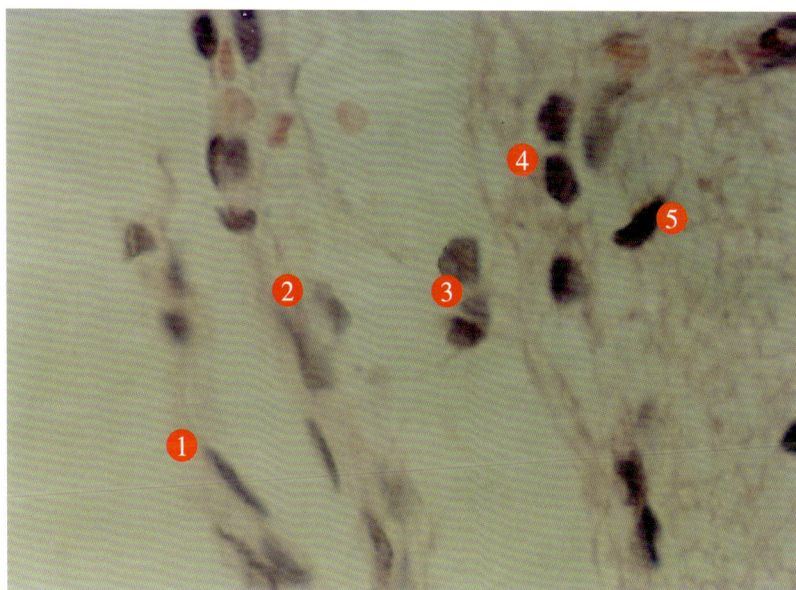

■ 图2-42  大白鼠小脑蛛网膜演化（3）
苏木素-伊红染色  ×400
①示先形成的蛛网膜上皮；②示又形成的蛛网膜上皮；③示蛛网膜下隙及其中的干细胞；④示新生小脑颗粒细胞；⑤示内迁的神经干细胞。

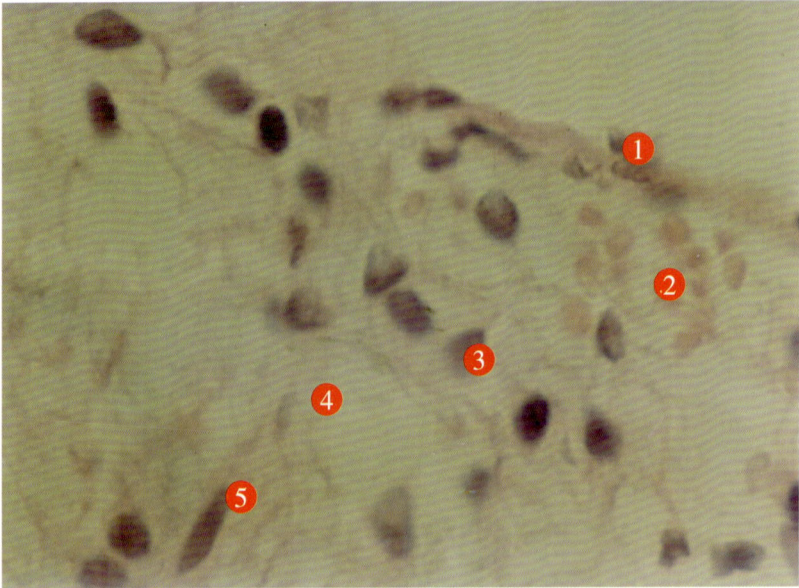

**■ 图2-43 大白鼠小脑蛛网膜演化（4）**

**苏木素-伊红染色 ×400**

❶示先形成的蛛网膜上皮；❷示先形成的蛛网膜下隙；❸示后形成的蛛网膜上皮；❹示后形成的蛛网膜下隙；❺示向皮质表面迁移的神经干细胞。

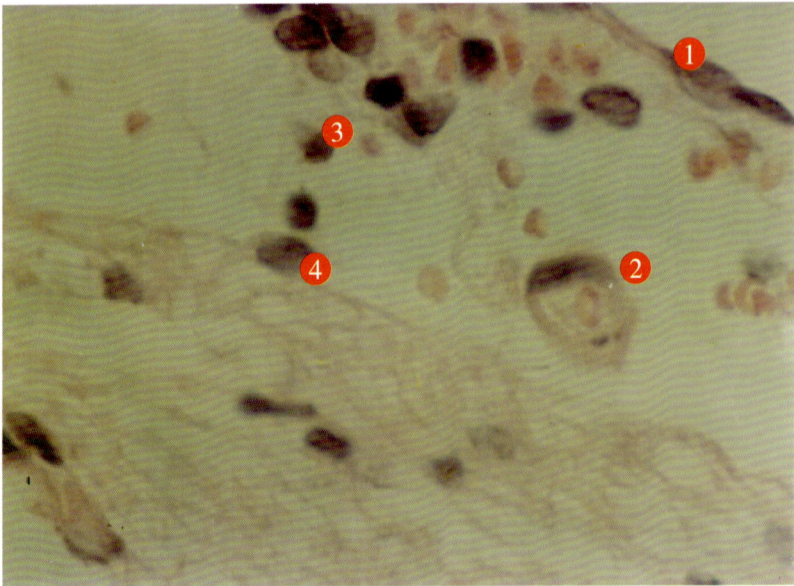

**■ 图2-44 大白鼠小脑蛛网膜演化（5）**

**苏木素-伊红染色 ×400**

❶示蛛网膜上皮；❷示蛛网膜下隙及其中的血管；❸示蛛网膜下隙及其中的干细胞；❹示接近小脑皮质表面的神经干细胞。

## （二）立方上皮软脑膜组织动力学

大白鼠小脑软脑膜上皮也可见呈立方形。上皮细胞分裂，下位者可作为干细胞下迁进入小脑皮质(图2-45)，上皮下可先出现相互分隔的小空泡（图2-46），而后小空泡相互融合，形成上皮下裂隙（图2-47），裂隙下逐渐形成新的软脑膜上皮（图2-48、图2-49），并由细胞增生形成裂隙下干细胞巢（图2-50）。其中干细胞可向皮质深部迁移，而留下细胞迁移流线轨迹（图2-51）。新的软脑膜上皮形成，则原上皮改称蛛网膜上皮，其下之裂隙则为蛛网膜下隙（图2-52）。软脑膜干细胞也可伴随血管或随血流进入小脑皮质深部（图2-53）。

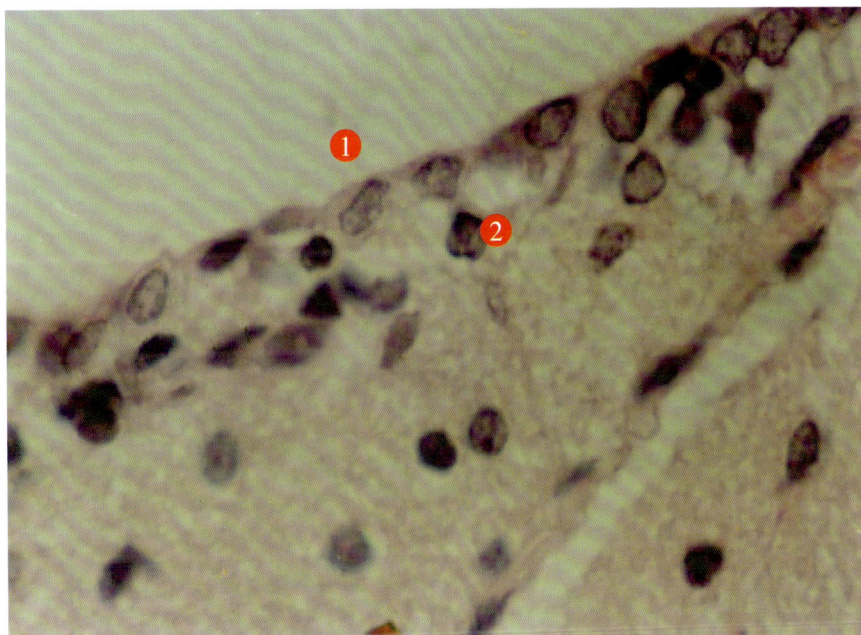

■ 图2-45　大白鼠小脑立方上皮软脑膜演化（1）

苏木素-伊红染色　×400

❶示软脑膜立方上皮；❷示上皮细胞上下分裂，下位细胞成为神经干细胞。

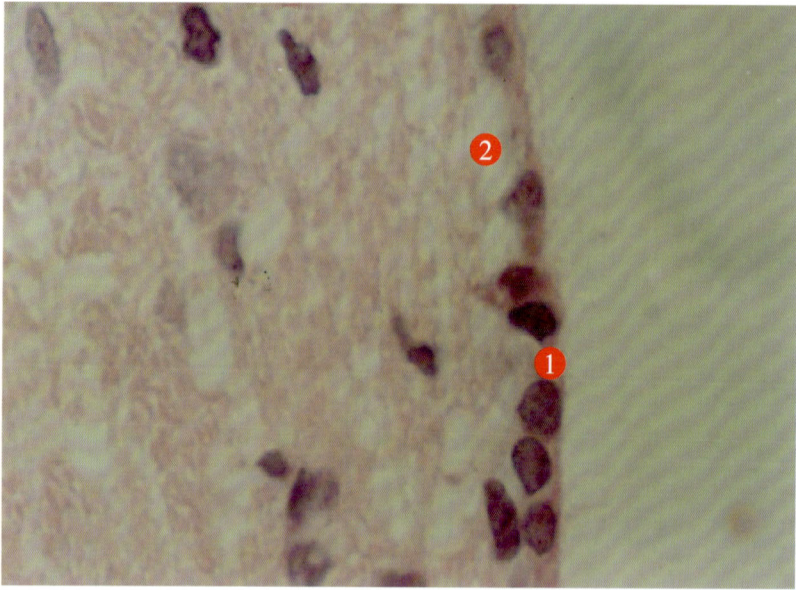

**■ 图2-46　大白鼠小脑立方上皮软脑膜演化（2）**

苏木素–伊红染色　×400

❶示软脑膜立方上皮；❷示相互分隔的上皮下裂隙。

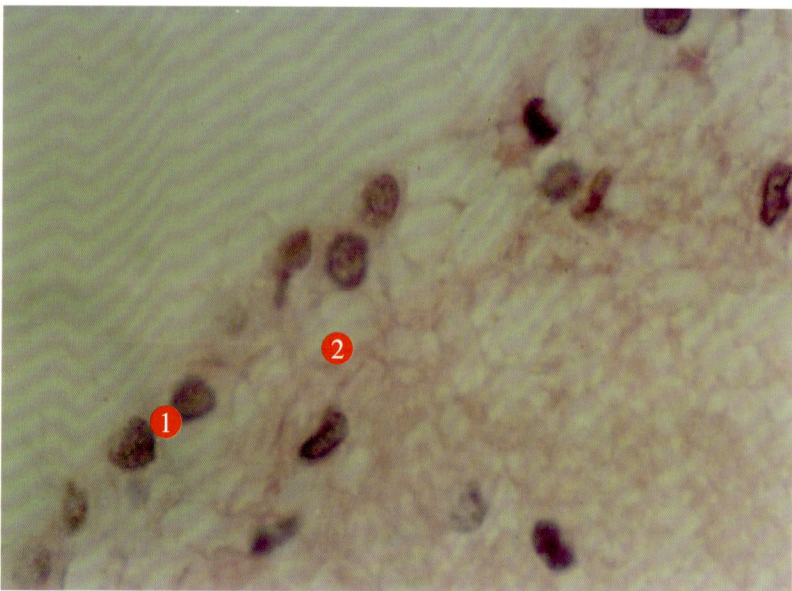

**■ 图2-47　大白鼠小脑立方上皮软脑膜演化（3）**

苏木素–伊红染色　×400

❶示软脑膜立方上皮；❷示将相互通连的上皮下裂隙。

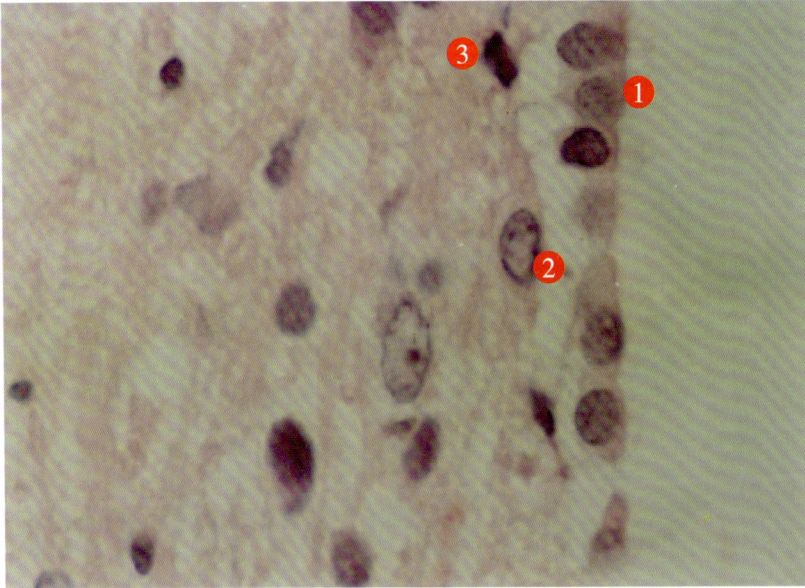

■ 图2-48　大白鼠小脑立方上皮软脑膜演化（4）

苏木素–伊红染色　×400

❶示软脑膜立方上皮；❷示上皮下裂隙；❸示将形成新的软脑膜上皮。

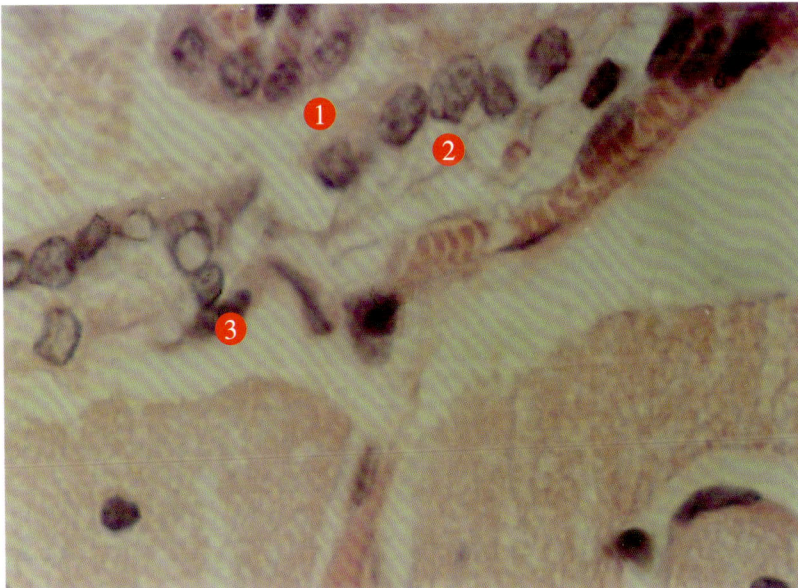

■ 图2-49　大白鼠小脑立方上皮软脑膜演化（5）

苏木素–伊红染色　×400

❶示软脑膜立方上皮；❷示上皮下裂隙；❸示将形成新的软脑膜上皮。

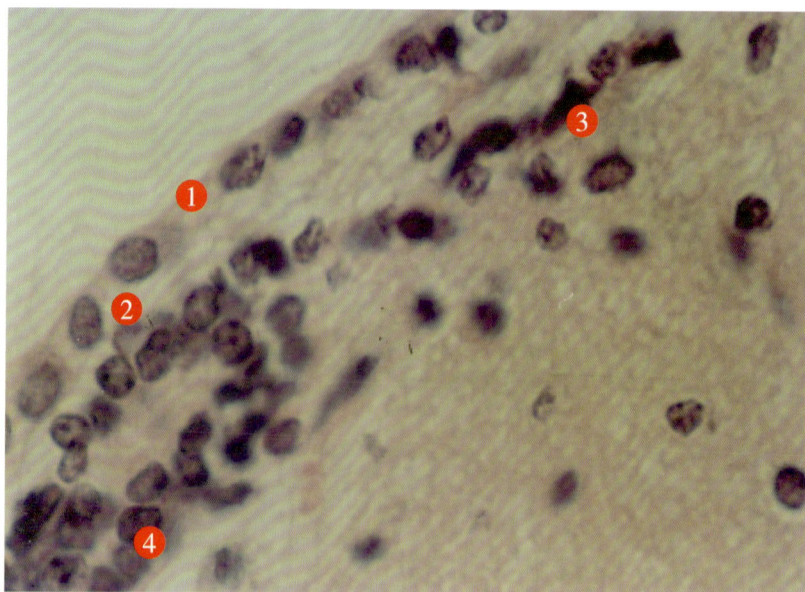

**■ 图2-50　大白鼠小脑立方上皮软脑膜演化（6）**

苏木素-伊红染色　×400

❶示软脑膜立方上皮；❷示上皮下裂隙；❸示将形成新的软脑膜上皮；❹示裂隙下干细胞巢。

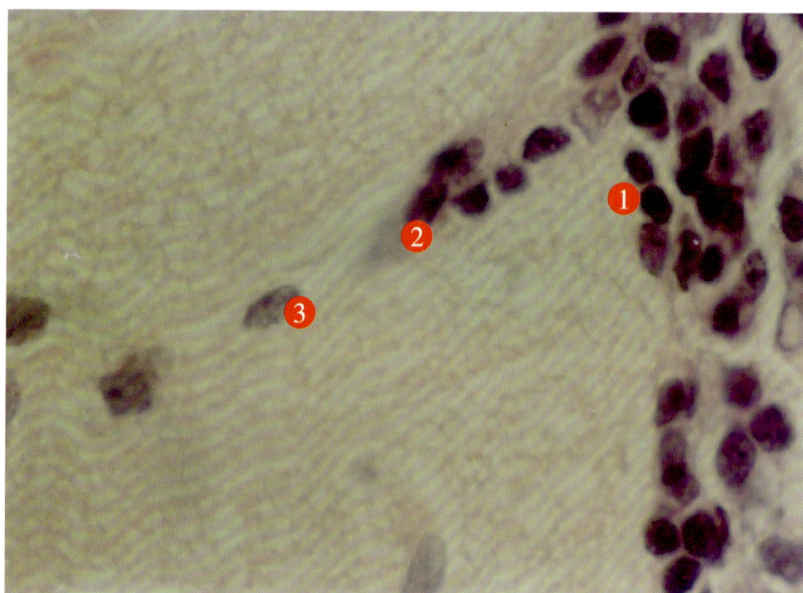

**■ 图2-51　大白鼠小脑立方上皮软脑膜演化（7）**

苏木素-伊红染色　×400

❶示裂隙下干细胞巢；❷和❸示由干细胞巢向皮质深部迁移的神经干细胞流线。

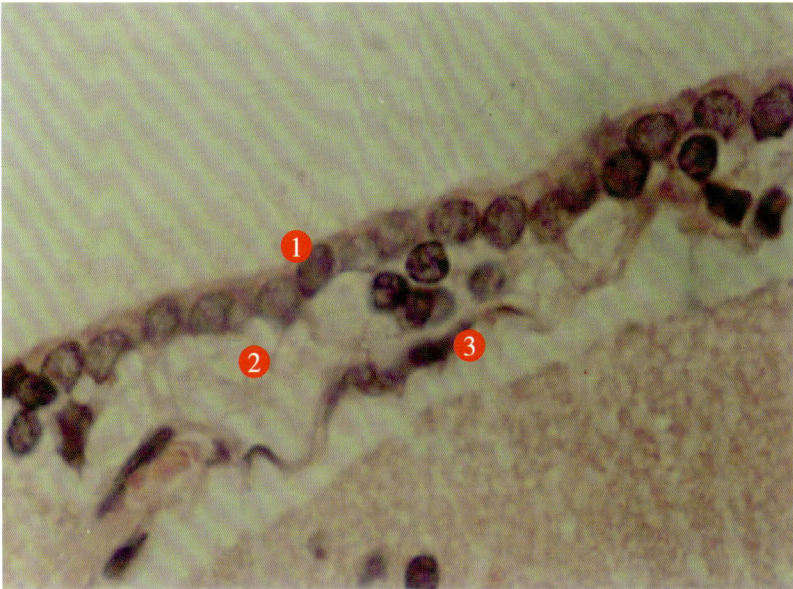

■ 图2-52　大白鼠小脑蛛网膜形成

苏木素－伊红染色　×400

❶示蛛网膜上皮；❷示蛛网膜下隙；❸示新形成的软脑膜上皮。

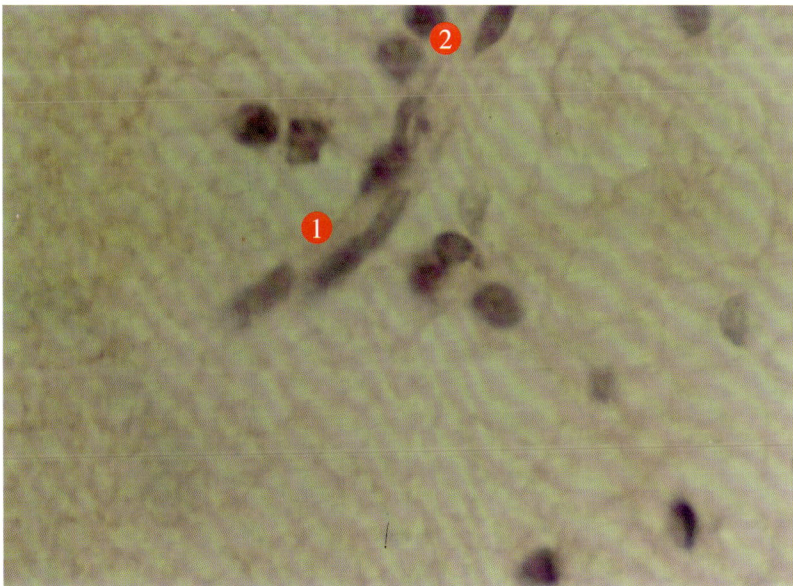

■ 图2-53　大白鼠小脑神经干细胞随血管迁移

苏木素－伊红染色　×400

❶示皮质内血管；❷示血管随行干细胞。

## 三、大白鼠小脑叶片结构动力学

### （一）小脑新叶片形成过程

大白鼠小脑蛛网膜参与小脑皮质构建的另一种方式是形成新的小脑叶片。在新的小脑叶片形成部位，可见蛛网膜、软脑膜、软脑膜下干细胞巢、叶片折转部和新生叶片之间的连续演化关系（图2-54）。在蛛网膜内可见蛛网膜细胞向叶片折转部迁移（图2-55、图2-56），在软脑膜阶段可见软脑膜下干细胞巢，其干细胞继续向叶片折转部聚集（图2-57）。折转部细胞大量增生，并向皮质深部推移，成为小脑皮质颗粒层。

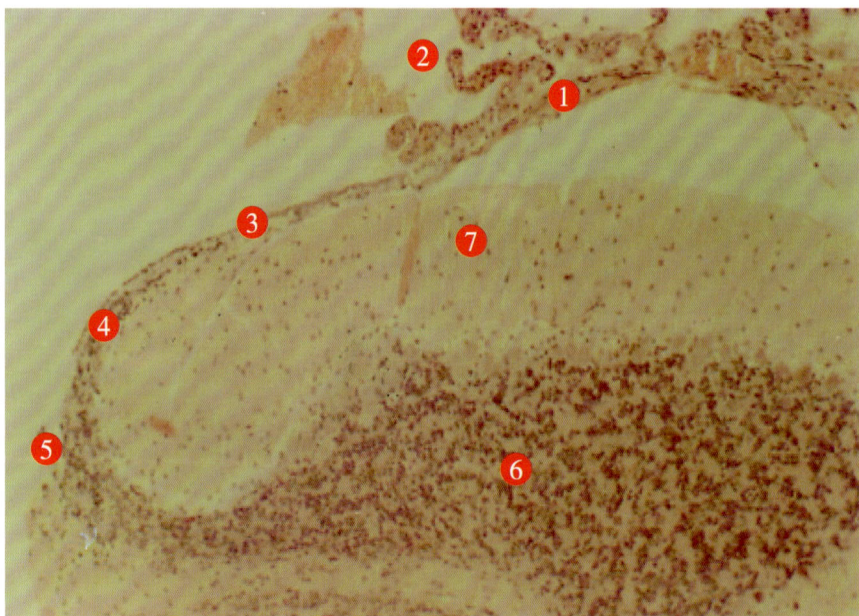

**■ 图2-54　大白鼠蛛网膜与小脑叶片形成（1）**

**苏木素-伊红染色　×100**

❶示蛛网膜上皮；❷示绒毛状突起；❸示软脑膜；❹示软脑膜下干细胞巢；❺示干细胞群转折部；❻示小脑叶片颗粒层；❼示分子层。

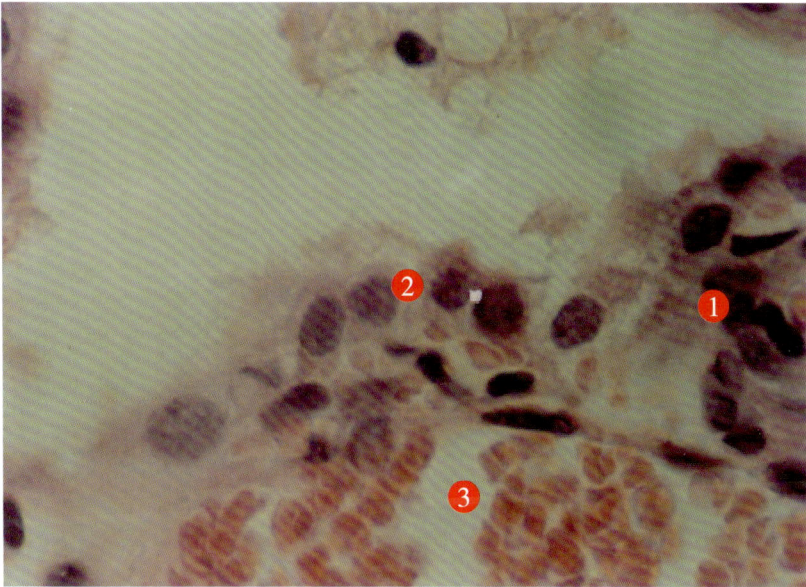

■ 图2-55　大白鼠蛛网膜与小脑叶片形成（2）
苏木素–伊红染色　×400
❶示蛛网膜干细胞巢；❷示蛛网膜上皮细胞；❸示蛛网膜下血管。

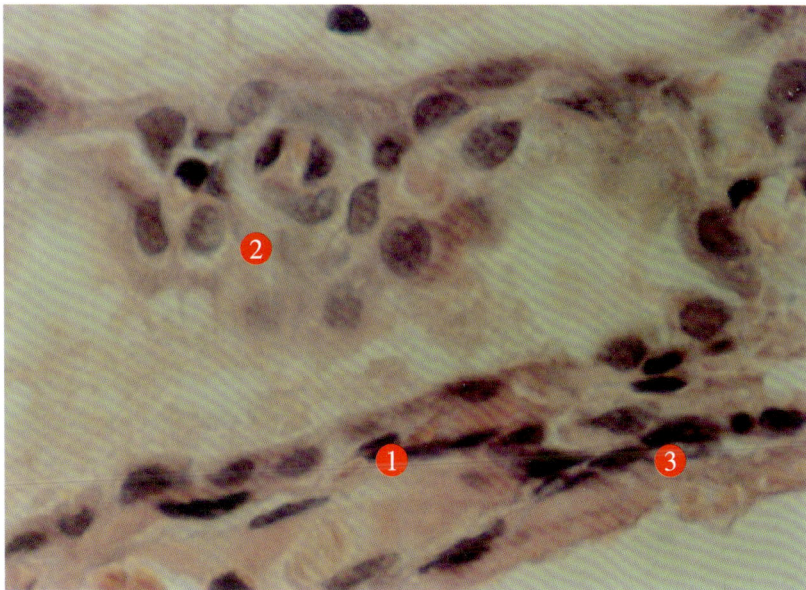

■ 图2-56　大白鼠蛛网膜与小脑叶片形成（3）
苏木素–伊红染色　×400
❶示蛛网膜上皮；❷示绒毛状突起；❸示蛛网膜内细胞流线。

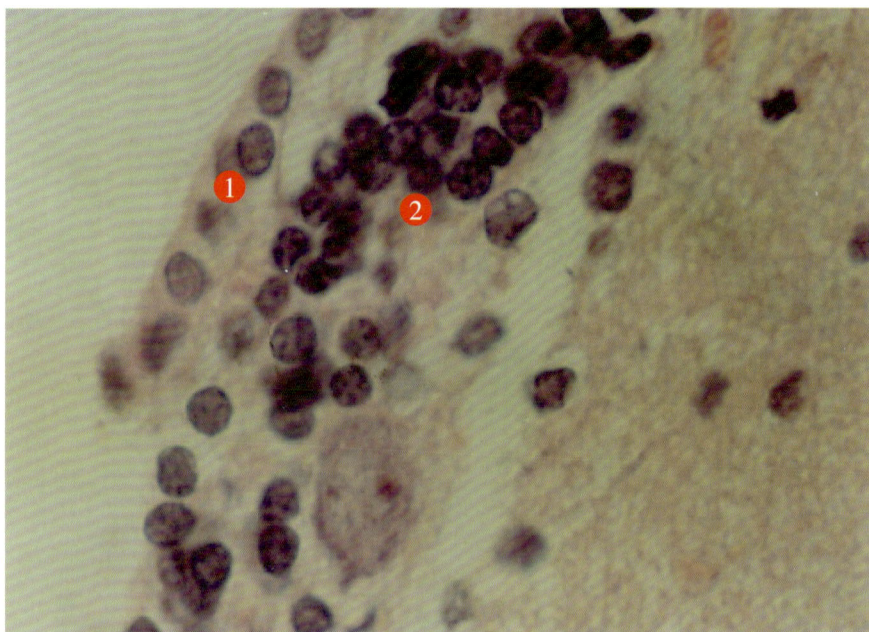

**■ 图2-57　大白鼠蛛网膜与小脑叶片形成（4）**

苏木素-伊红染色　×400

❶示软脑膜上皮；❷示软脑膜下干细胞巢。

## （二）小脑新叶片的神经细胞演化

颗粒层的颗粒细胞是新形成的叶片的主体，而后分化出高尔基细胞和浦肯野细胞。

**1. 高尔基细胞演化**　最早在干细胞巢内侧就出现高尔基细胞（图2-58）。高尔基细胞由颗粒层小脑干细胞演化而来，颗粒层内可见演化早期的颗粒细胞（图2-59）。颗粒层内高尔基细胞有向颗粒层表层移动趋势（图2-60），最后也多定居于颗粒层边缘，并逐渐衰亡（图2-61）。

**2. 浦肯野细胞演化**　浦肯野细胞出现较晚（图2-62），也由颗粒层内小脑干细胞演化而来（图2-63），浦肯野细胞也向颗粒层边缘迁移、定居成熟（图2-64），并衰亡（图2-65）。

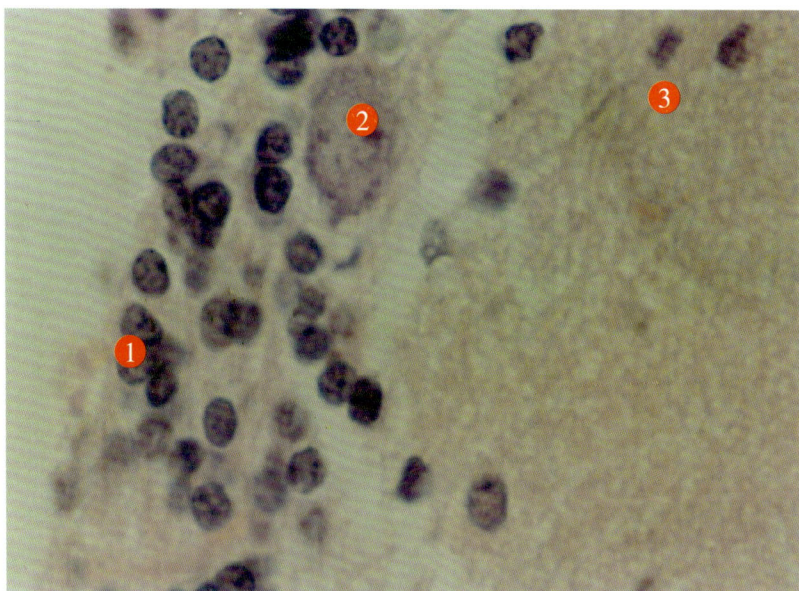

**■ 图2-58　大白鼠高尔基细胞演化（1）**

苏木素–伊红染色　×400

❶示软脑膜下干细胞巢；❷示高尔基细胞；❸示小脑皮质分子层。

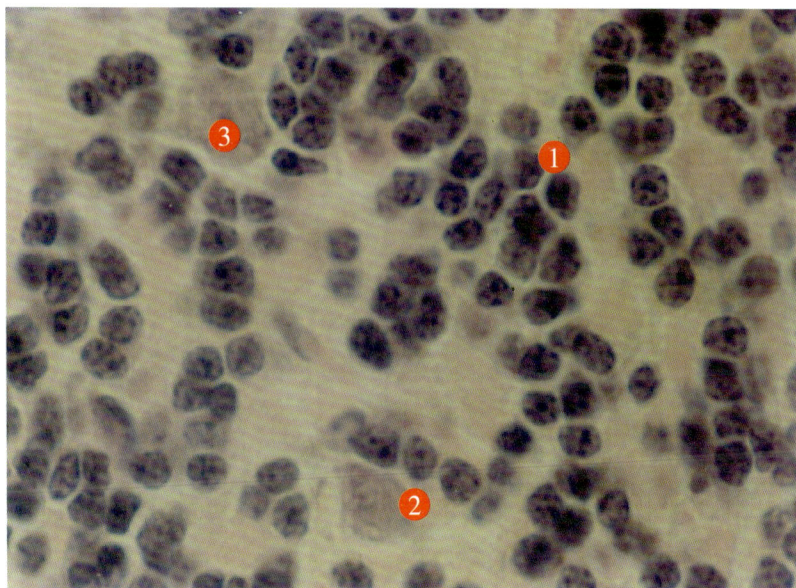

**■ 图2-59　大白鼠高尔基细胞演化（2）**

苏木素–伊红染色　×400

❶示颗粒细胞；❷和❸示演化早期高尔基细胞。

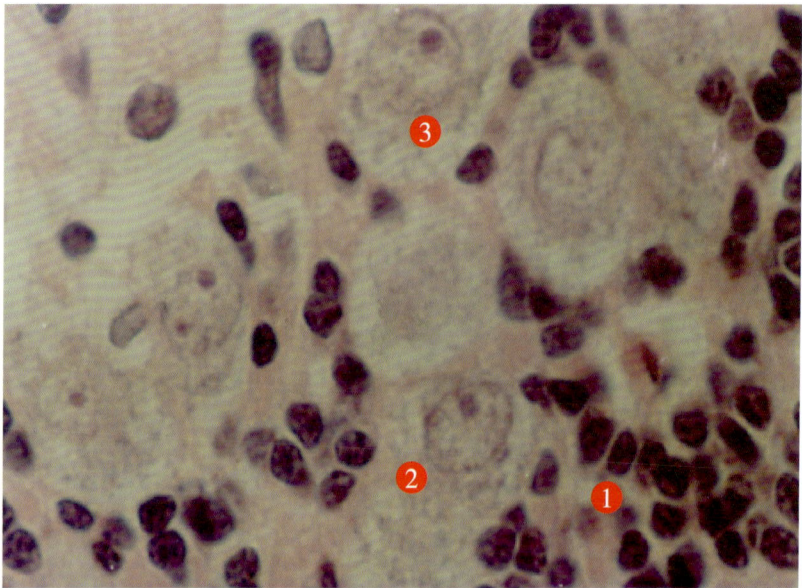

**图2-60 大白鼠高尔基细胞演化（3）**

苏木素–伊红染色 ×400

❶示颗粒层；❷示颗粒层内高尔基细胞；❸示颗粒层上缘高尔基细胞。

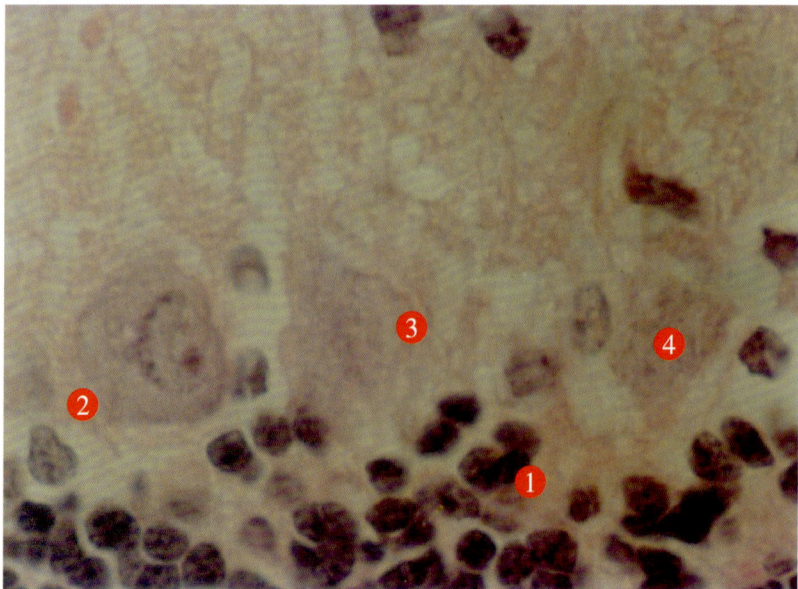

**图2-61 大白鼠高尔基细胞演化（4）**

苏木素–伊红染色 ×400

❶示颗粒层；❷示颗粒层上缘高尔基细胞；❸示衰退的高尔基细胞；❹示高尔基细胞核碎裂。

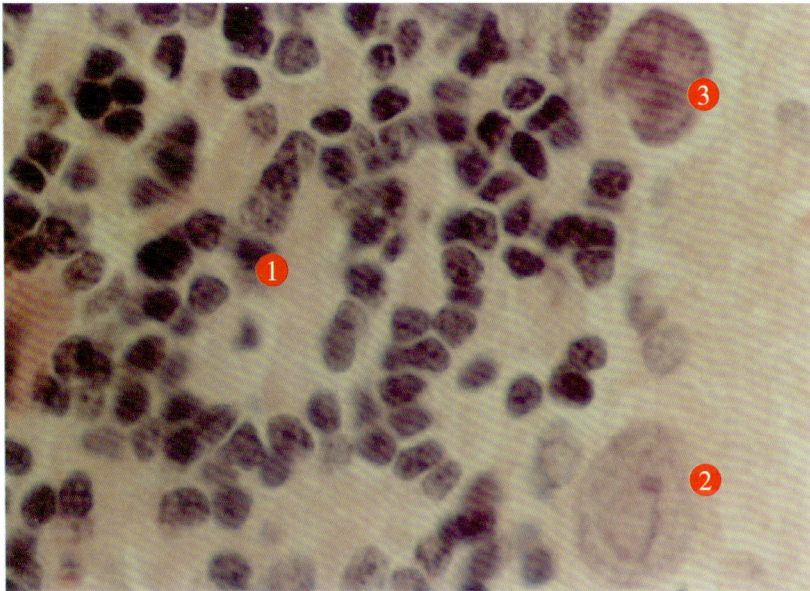

**■ 图2-62　大白鼠小脑细胞分化**

苏木素－伊红染色　×400

❶示颗粒层；❷示颗粒层上缘高尔基细胞；❸示演化中的浦肯野细胞。

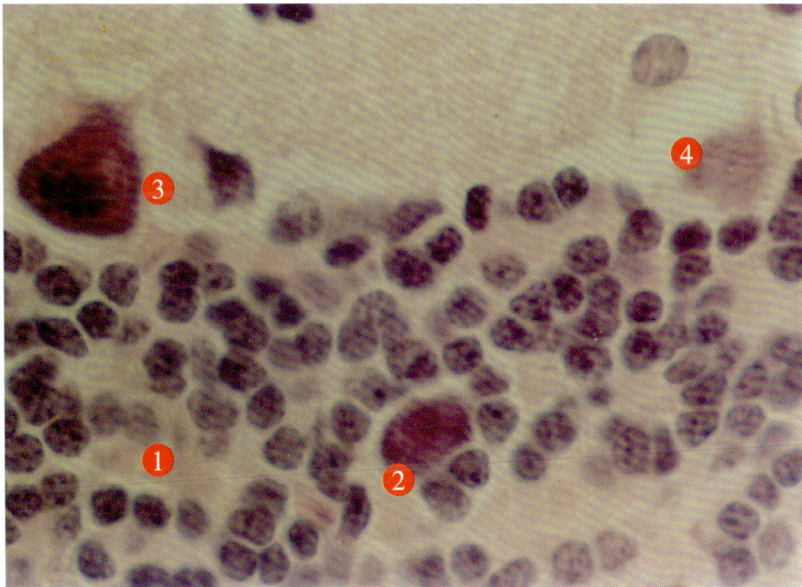

**■ 图2-63　大白鼠小脑浦肯野细胞演化（1）**

苏木素－伊红染色　×400

❶示颗粒层；❷示演化早期的浦肯野细胞；❸示较成熟的浦肯野细胞；❹示衰退的浦肯野细胞。

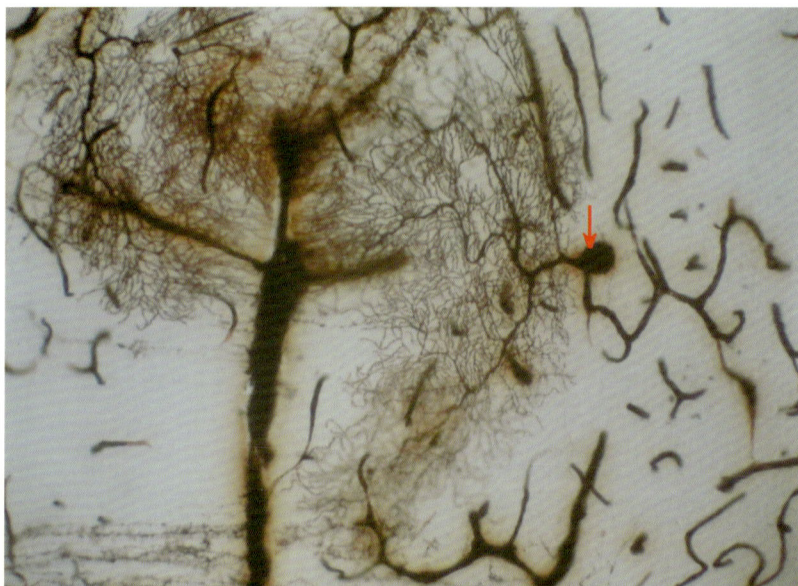

**图2-64 大白鼠小脑浦肯野细胞演化（2）**

硝酸银染色 ×100

↓示较成熟的浦肯野细胞及其繁密的树突分支。

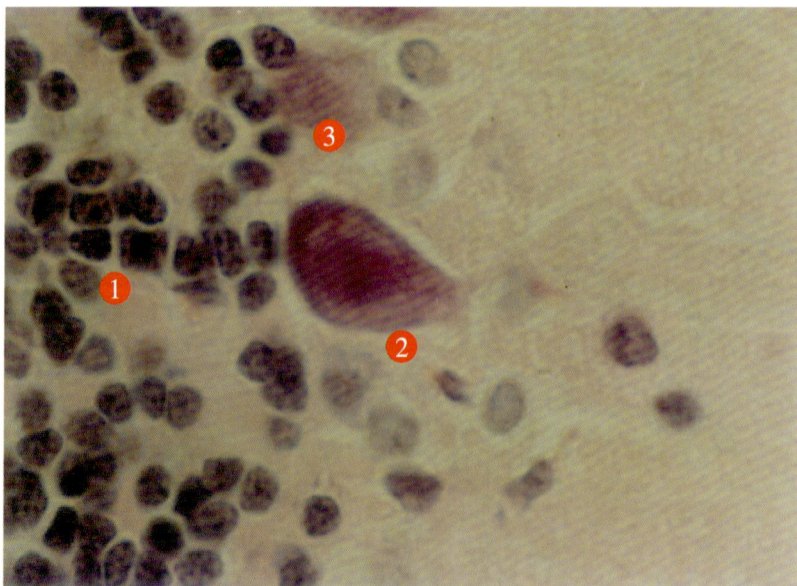

**图2-65 大白鼠小脑浦肯野细胞演化（3）**

苏木素-伊红染色 ×400

❶示颗粒层；❷示较成熟的浦肯野细胞；❸示衰退的浦肯野细胞。

## 四、大白鼠小脑叶片的衰退

衰退的小脑叶片高尔基细胞明显衰退（图2-66、图2-67），颗粒细胞普遍衰退，仅留有明显核仁的泡样核，很容易被误为横断的有髓神经纤维（图2-68）。

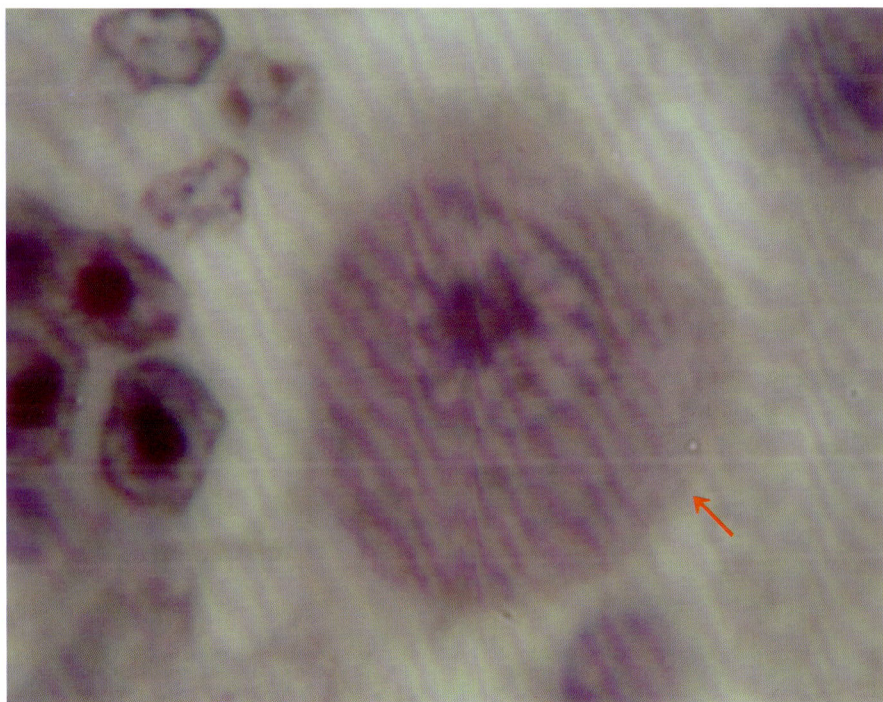

■ 图2-66　大白鼠衰退的小脑叶片区（1）

苏木素-伊红染色　×1 000

↖ 示衰退的高尔基细胞。

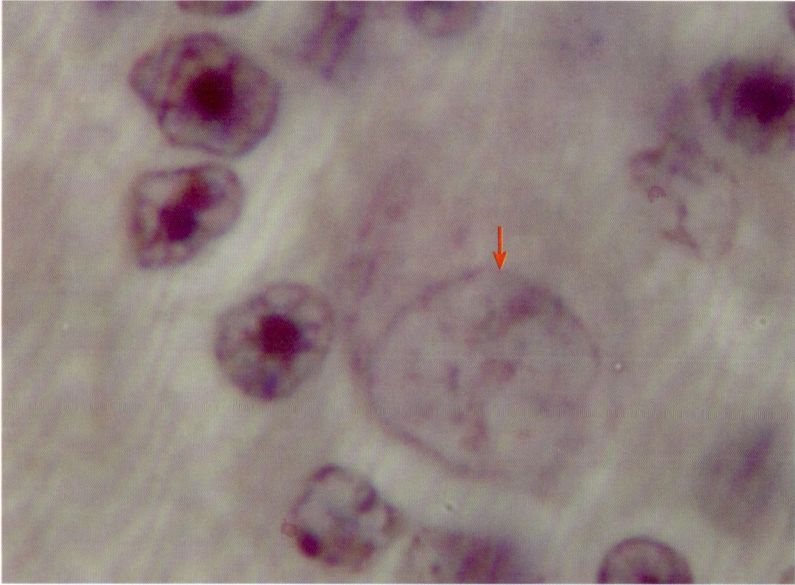

■ 图2-67　大白鼠衰退的小脑叶片区（2）

苏木素–伊红染色　×1 000

↓示更衰退的高尔基细胞。

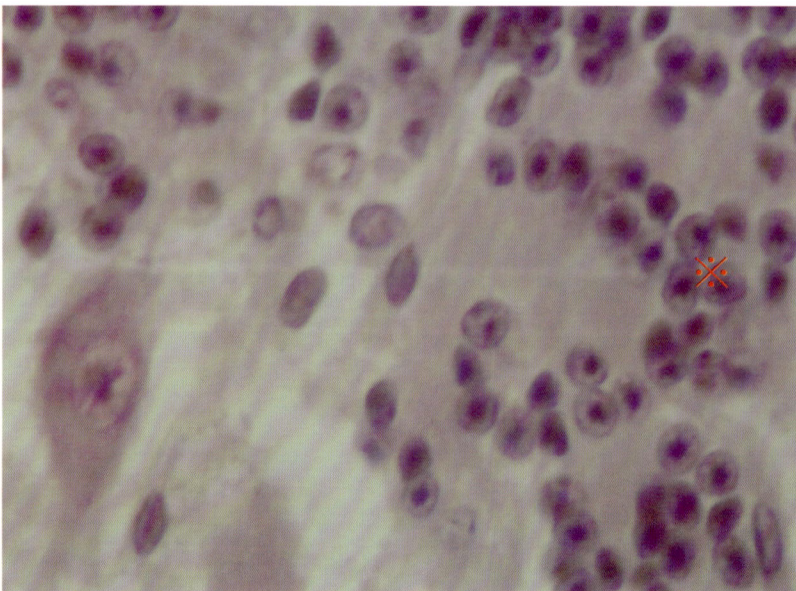

■ 图2-68　大白鼠衰退的小脑叶片区（3）

苏木素–伊红染色　×400

※示小脑叶片颗粒层细胞普遍衰退，仅留有大核仁的泡状核。

# 第三节　脊髓组织动力学

脊髓组织动力学也有蛛网膜源脊髓干细胞演化途径，但更重要的是室管膜源干细胞演化途径。

## 一、狗蛛网膜源脊髓细胞演化途径

蛛网膜是脊髓干细胞的另一来源，其内化方式有蛛网膜细胞内化、软脊膜细胞内化和随血管内迁。

### （一）蛛网膜细胞演化

狗蛛网膜下隙内有脊髓干细胞，其密度不一，有的蛛网膜下隙内脊髓干细胞较密集（图2-69～图2-71），也可见少数甚至单个干细胞内化过程同样经黏着、变扁，形成软脊膜扁平上皮（图2-72、图2-73）。人蛛网膜下隙内也可见脊髓干细胞群（图2-74）。少数干细胞从蛛网膜向小脑表面迁移（图2-75～图2-77），下迁到达小脑表面的干细胞可处于激发状态，细胞核明显增大、染色变淡，少部分干细胞仍保留浓染、少胞质状态继续下迁进入脊髓深部（图2-78、图2-79）。

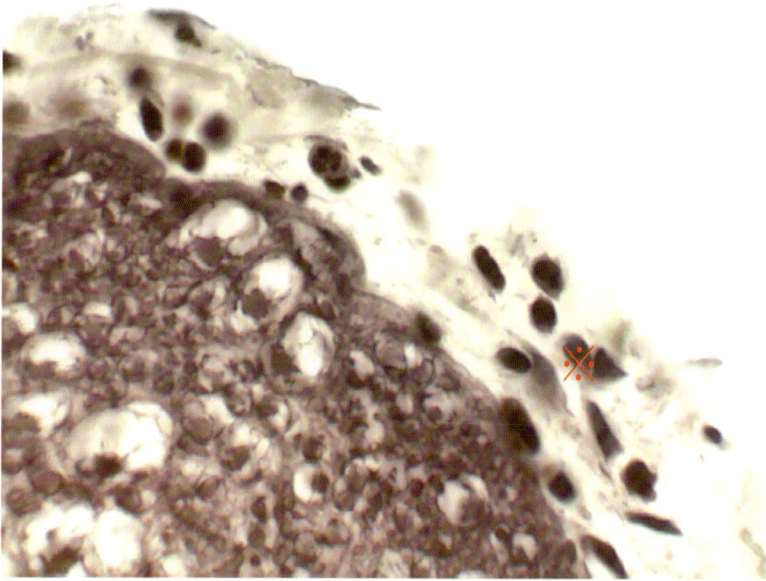

**图2-69  狗脊髓蛛网膜细胞内化（1）**

苏木素-伊红染色　×400

※示蛛网膜下隙内较密集的干细胞。

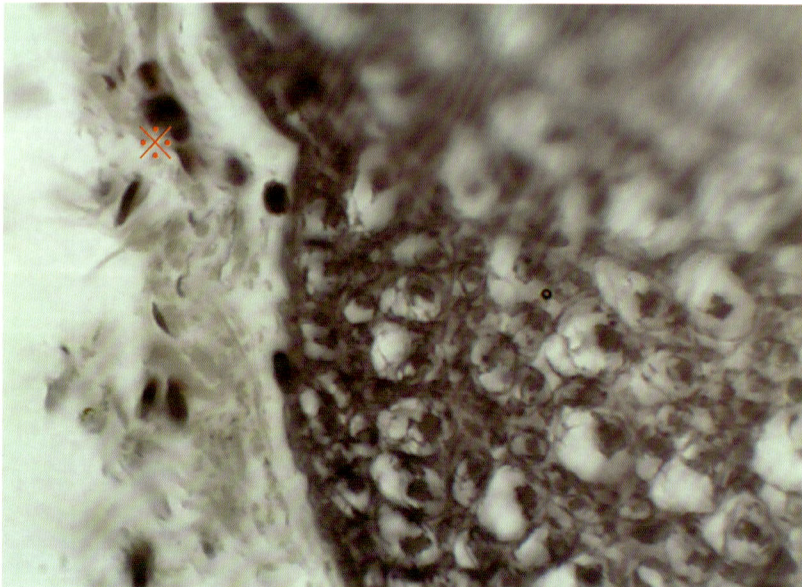

**图2-70  狗脊髓蛛网膜细胞内化（2）**

苏木素-伊红染色　×400

※示蛛网膜下隙内较密集的干细胞。

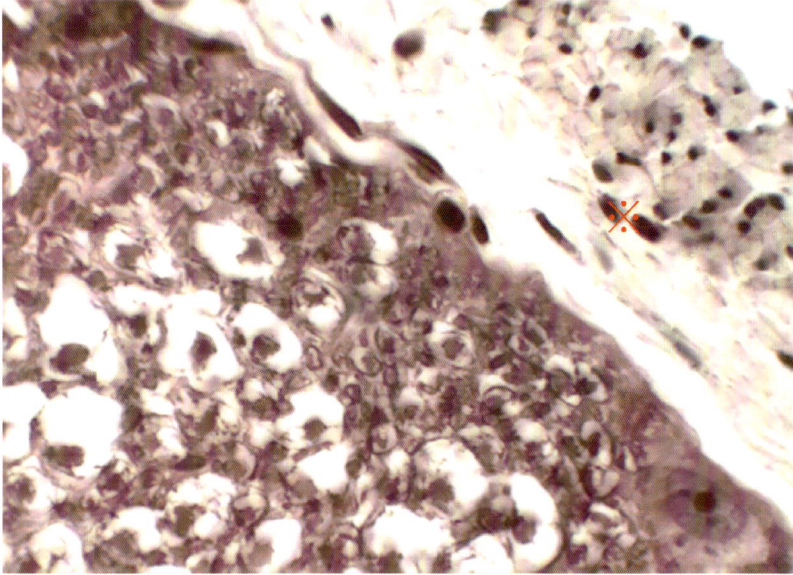

■ 图2-71　狗脊髓蛛网膜细胞内化（3）

苏木素–伊红染色　×400

※示蛛网膜下隙内较小的干细胞群。

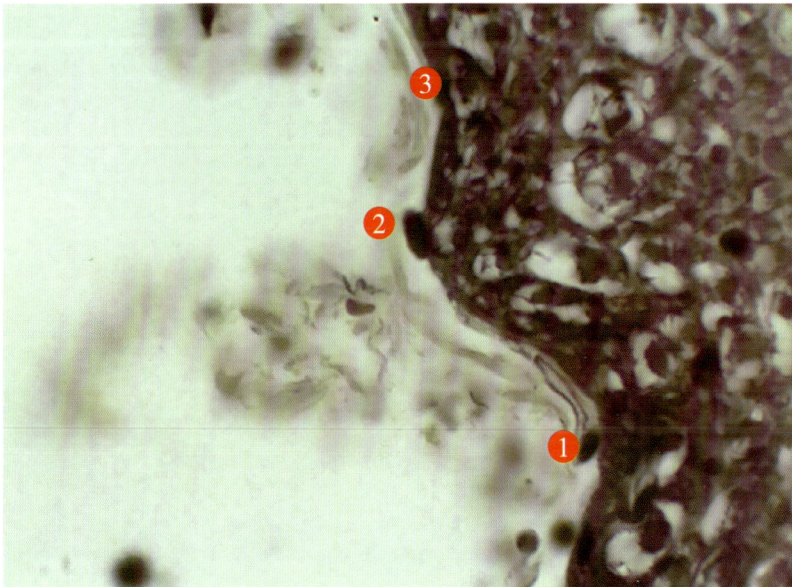

■ 图2-72　狗脊髓蛛网膜细胞内化（4）

苏木素–伊红染色　×400

❶示待黏着干细胞；❷示已黏着干细胞；❸示扁平化的干细胞。

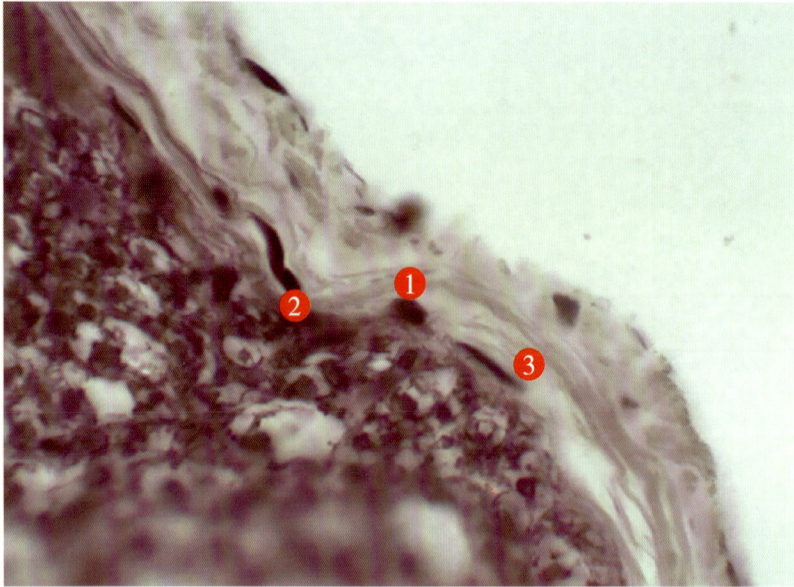

■ 图2-73　狗脊髓蛛网膜细胞内化（5）
苏木素-伊红染色　×400

❶示已黏着干细胞；❷示正扁平化的干细胞；❸示扁平软脊膜上皮细胞。

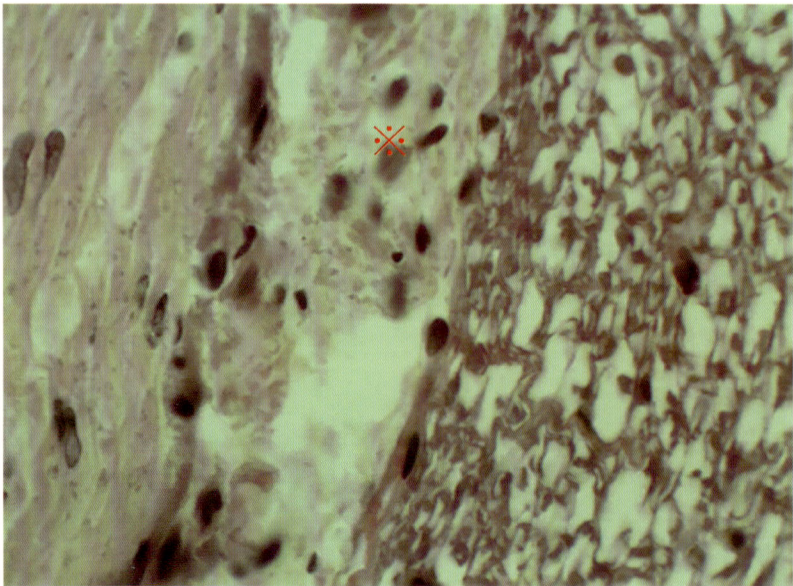

■ 图2-74　人脊髓蛛网膜细胞内化（1）
苏木素-伊红染色　×400
※示蛛网膜下隙内较大的干细胞群。

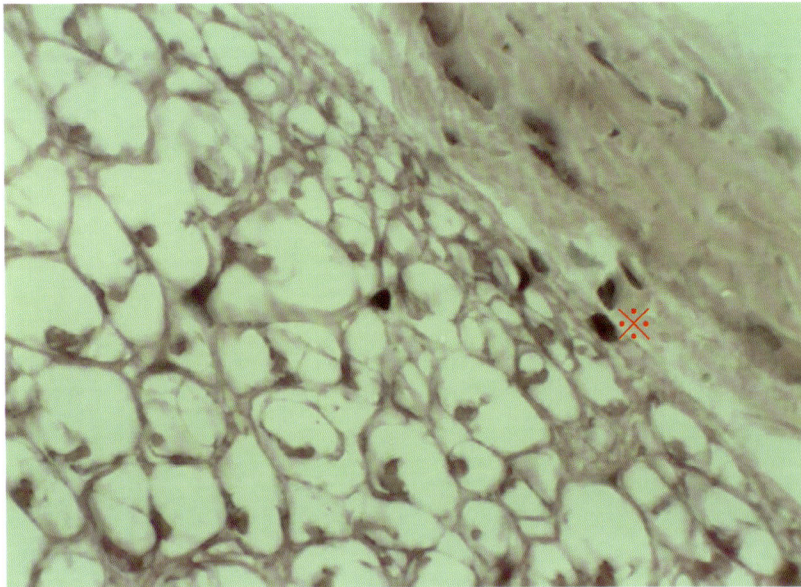

■ 图2-75　人脊髓蛛网膜细胞内化（2）
苏木素–伊红染色　×400
※示蛛网膜下隙内较小的干细胞群。

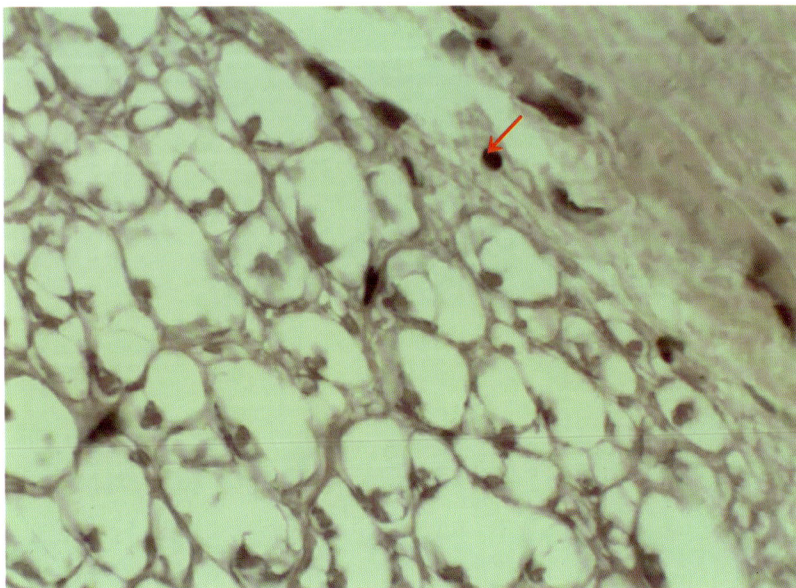

■ 图2-76　人脊髓蛛网膜细胞内化（3）
苏木素–伊红染色　×400
示保持干细胞特征的下迁细胞。

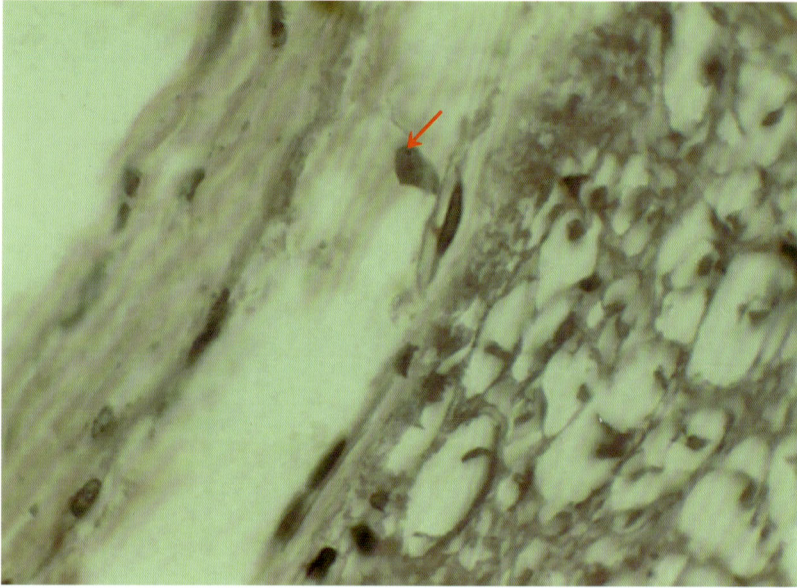

■ 图2-77　人脊髓蛛网膜细胞内化（4）
苏木素-伊红染色　×400
示激发状态的下迁干细胞。

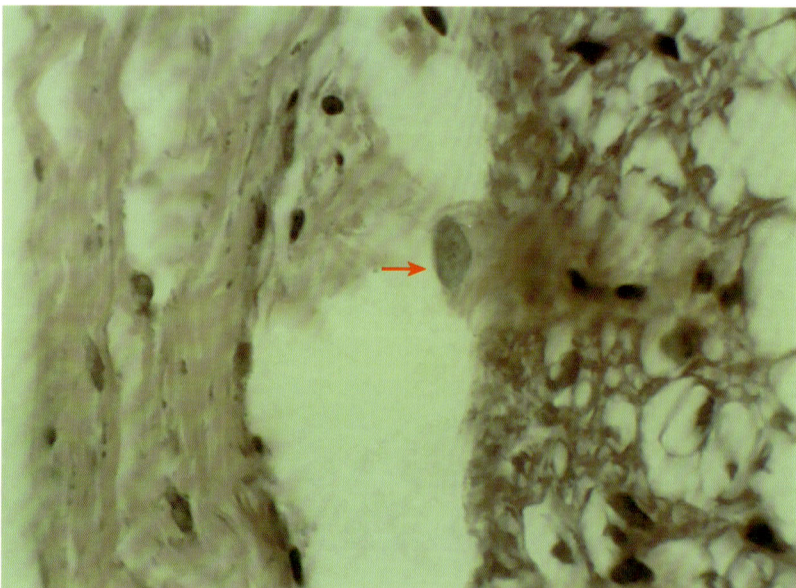

■ 图2-78　人脊髓蛛网膜细胞内化（5）
苏木素-伊红染色　×400
示激发状态的下迁干细胞。

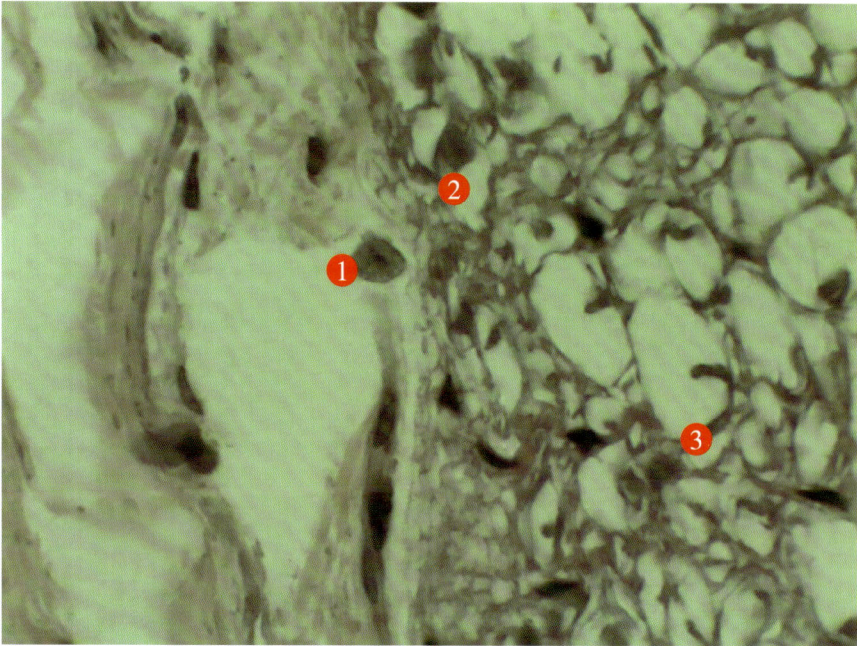

■ 图2-79  人脊髓蛛网膜细胞内化（6）

苏木素–伊红染色  ×400

❶示激发状态的下迁干细胞；❷示已内化的干细胞；❸示分子层内的干细胞。

## （二）软脊膜细胞演化

有些部位蛛网膜下隙非常狭窄，几乎不见蛛网膜下的网状结构，蛛网膜的致密成分离脊髓白质很近，并有干细胞下迁于其外表面（图2-80、图2-81），演化形成软脊膜上皮。而后软脊膜上皮细胞增生，上皮下出现间隙（图2-82、图2-83），上皮下间隙加宽，使之更远离脊髓白质表面，而更贴近蛛网膜致密层（图2-84、图2-85）。白质表面又有新的干细胞迁移、黏着，形成新的软脊膜上皮（图2-86）。

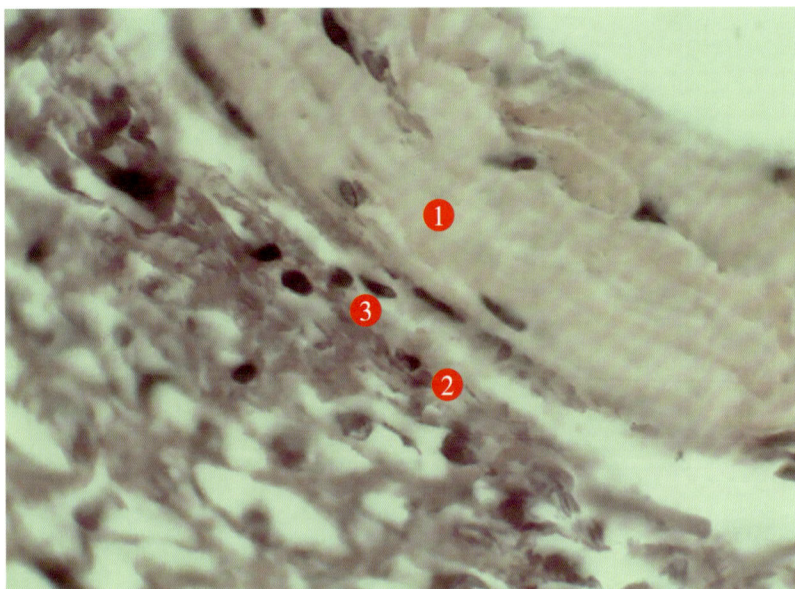

**■ 图2-80 人脊髓软脊膜细胞演化（1）**

苏木素–伊红染色 ×400

**❶**示蛛网膜致密部；**❷**示脊髓白质外表面；**❸**示下迁干细胞。

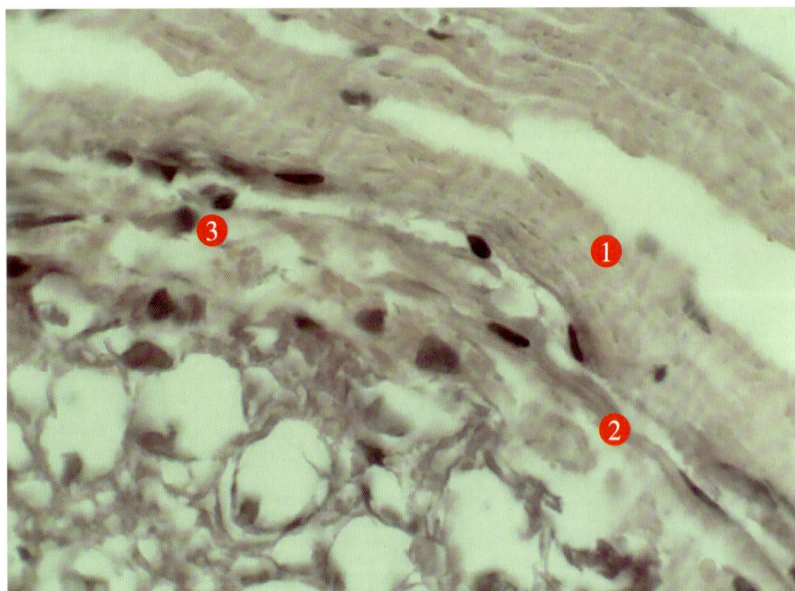

**■ 图2-81 人脊髓软脊膜细胞演化（2）**

苏木素–伊红染色 ×400

**❶**示蛛网膜致密部；**❷**示软脊膜；**❸**示下迁干细胞。

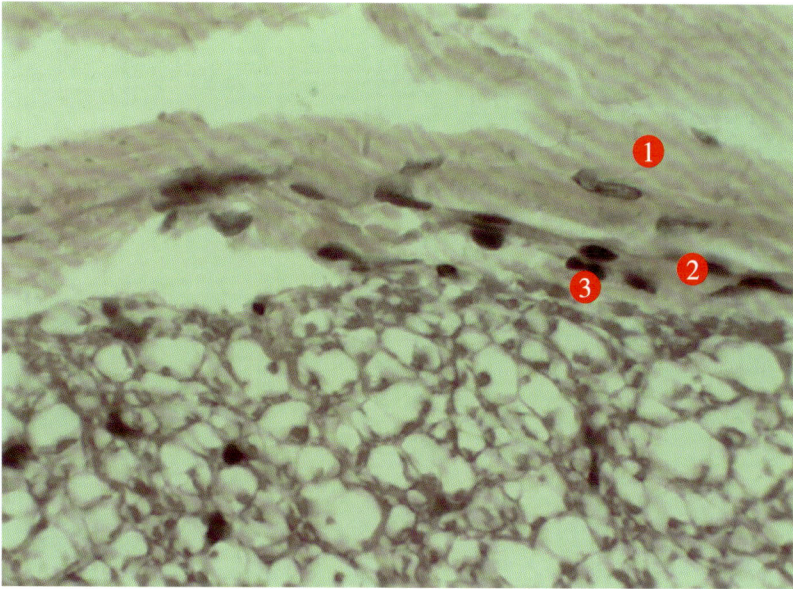

■ 图2-82　人脊髓软脊膜细胞演化（3）

苏木素–伊红染色　×400

❶示蛛网膜致密部；❷示软脊膜上皮；❸示上皮下间隙内细胞增生。

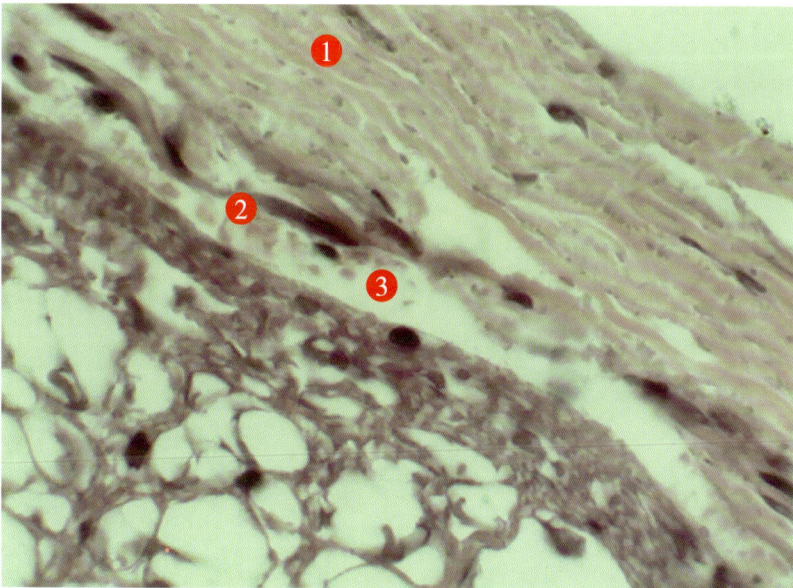

■ 图2-83　人脊髓软脊膜细胞演化（4）

苏木素–伊红染色　×400

❶示蛛网膜致密部；❷示软脊膜上皮；❸示上皮下间隙。

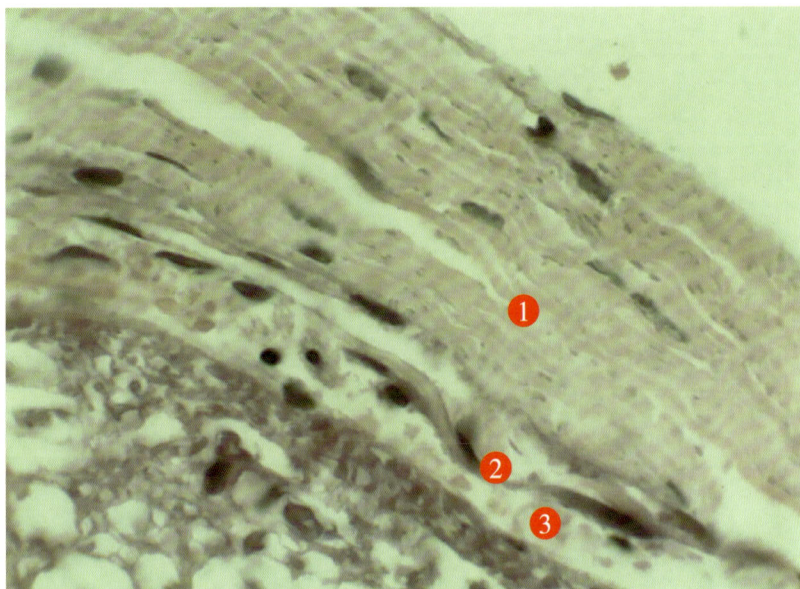

**■ 图2-84　人脊髓软脊膜细胞演化（5）**

苏木素-伊红染色　×400

❶示蛛网膜致密部；❷示软脊膜上皮；❸示上皮下间隙。

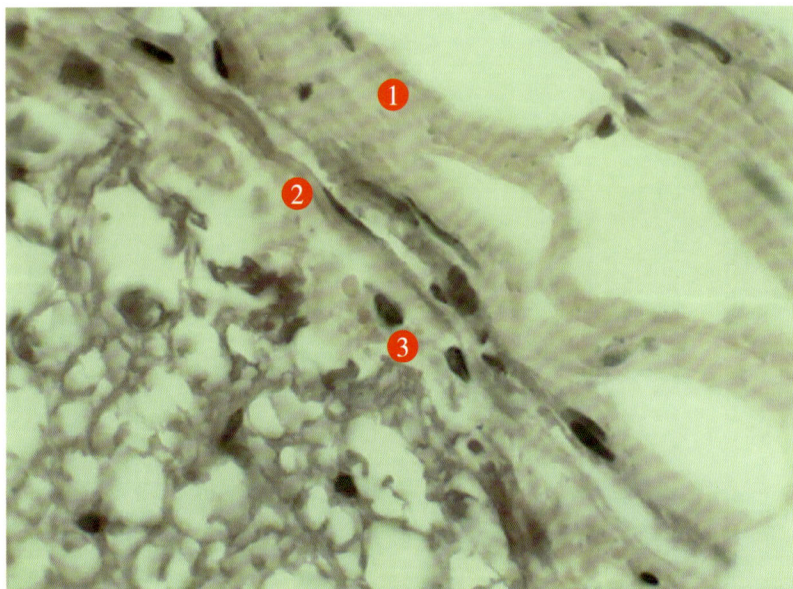

**■ 图2-85　人脊髓软脊膜细胞演化（6）**

苏木素-伊红染色　×400

❶示蛛网膜；❷示软脊膜上皮；❸示上皮下间隙内下迁细胞。

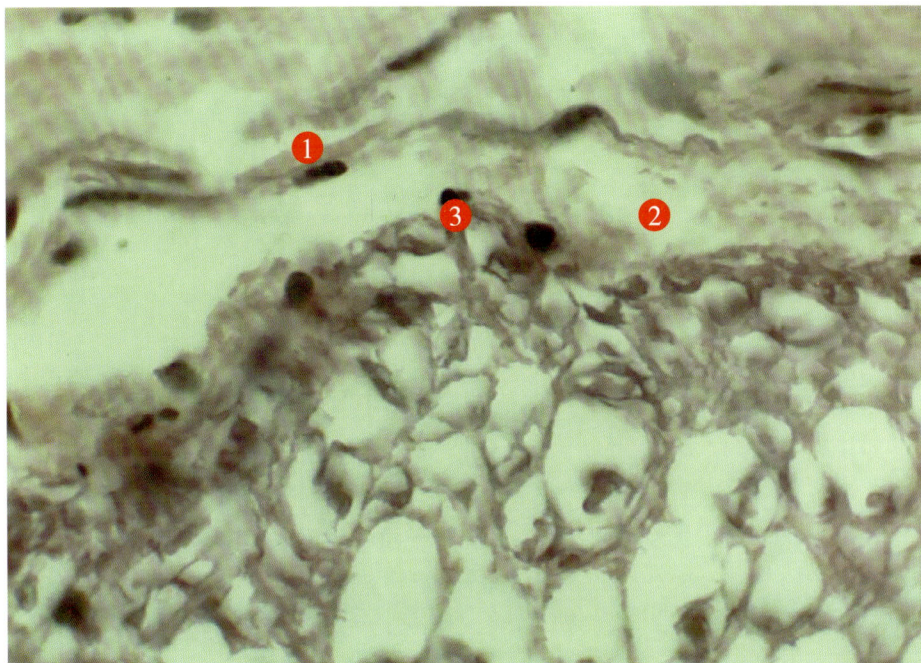

**■ 图2-86　人脊髓软脊膜细胞演化（7）**

苏木素–伊红染色　×400

❶示原软脊膜上皮；❷示原上皮下间隙；❸示将形成的新软脑膜上皮。

## （三）干细胞随血管迁移内化

脊髓干细胞可随进入脊髓的血管（图2-87、图2-88）或间质（图2-89、图2-90）迁入脊髓白质。

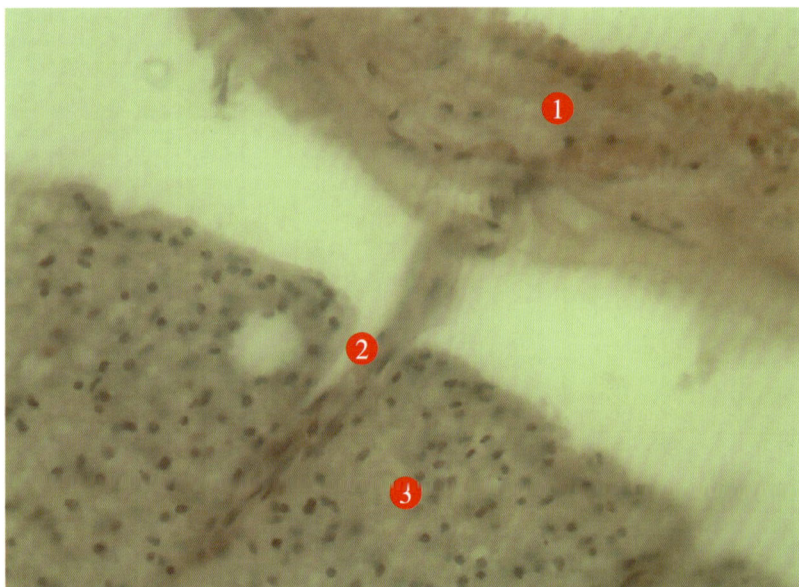

■ 图2-87  狗脊髓干细胞随血管内化（1）

苏木素–伊红染色  ×200

❶示蛛网膜；❷示脊髓血管；❸示脊髓白质。

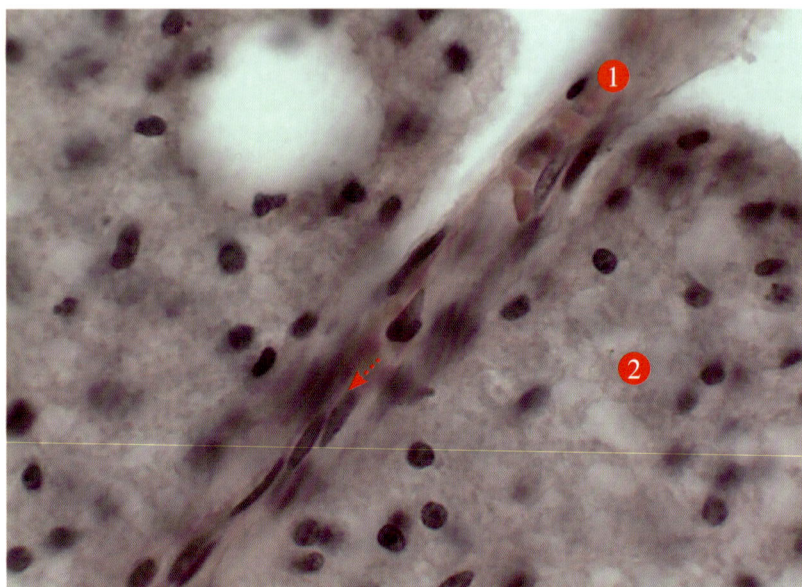

■ 图2-88  狗脊髓干细胞随血管内化（2）

苏木素–伊红染色  ×400

↘示干细胞迁移方向。❶示入脊髓血管；❷示脊髓白质。

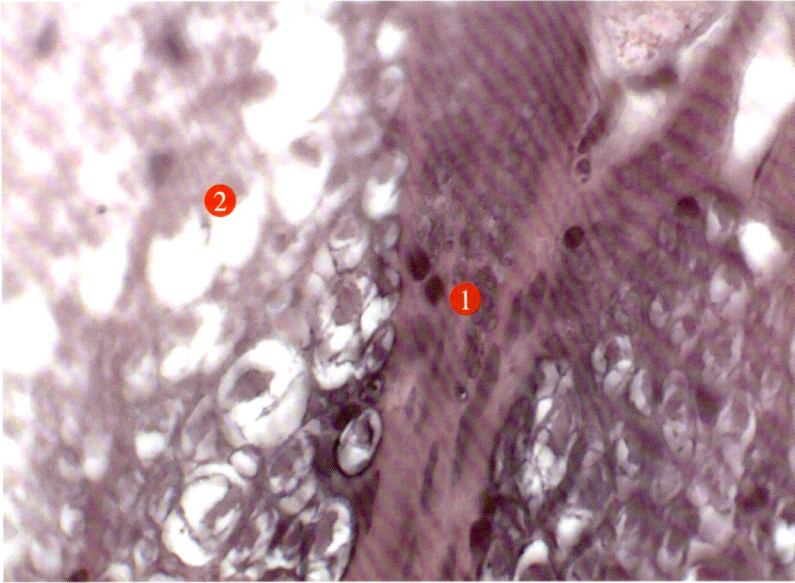

**■ 图2-89　狗脊髓干细胞随间质内化（1）**

苏木素–伊红染色　×400

❶示随间质内迁的干细胞；❷示脊髓白质。

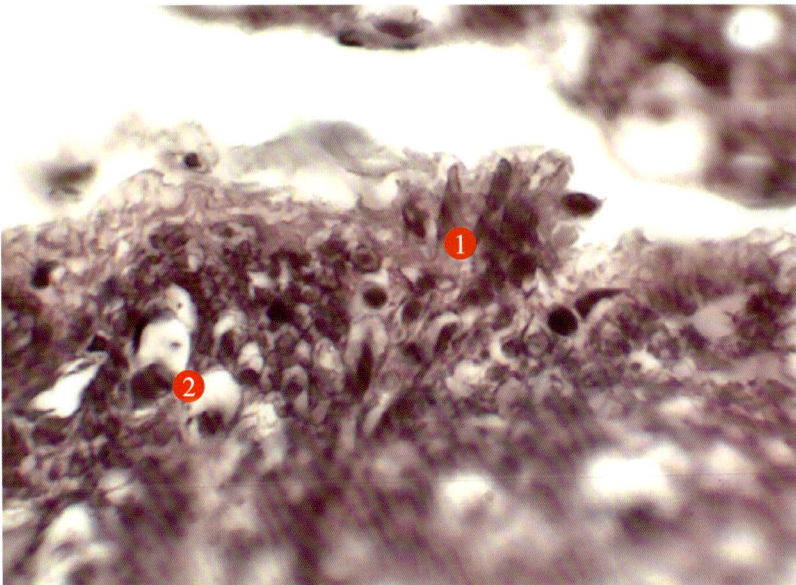

**■ 图2-90　狗脊髓干细胞随间质内化（2）**

苏木素–伊红染色　×400

❶示随间质内迁的干细胞；❷示脊髓白质。

## 二、室管膜源脊髓细胞演化

脊髓中央管断面略呈椭圆形，内衬室管膜（图2-91）。室管膜是脊髓干细胞重要来源。

### （一）室管膜细胞分裂

苏木素–伊红染色的人脊髓室管膜可见细胞核横隔、细胞核横裂、细胞核纵裂及细胞核不对称分裂等多种细胞直接分裂象（图2-92、图2-93）。

### （二）室管膜细胞外迁

室管膜细胞不断向外迁移，以梭形两侧尖端最明显（图2-94、图2-95），背侧也多见室管膜细胞向外离散（图2-96、图2-97）。有时背侧室管膜可见细胞衰亡及细胞迁出而造成上皮缺失区（图2-98）。

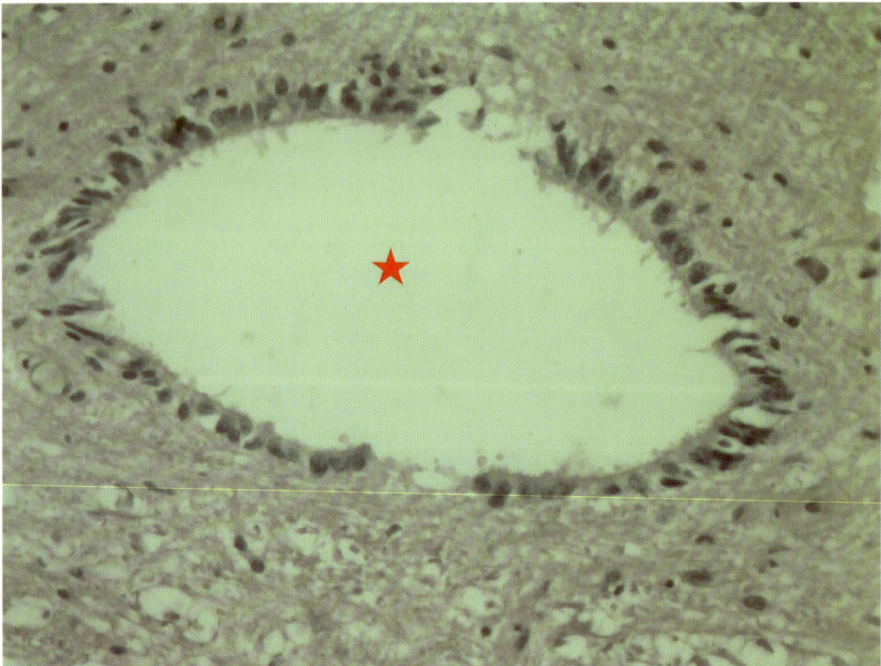

■ 图2-91　人脊髓中央管与室管膜

苏木素–伊红染色　×100

★ 示大致呈梭形的脊髓中央管及其不规则的室管膜上皮。

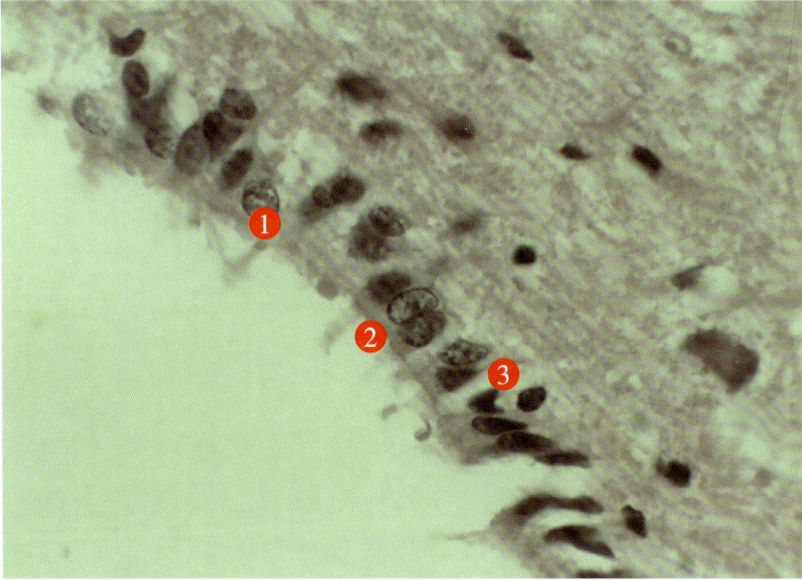

■ 图2-92　人脊髓室管膜细胞直接分裂（1）
苏木素–伊红染色　×400
❶示细胞核横隔；❷示细胞核纵裂；❸示细胞核不对称分裂。

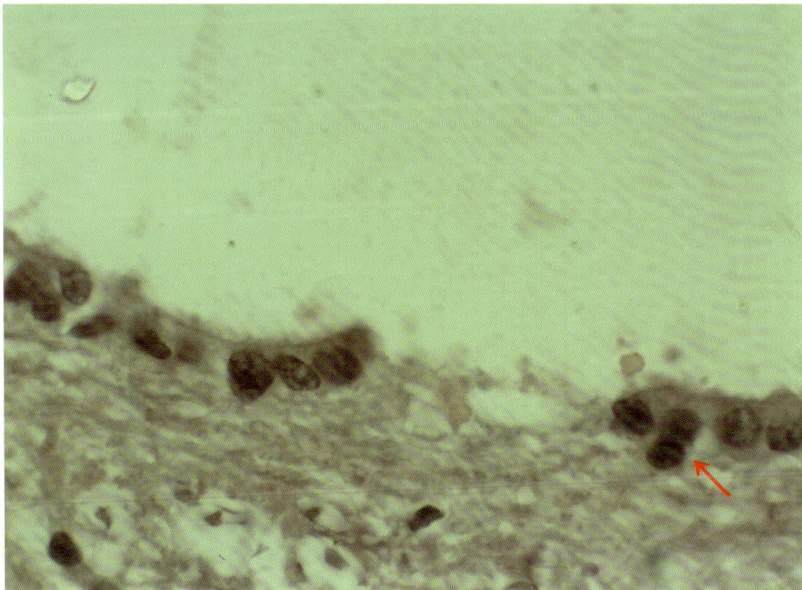

■ 图2-93　人脊髓室管膜细胞直接分裂（2）
苏木素–伊红染色　×400
示室管膜上皮细胞横裂为二。

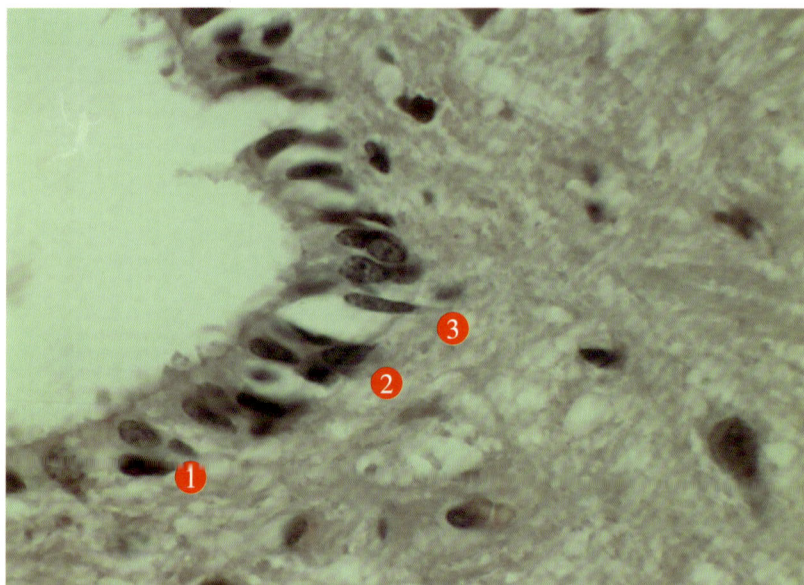

■ **图2-94　人脊髓室管膜细胞外迁（1）**

苏木素–伊红染色　×400

❶、❷和❸示左侧室管膜将迁离上皮的干细胞。

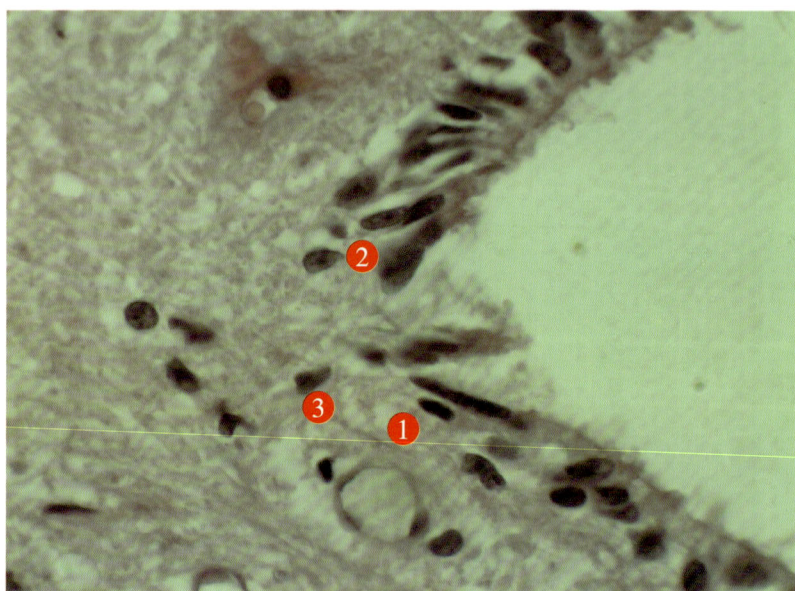

■ **图2-95　人脊髓室管膜细胞外迁（2）**

苏木素–伊红染色　×400

❶和❷示迁离室管膜上皮的干细胞；❸示迁离室管膜上皮较远
的干细胞。

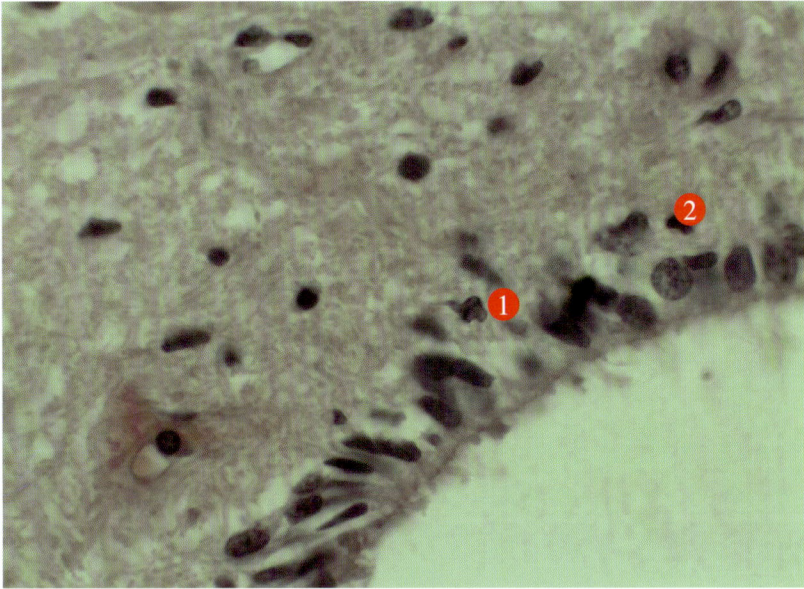

**图2-96　人脊髓室管膜细胞外迁（3）**

苏木素-伊红染色　　×400

❶和❷示背侧迁离室管膜上皮的干细胞。

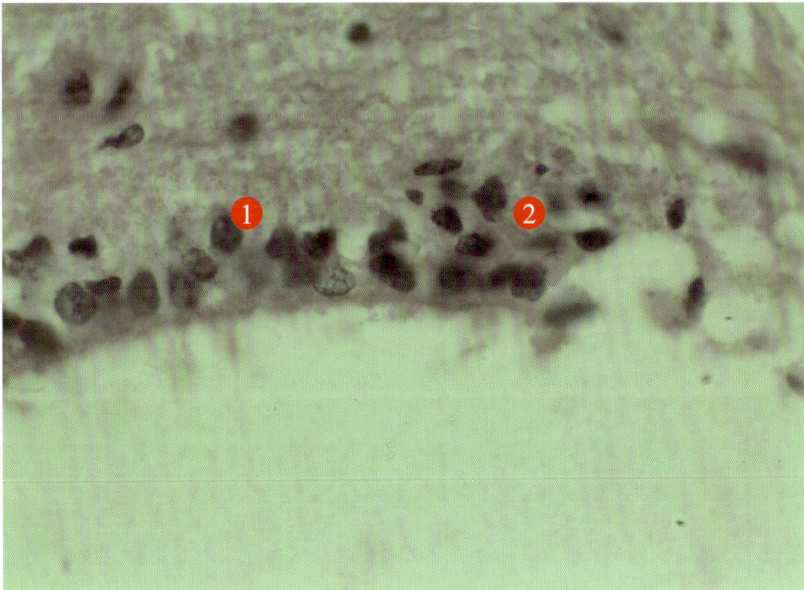

**图2-97　人脊髓室管膜细胞外迁（4）**

苏木素-伊红染色　　×400

❶和❷示背侧迁离室管膜上皮的干细胞。

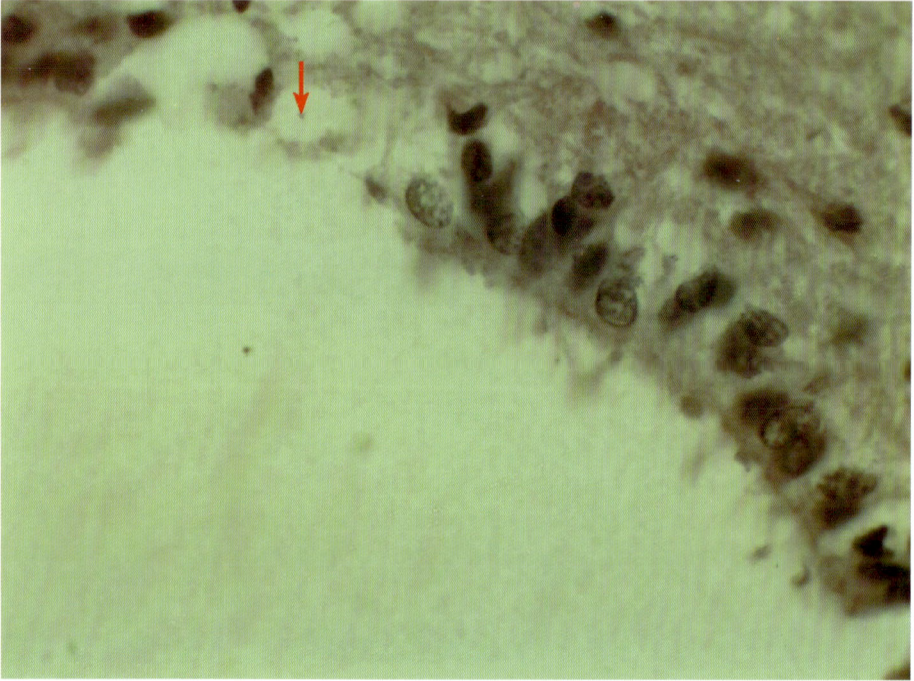

■ 图2-98　人脊髓室管膜

苏木素-伊红染色　×400

↓示背侧室管膜上皮缺失区。

## （三）脊髓细胞分化

脊髓干细胞属多能干细胞，可演化为神经细胞和神经胶质细胞（图2-99）。

**1. 神经胶质细胞演化**　迁移出室管膜的脊髓干细胞可演化形成胶质细胞（图2-99～图2-101）。

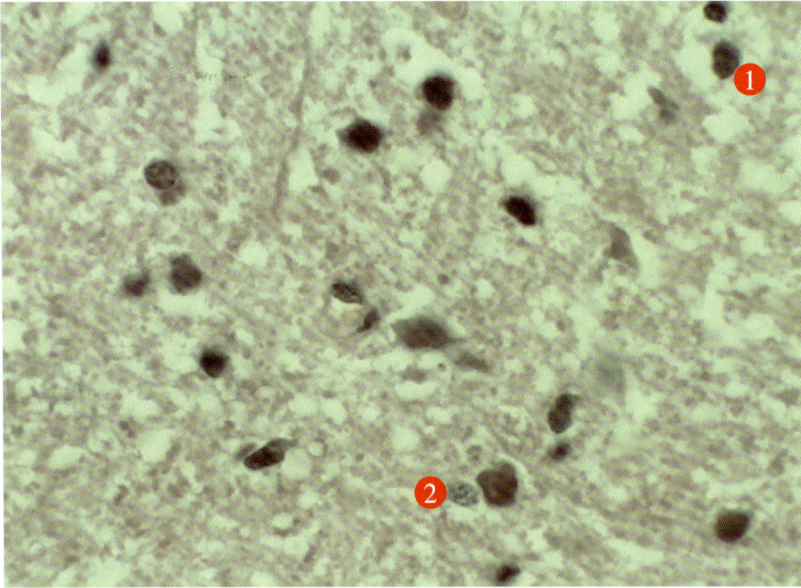

■ 图2-99　人脊髓干细胞演化
苏木素–伊红染色　×400
❶示脊髓干细胞；❷示胶质细胞核。

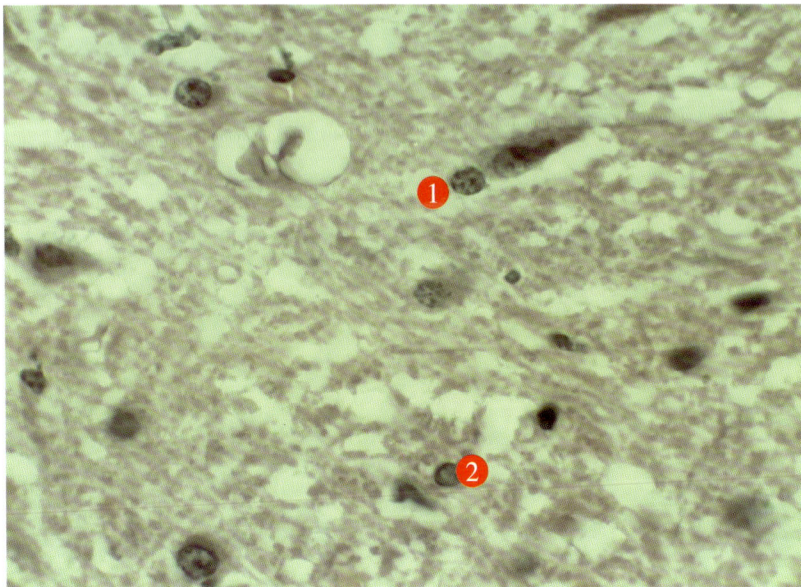

■ 图2-100　人脊髓胶质细胞演化（1）
苏木素–伊红染色　×400
❶和❷示胶质细胞核。

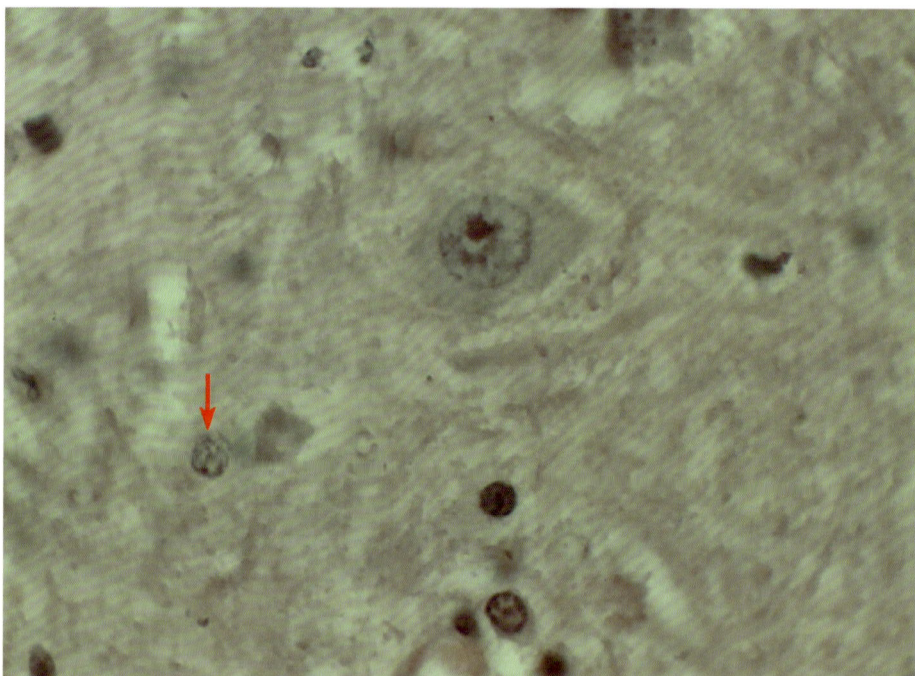

**■ 图2-101　人脊髓胶质细胞演化（2）**

苏木素–伊红染色　×400

↓示胶质细胞核。

**2. 神经细胞演化**　脱离室管膜的脊髓干细胞随来源部位及迁移方向不同，演化进程明显不同。

（1）后角神经细胞演化与迁移　脊髓灰质后角干细胞多来自背外侧室管膜，多保持干细胞形态和功能特点，保留高迁移能力和多能分化能力，显示向后角方向迁移细胞流线（图2-102），部分演化为早期神经细胞，也向后角迁移（图2-103）。后角外端细胞呈流线型（图2-104），直接通连后根起始部，细胞仍保持流线型（图2-105、图2-106），后根起始部细胞流线明确指向后根（图2-107）。脊髓后根出脊髓处比较集中（图2-105）。

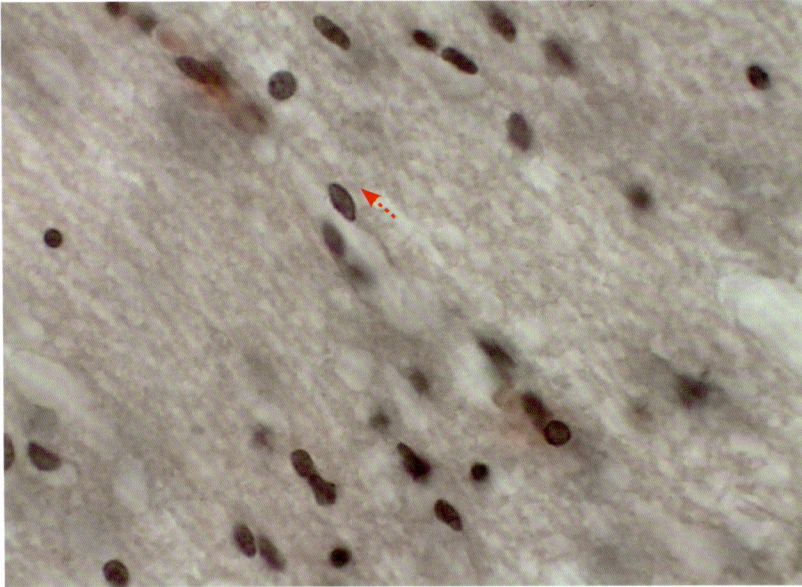

■ 图2-102　狗脊髓后角神经细胞演化（1）

苏木素-伊红染色　×400

↖⋯示近后角神经细胞迁移方向。

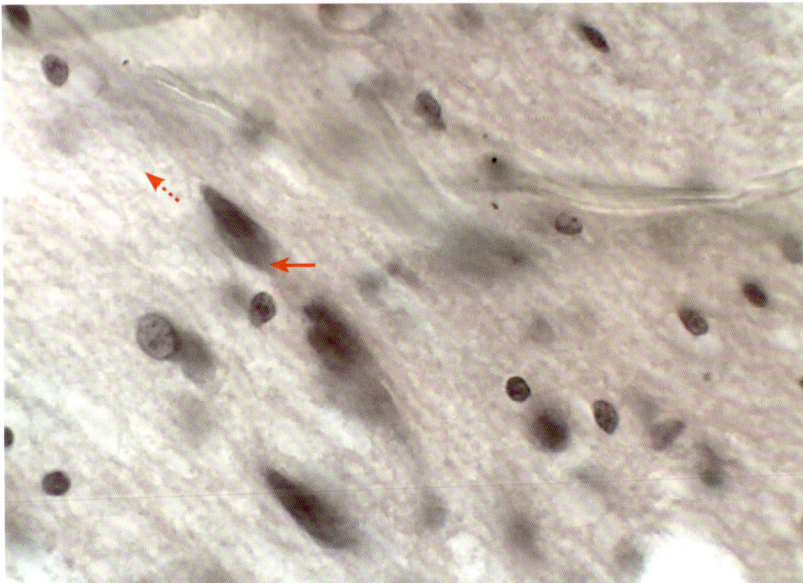

■ 图2-103　狗脊髓后角神经细胞演化（2）

苏木素-伊红染色　×400

← 示演化早期神经细胞；↖⋯示近后角演化早期神经细胞迁移
方向。

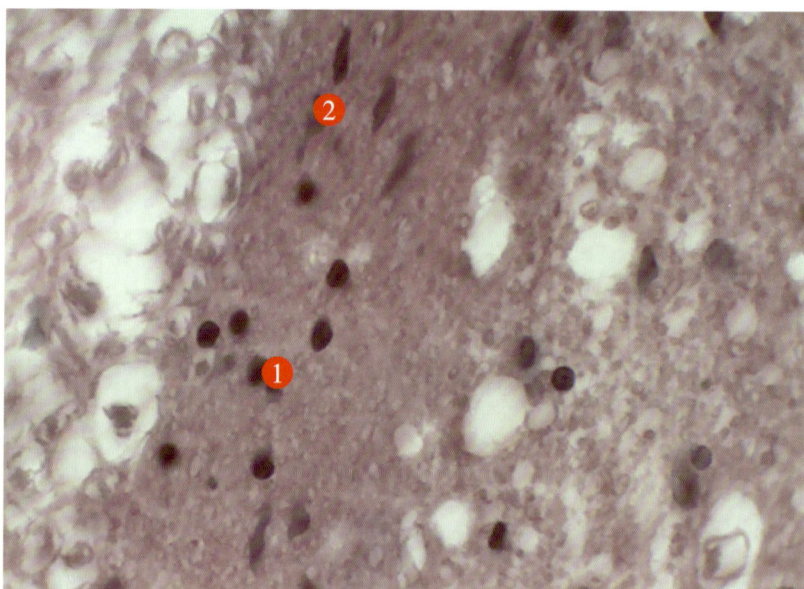

■ 图2-104 狗脊髓后角神经细胞演化（3）

苏木素-伊红染色 ×400

❶示后角脊髓干细胞；❷示流线型后角神经细胞。

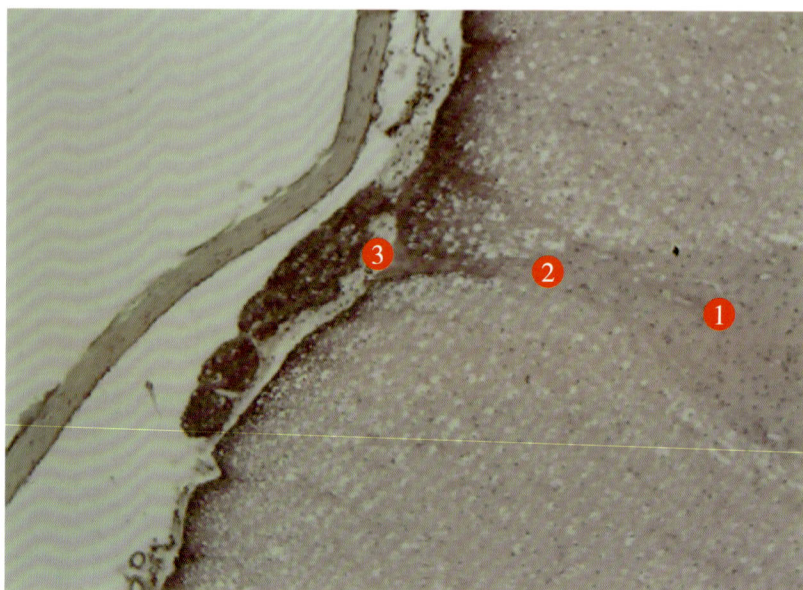

■ 图2-105 狗脊髓后角神经细胞演化（4）

苏木素-伊红染色 ×50

❶示脊髓后角；❷示后角与后根连接部；❸示后根起始部。

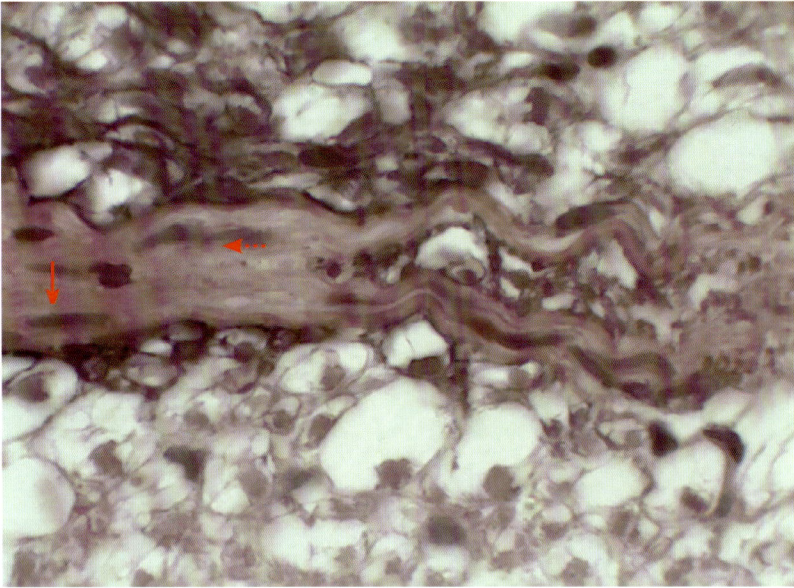

■ 图2-106　狗脊髓后角神经细胞演化（5）

苏木素–伊红染色　×400

↓示后角与后根连接部内流线型神经细胞；◀┈示连接部内神经细胞迁移方向。

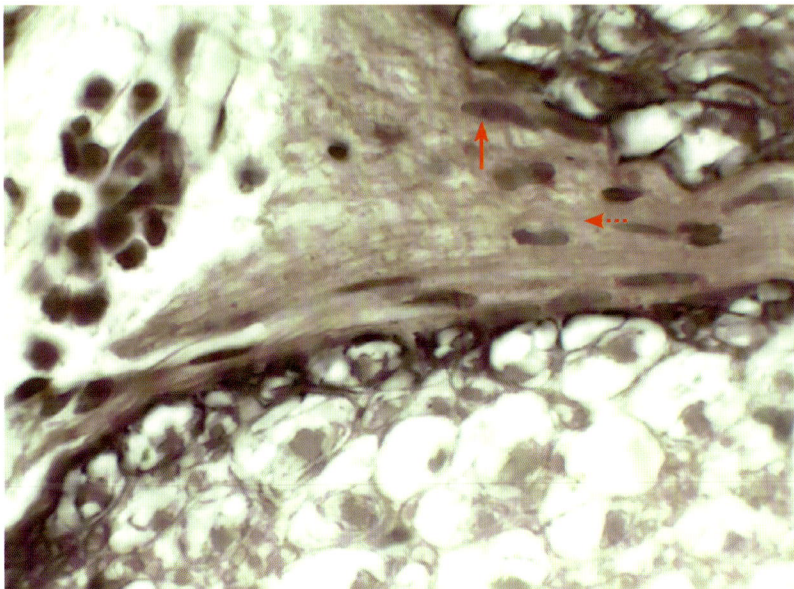

■ 图2-107　狗脊髓后角神经细胞演化（6）

苏木素–伊红染色　×400

↑示后根起始部内流线型神经细胞；◀┈示起始部内神经细胞迁移方向。

　　（2）前角神经细胞演化　脊髓灰质前角干细胞多来自腹外侧室管膜，逐步演化形成神经细胞。开始演化为神经细胞的特征是合成神经细胞特有的嗜碱性细胞质（图2-108、图2-109）和伸出神经性突起（图2-110、图2-111），而后开始出现尼氏体（图2-112、图2-113）。成熟的前角神经细胞有丰富、清晰、深染的尼氏体（图2-114）。神经细胞衰亡从尼氏体模糊、褪色、溶解开始（图2-115）。

　　整装片更有利于运动神经元的细胞学研究。在整装片上，早期运动神经元胞体全被深染的嗜染物质占据，甚至细胞突起也充满嗜染物质（图2-116）。随着细胞演化，神经细胞嗜染物质逐渐流失，首先一些细胞突起染色变浅，逐渐显示嗜酸性细胞质（图2-117），继之，突起起始部现出更大胞质区（图2-118），进而细胞质范围进一步扩大（图2-119）。随着嗜染物质进一步流失，可逐渐显出细胞核区，成为通常所见的运动神经元外观（图2-120）。嗜染物质大量流失，神经细胞则进入逐渐衰退过程（图2-121、图2-122），极度衰退的神经细胞染色极淡，失去神经细胞特征（图2-123）。神经细胞之间可见方向不同、粗细不等的神经突起，其中可见嗜染颗粒流（图2-124、图2-125）。随着神经突起的分支与合并可见其中嗜染颗粒分流与汇合（图2-126、图2-127），过成熟的神经细胞也可直接向细胞周围释放嗜染颗粒（图2-128），胞外嗜染颗粒的生命活动显然影响神经细胞的微环境。

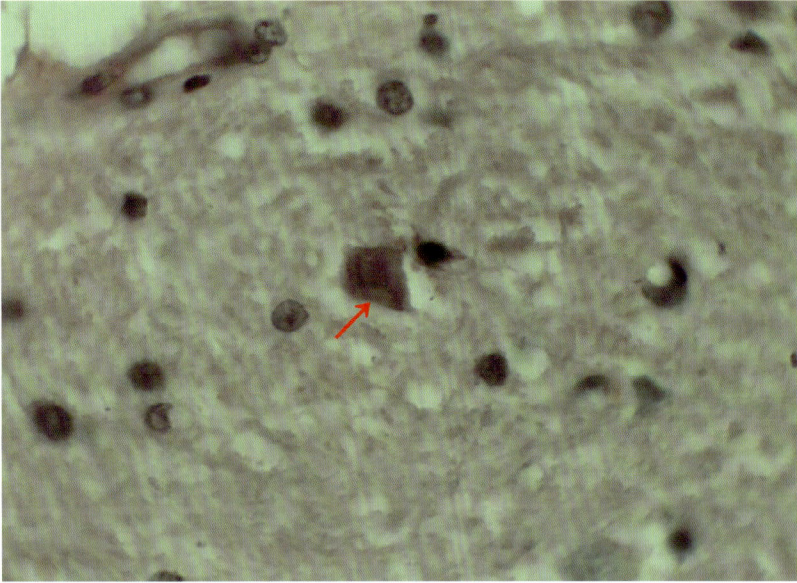

■ 图2-108 狗脊髓前角神经细胞演化（1）

苏木素–伊红染色 ×400

↗ 示近前角演化早期神经细胞。

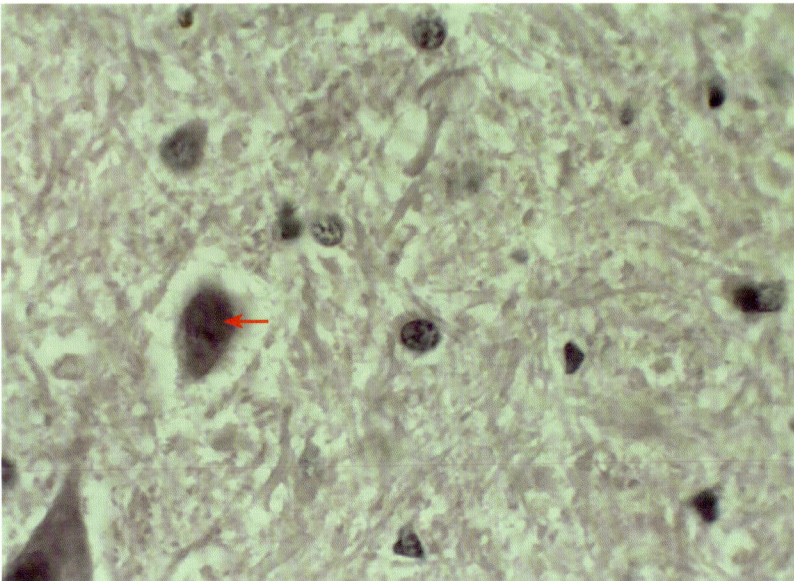

■ 图2-109 狗脊髓前角神经细胞演化（2）

苏木素–伊红染色 ×400

← 示近前角演化早期神经细胞。

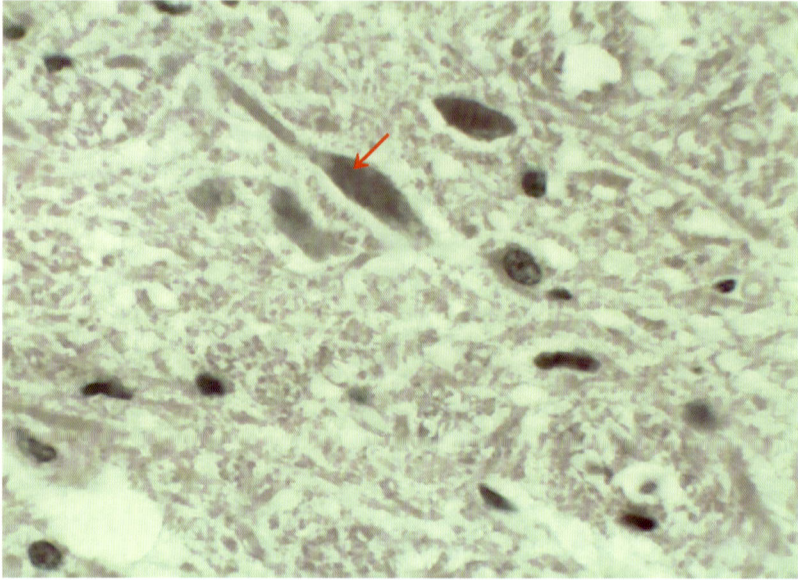

■ 图2-110　狗脊髓前角神经细胞演化（3）

苏木素-伊红染色　×400

示近前角演化中的神经细胞突起伸长。

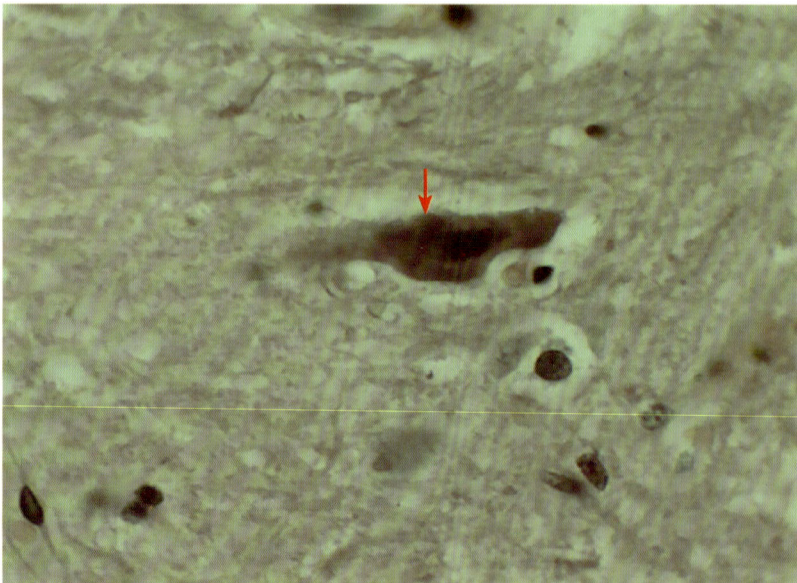

■ 图2-111　狗脊髓前角神经细胞演化（4）

苏木素-伊红染色　×400

示近前角演化中的神经细胞突起伸长。

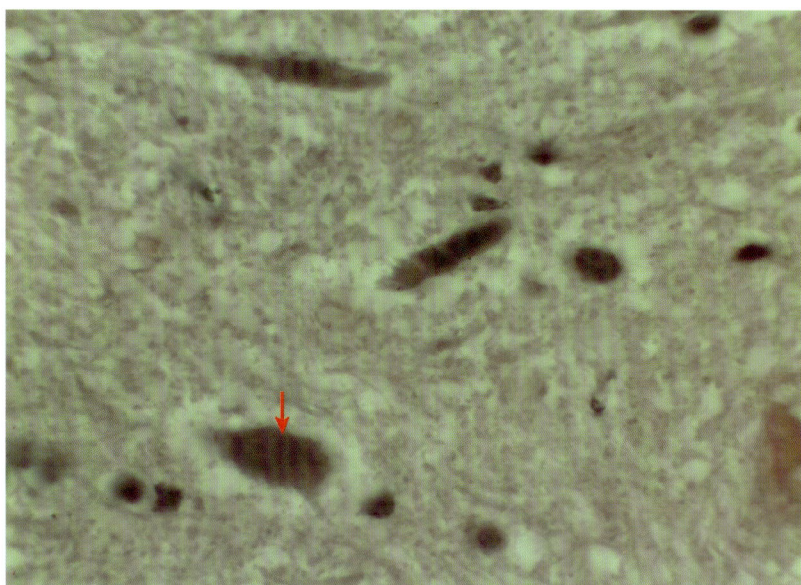

**■ 图2-112　狗脊髓前角神经细胞演化（5）**

苏木素-伊红染色　×400

↓示近前角演化中的神经细胞，开始出现尼氏体。

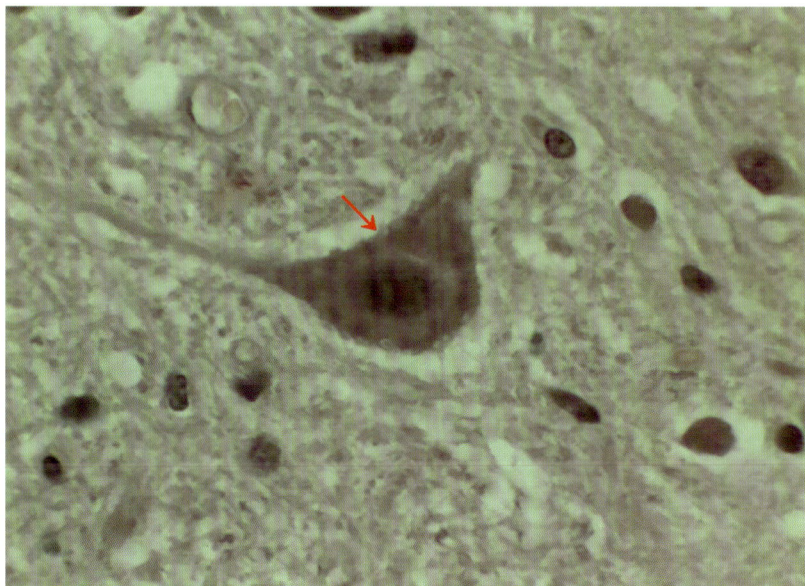

**■ 图2-113　狗脊髓前角神经细胞演化（6）**

苏木素-伊红染色　×400

↘示前角演化中的神经细胞，尼氏体明显。

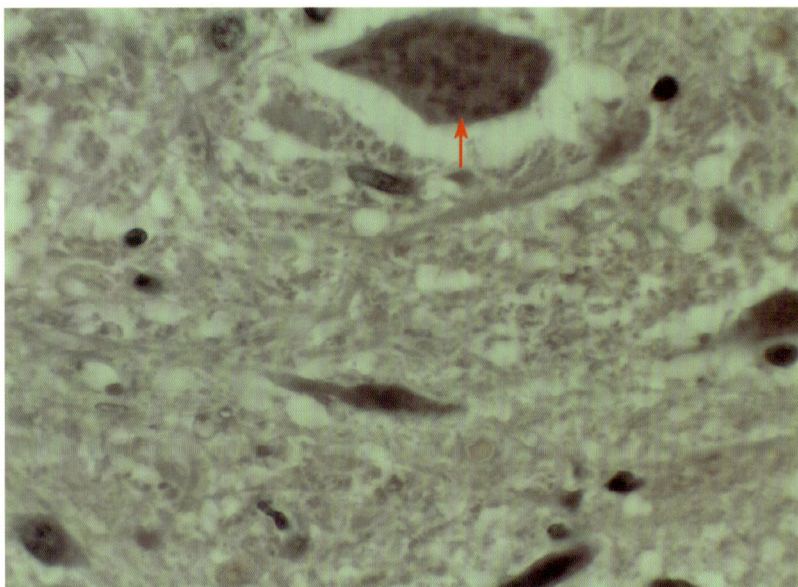

**图2-114 狗脊髓前角神经细胞演化（7）**

苏木素-伊红染色 ×400

↑示前角演化中的神经细胞，尼氏体增多、色深。

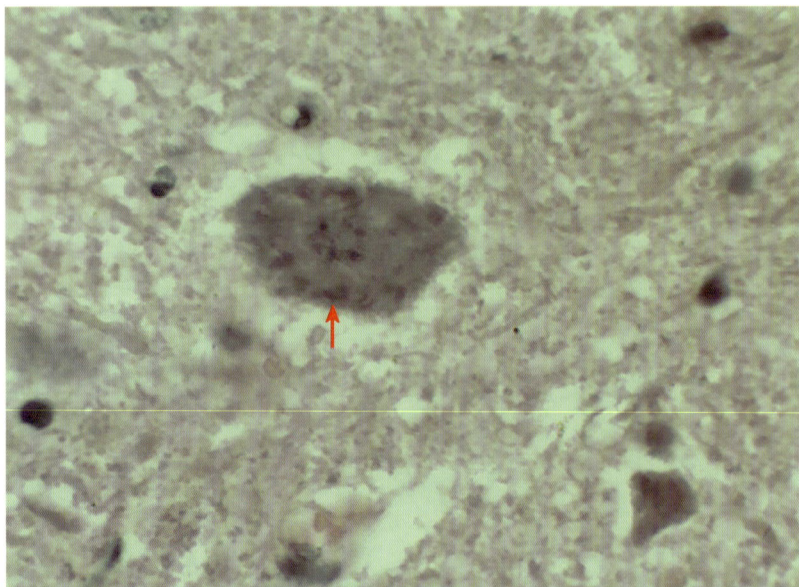

**图2-115 狗脊髓前角神经细胞演化（8）**

苏木素-伊红染色 ×400

↑示近前角演化中的神经细胞，尼氏体开始褪色。

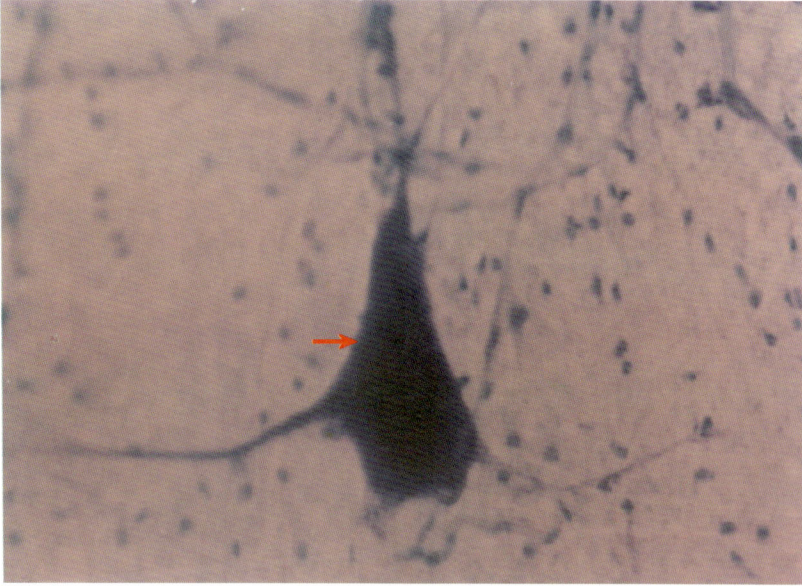

**■ 图2-116　狗脊髓运动神经元演化（1）**

甲苯胺蓝染色　×400

→示整装片上早期运动神经元，细胞体与突起充满深染的嗜染物质。

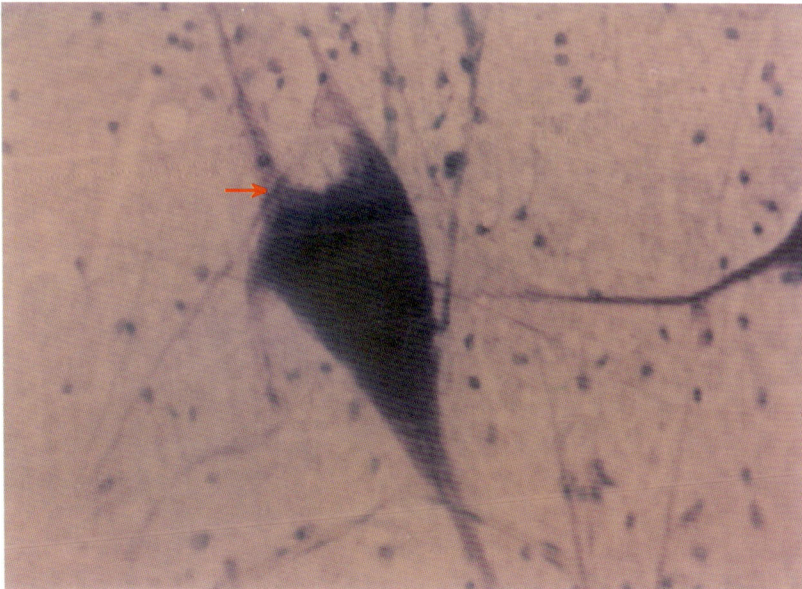

**■ 图2-117　狗脊髓运动神经元演化（2）**

甲苯胺蓝染色　×400

→示运动神经元突起因嗜染颗粒流失而现出嗜酸性的细胞质。

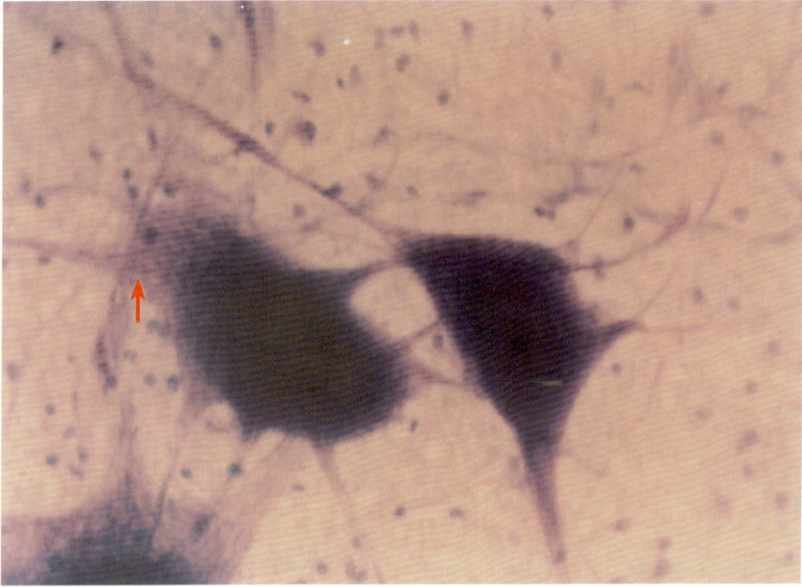

■ 图2-118　狗脊髓运动神经元演化（3）

甲苯胺蓝染色　×400

↑示运动神经元突起起始部露出更多细胞质。

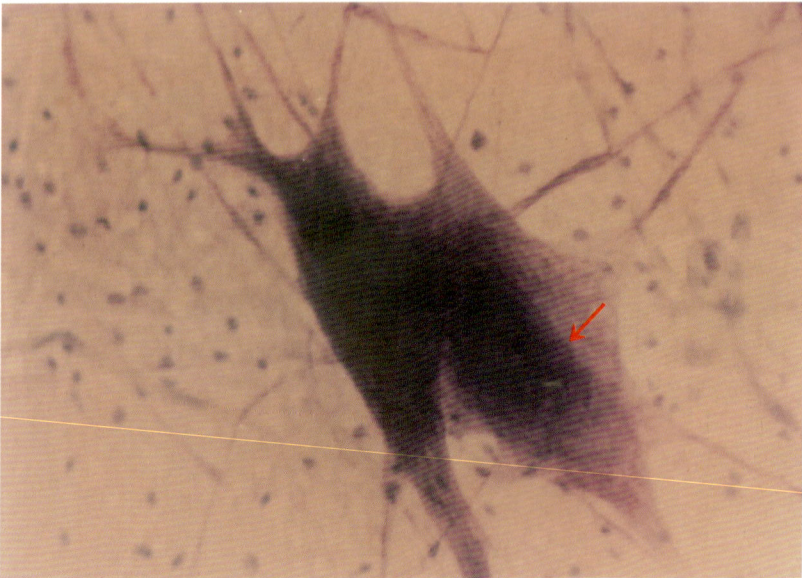

■ 图2-119　狗脊髓运动神经元演化（4）

甲苯胺蓝染色　×400

↙示运动神经元细胞质部分进一步扩大。

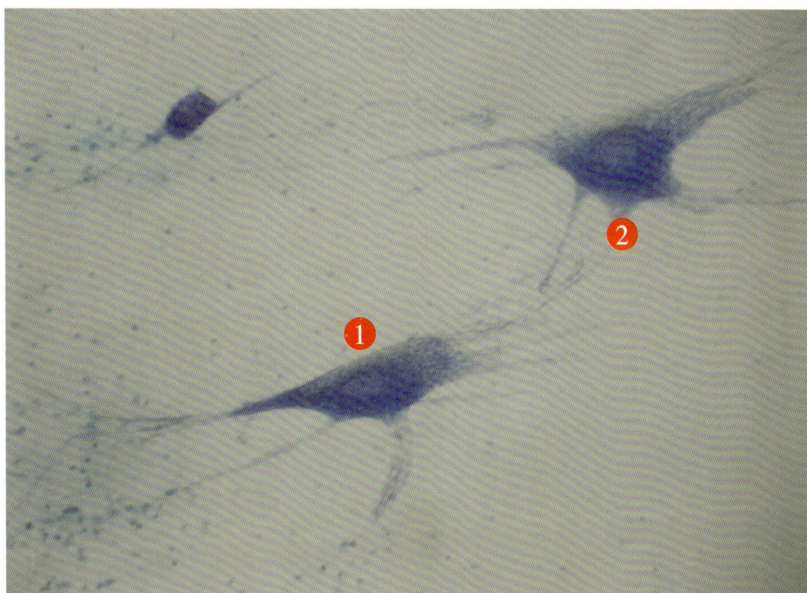

■ 图2-120　大白鼠运动神经元演化（1）
甲苯胺蓝染色　×400
❶和❷示较成熟的运动神经元。

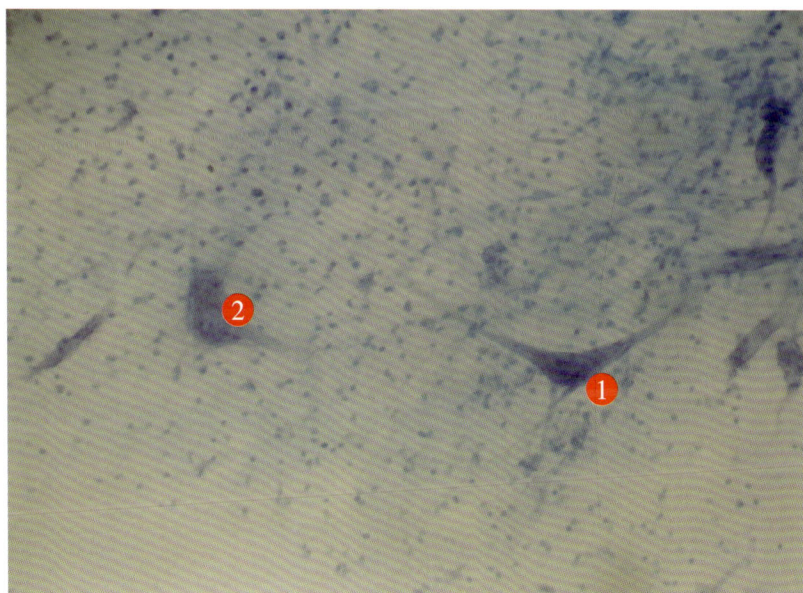

■ 图2-121　大白鼠运动神经元演化（2）
甲苯胺蓝染色　×400
❶示成熟中的运动神经元；❷示衰退中的运动神经元。

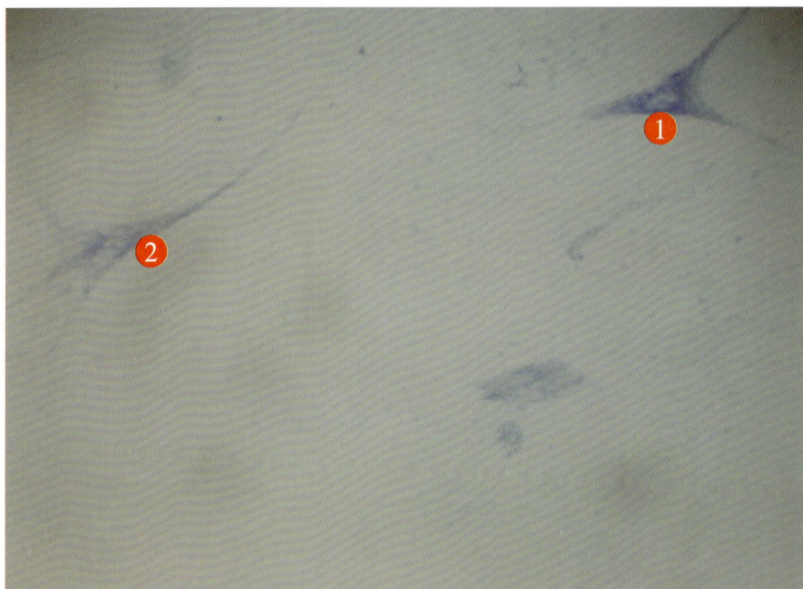

■ 图2-122　大白鼠运动神经元演化（3）

甲苯胺蓝染色　×400

❶示成熟的运动神经元；❷示衰退的运动神经元。

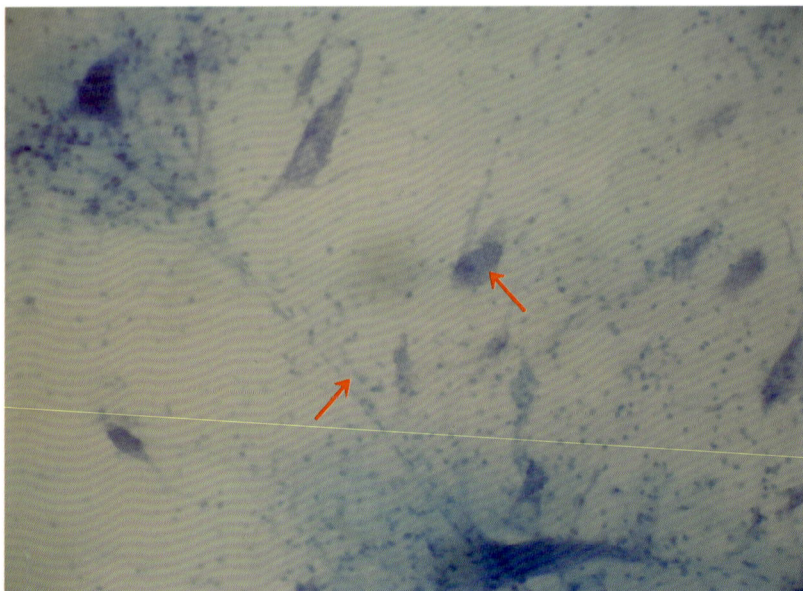

■ 图2-123　大白鼠运动神经元演化（4）

甲苯胺蓝染色　×400

示两个运动神经元之间藉突起嗜染质颗粒交换；示极度
衰退的运动神经元。

122

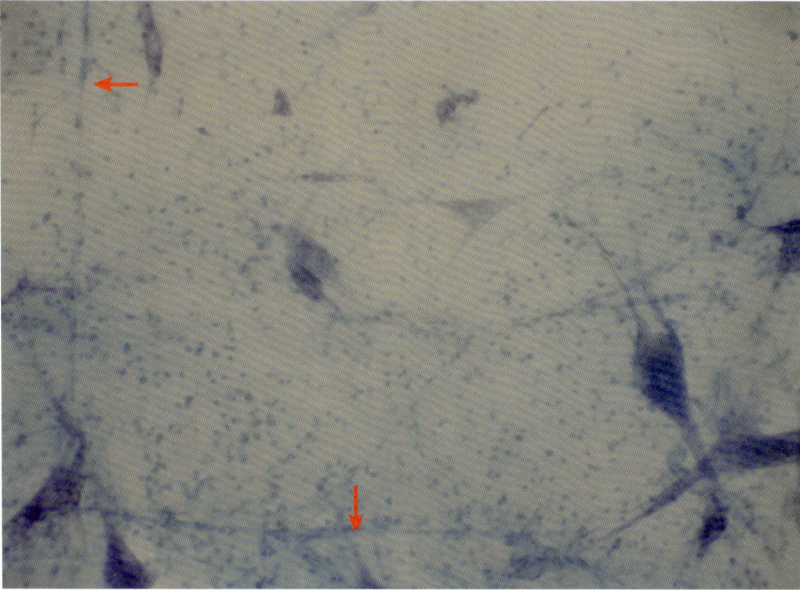

■ 图2-124 大白鼠运动神经元演化（5）

甲苯胺蓝染色 ×400

← 和 ↓ 示不同方向的神经细胞突起中的嗜染颗粒流。

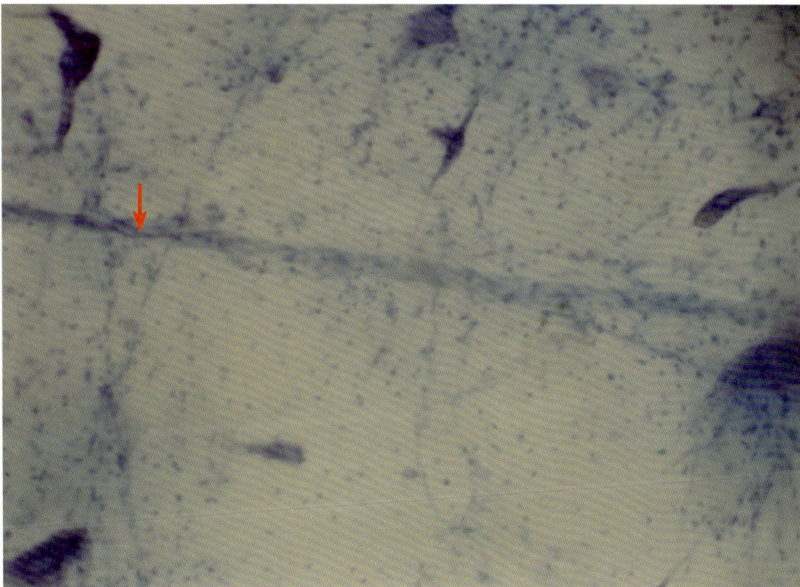

■ 图2-125 大白鼠运动神经元演化（6）

甲苯胺蓝染色 ×400

↓ 示较大神经突起中的嗜染颗粒流。

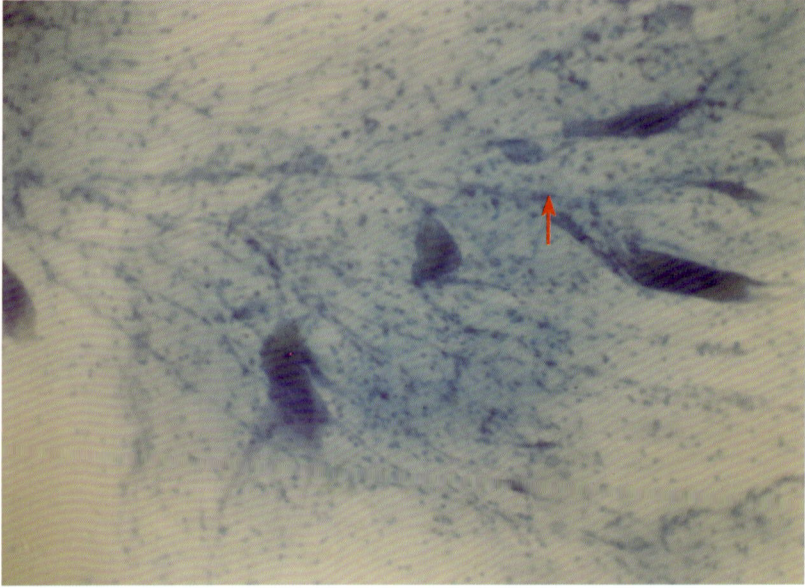

■ 图2-126　大白鼠运动神经元演化（7）

甲苯胺蓝染色　×400

↑示不同神经细胞突起嗜染颗粒流汇合。

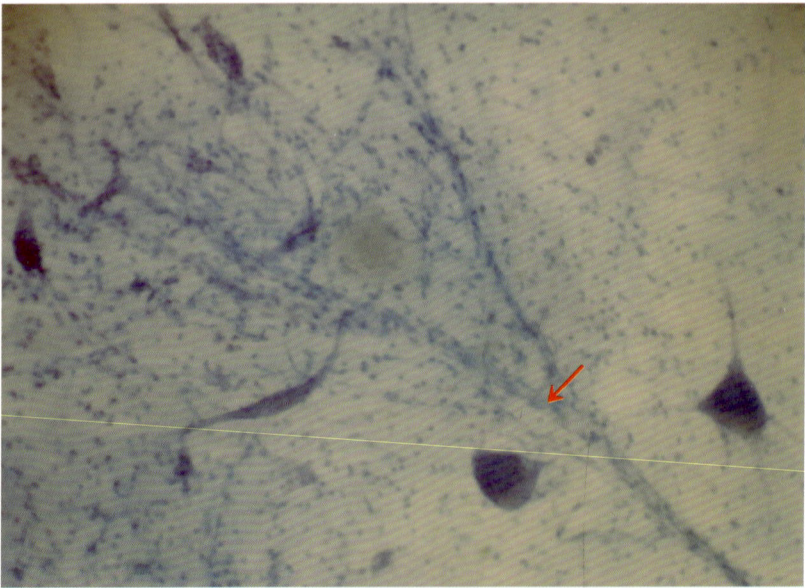

■ 图2-127　大白鼠运动神经元演化（8）

甲苯胺蓝染色　×400

↙示神经细胞突起分支中的嗜染颗粒分流。

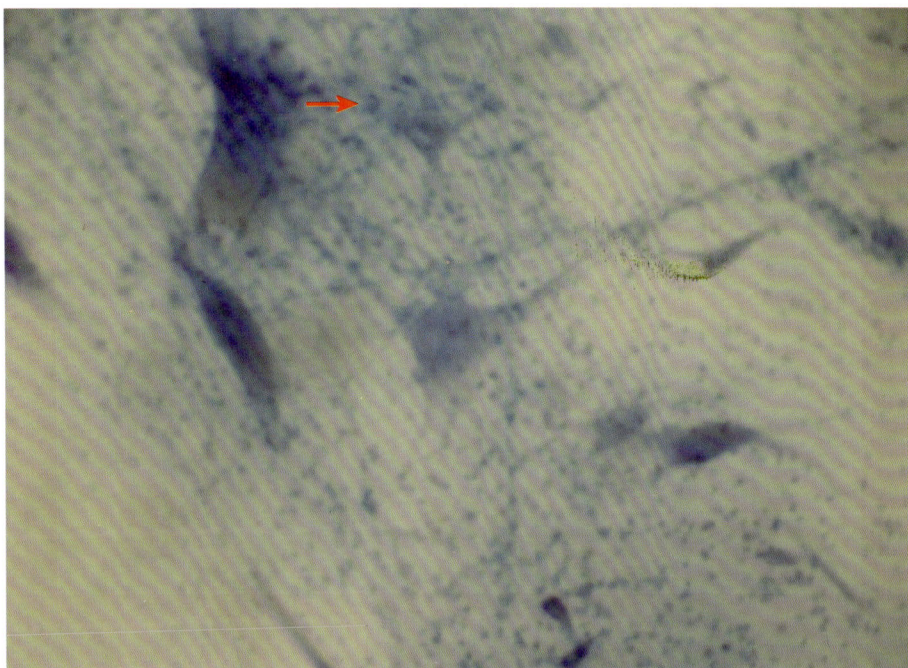

**■ 图2-128　大白鼠运动神经元演化（9）**

甲苯胺蓝染色　×400

→示神经细胞向细胞周围释放嗜染颗粒。

（3）前角神经细胞的迁移　近前角神经细胞成群向前根方向迁移，开始各个细胞移动方向又各有差异（图2-129、图2-130），越近前根神经细胞移动方向越趋于一致（图2-131、图2-132），实为前根的脊髓内段。含核外迁的神经细胞像大头鱼群一样竞相向前根出处游去（图2-133、图2-134）。与后根不同，脊髓前根出脊髓部位很分散（图2-135、图2-136），许多条前根分支出脊髓后，于硬脊膜下隙内束集形成单一的前根脊髓外段。前根脊髓外段中迁移的神经细胞核延伸变形为长条状（图2-137、图2-138）。

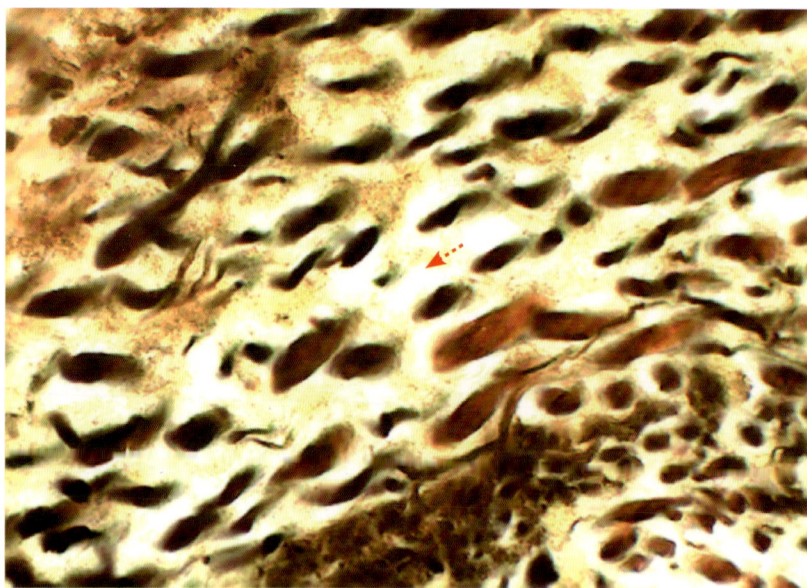

■ **图2-129　狗脊髓前角神经细胞迁移（脊神经前根脊髓内段）（1）**

硝酸银染色　×400

示前角神经细胞向前根方向迁移，但各个细胞的方向又有差异。

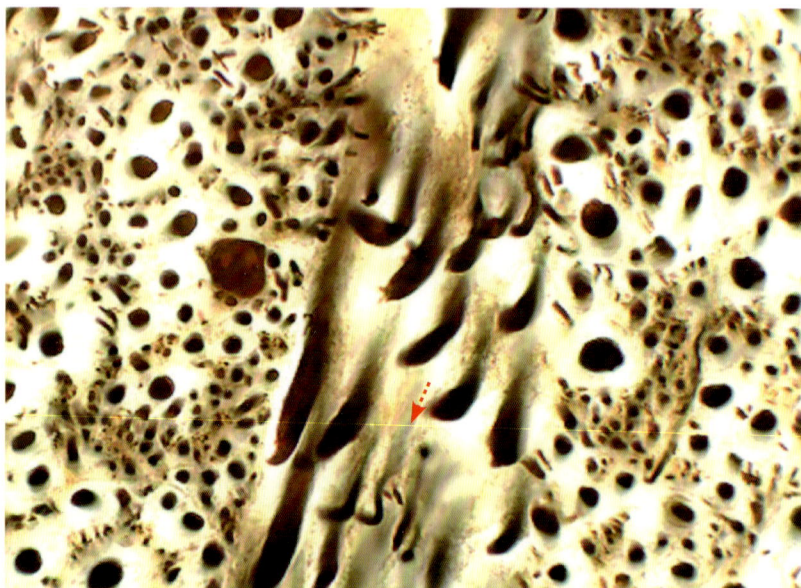

■ **图2-130　狗脊髓前角神经细胞迁移（脊神经前根脊髓内段）（2）**

硝酸银染色　×400

示前角神经细胞向前根方向迁移，但各个细胞的方向又有差异。

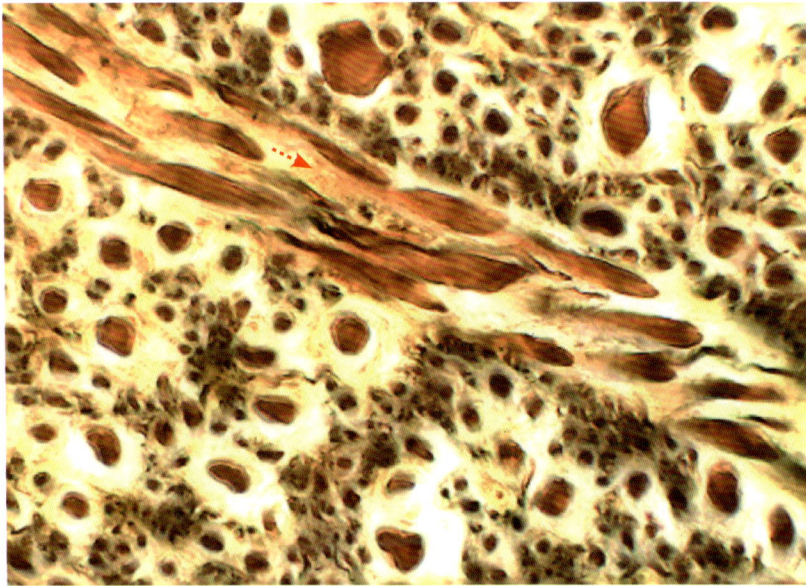

■ 图2-131　狗脊髓前角神经细胞迁移（脊神经前根脊髓内段）（3）
硝酸银染色　×400
示前角神经细胞向前根方向迁移，方向更趋一致。

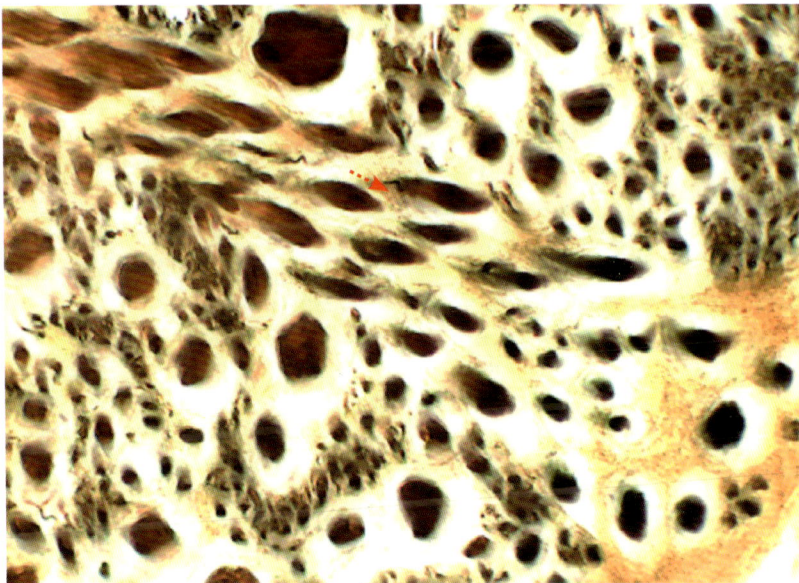

■ 图2-132　狗脊髓前角神经细胞迁移（脊神经前根脊髓内段）（4）
硝酸银染色　×400
示前角神经细胞向前根方向迁移，方向更趋一致。

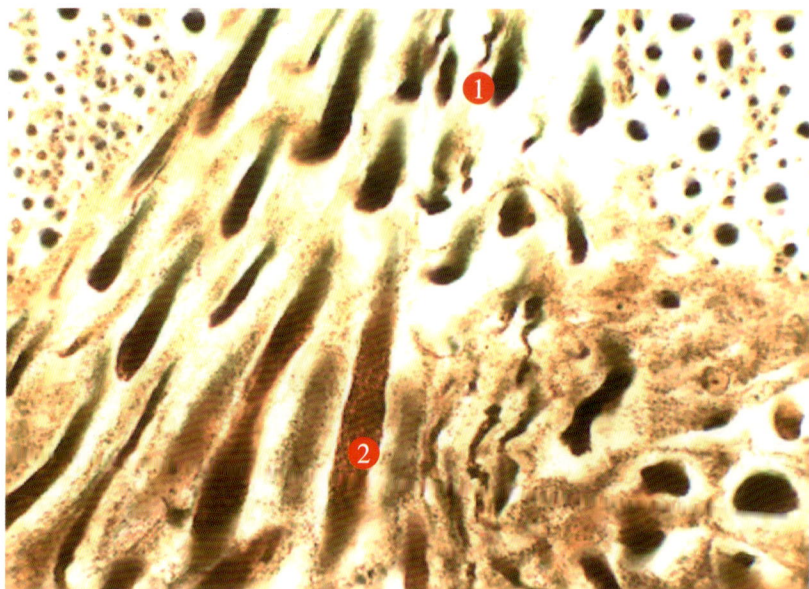

■ 图2-133　狗脊髓前角神经细胞迁移（脊神经前根脊髓内段）（5）
硝酸银染色　×400
❶示远前根含核物质短突起；❷示近前根不含核物质长突起。

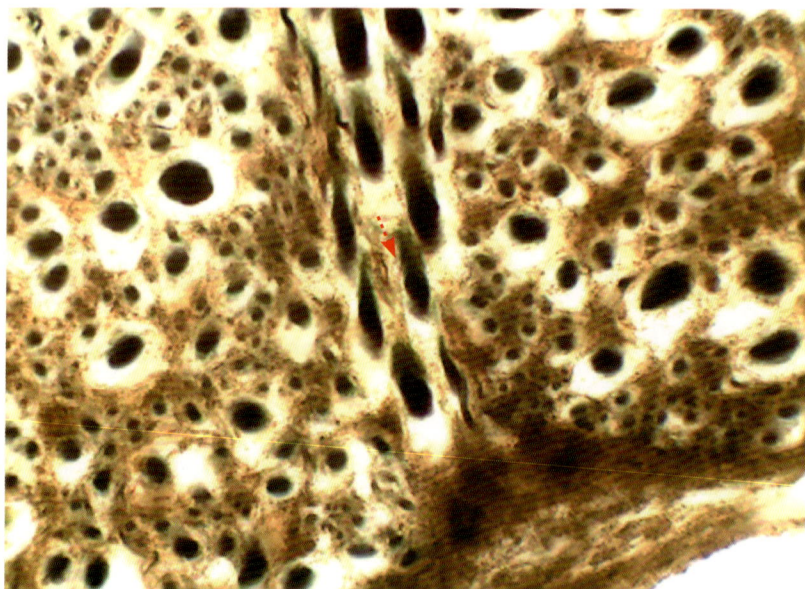

■ 图2-134　狗脊髓前角神经细胞迁移（脊神经前根脊髓内段）（6）
硝酸银染色　×400
示近前根的周边仍有短突起含核物质外迁神经细胞。

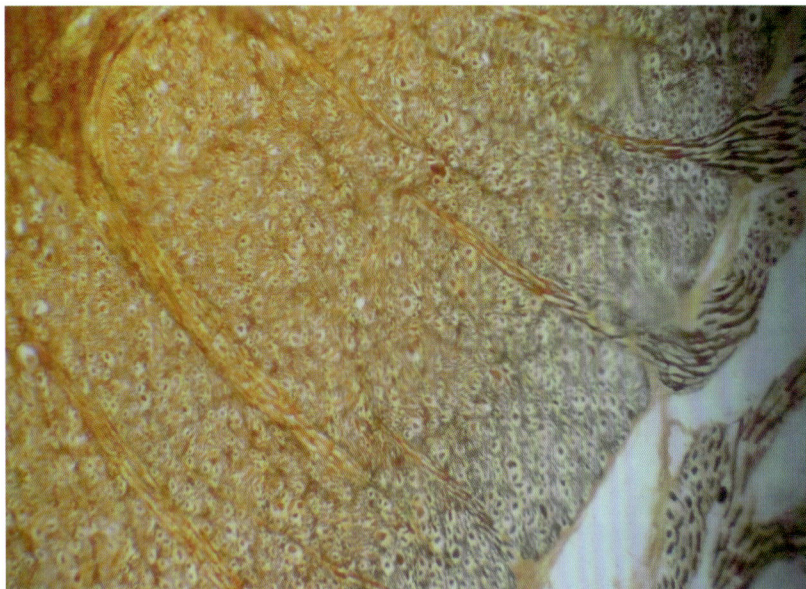

**■ 图2-135　狗脊髓前根（1）**

硝酸银染色　×100

图中可见从前角分散出脊髓的多条前根分支。

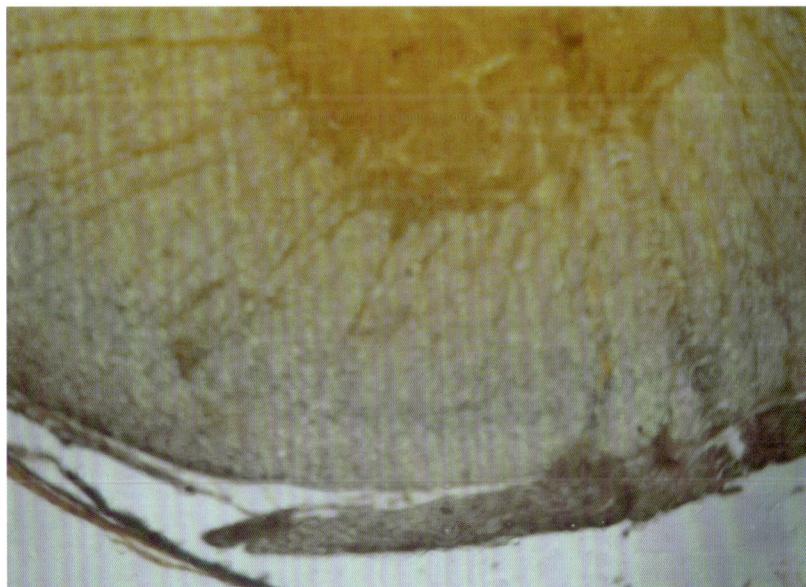

**■ 图2-136　狗脊髓前根（2）**

硝酸银染色　×50

图示在更大范围可见从前角分散出脊髓的前根分支，于硬脊膜下隙内集聚形成脊髓前根。

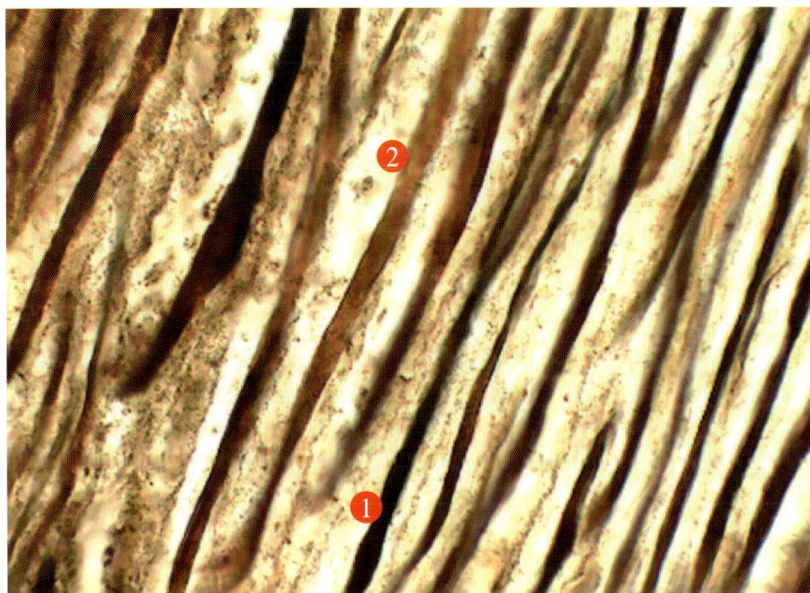

**■ 图2-137　狗脊神经前根脊髓外段（1）**

*硝酸银染色　×400*

❶示含核物质长突起；❷示缺少核物质的长突起。

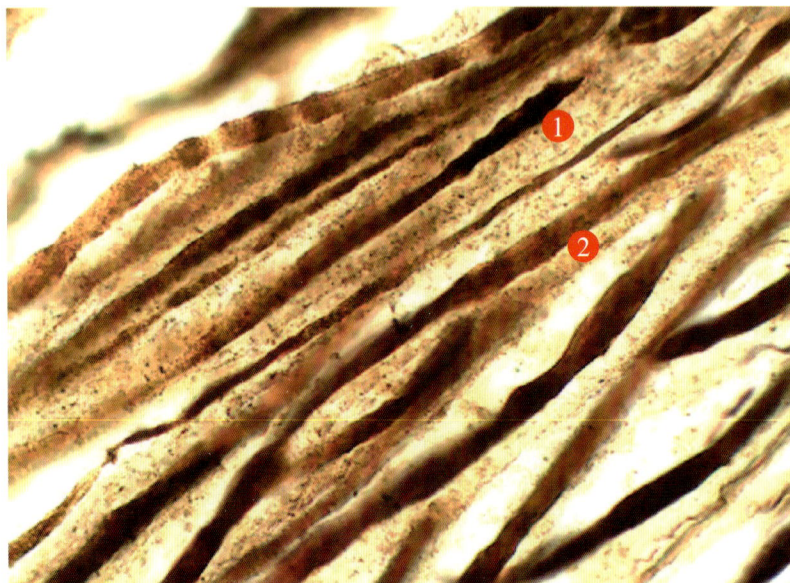

**■ 图2-138　狗脊神经前根脊髓外段（2）**

*硝酸银染色　×400*

❶示含核物质长突起；❷示核物质较少的长突起。

## 小 结

20世纪末，科学工作者发现了哺乳动物成体神经干细胞，彻底打破了人们长期以来认为中枢神经组织一成不变的认识，成为中枢神经系统可塑性及其损伤后修复再生研究的又一里程碑。分子生物学技术和免疫组织化学方法分别证明大白鼠脑细胞存在凋亡与增生细胞动力学过程。仔细观察人大脑常规组织切片，也很容易发现大量存在的人大脑细胞直接分裂与细胞演化。

大脑细胞增生的干细胞来源有侧脑室室管膜源、蛛网膜源和脑内血管源。神经干细胞可分化增生，并按严格的时空顺序迁移至中枢神经组织的不同部位，分化为不同类型的神经细胞和神经胶质细胞。蛛网膜细胞可向下迁入大脑皮质表层，成为大脑干细胞，内迁大脑干细胞可演化形成皮质内上行轴突细胞。大脑表面血管可深入皮质带来血源性干细胞，或由血管系膜细胞演化为大脑干细胞。大脑内血管也可以这两种方式为大脑提供干细胞。不同来源的神经干细胞增加了大脑的可塑性，不但为同化型学习提供更多维度和空间，也为适应型学习机制研究奠定坚实基础，并可为某些精神障碍的发病机制研究开辟新的路径。

小脑蛛网膜是小脑细胞演化的重要来源。小脑蛛网膜细胞通过细胞下迁内化、随血管下迁和小脑叶片新生等方式参与小脑的构建。

脊髓也有蛛网膜源脊髓干细胞演化途径、血源干细胞演化途径，但更重要的是室管膜源干细胞演化途径。室管膜细胞可直接分裂、外迁，演化形成脊髓神经细胞和胶质细胞。后角神经细胞保留干细胞高迁移能力，向后角方向迁移直接流入后根起始部与后根。脊髓灰质前角干细胞多来自腹侧室管膜，逐步演化形成神经细胞。早期运动神经元胞体及突起充满嗜染物质。成熟的前角神经细胞有丰富、清晰、深染的尼氏体。过成熟的神经细胞也可直接向细胞周围释放嗜染颗粒，胞外嗜染颗粒的生命活动显然影响神经细胞的微环境。衰亡神经细胞尼氏体明显减少、模糊、褪色、溶解。前角神经细胞成群向前根方向迁移，近前根起始部移动方向渐趋一致，脊髓前根出脊髓部位很分散。前根脊髓外段中迁移的神经细胞核延伸变形为长条状。

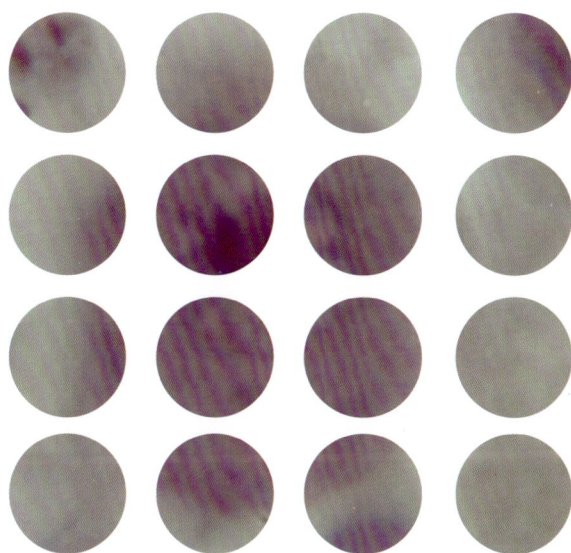

# 第三章
# 周围神经系统组织动力学

# 第一节　神经节组织动力学

## 一、脊神经节组织动力学

### （一）脊神经节细胞动力学

脊神经节细胞显示有细胞直接分裂与细胞衰老过程。脊神经节细胞的直接分裂以隔膜型横裂式居多。首先脊神经节细胞核致密颗粒排列于赤道部并相互融合，形成赤道部横隔（图3-1）。当双层隔膜分开，即形成两个细胞核（图3-2、图3-3），而后两个细胞核逐渐相互远离（图3-4、图3-6），至两核之间因细胞膜出现而分隔开，即成为两个脊神经节细胞（图3-7）。脊神经节细胞核也可分裂成两个大小不等的细胞核，导致不对称性细胞分裂（图3-8）。脊神经节细胞还有脱颖式直接分裂方式，即新生脊神经节细胞从原脊神经节细胞母体中脱颖而出，母体细胞则因生命物质消耗而逐渐衰亡（图3-9）。

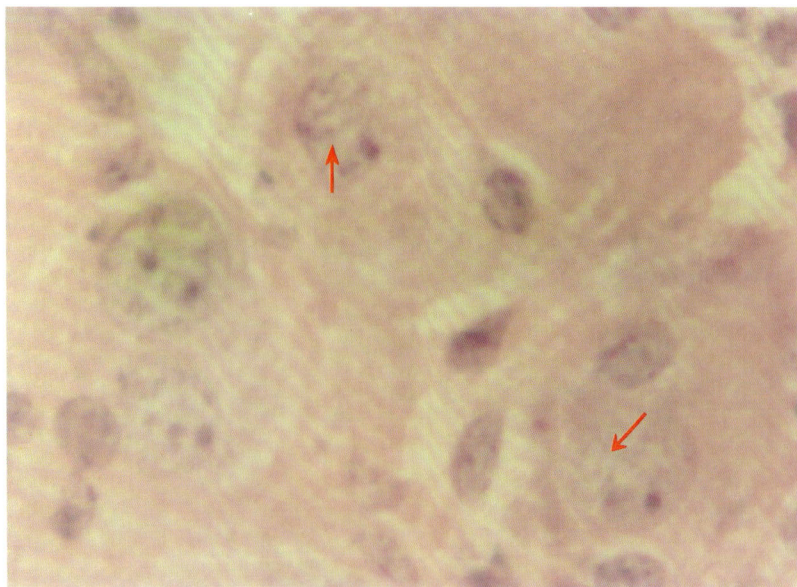

■ 图3-1　人脊神经节细胞直接分裂（1）

苏木素–伊红染色　×400

示脊神经节细胞核致密颗粒排列于赤道部；示脊神经节细胞核致密颗粒相互融合，形成赤道部横隔。

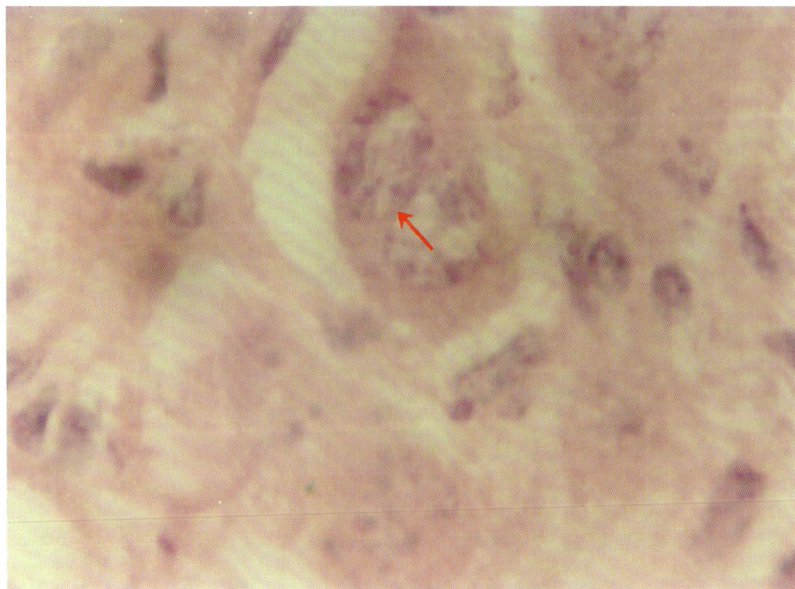

■ 图3-2　人脊神经节细胞直接分裂（2）

苏木素–伊红染色　×400

示脊神经节细胞核赤道部横隔。

135

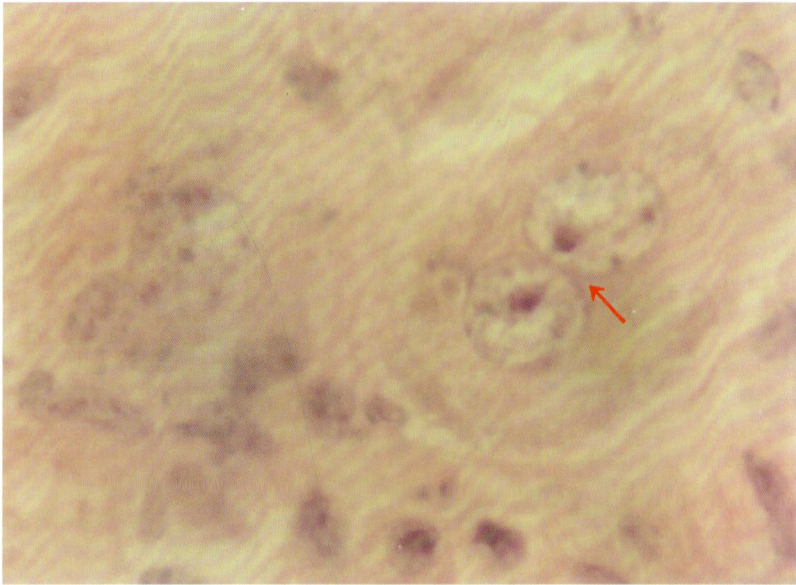

■ **图3-3　人脊神经节细胞直接分裂（3）**

苏木素–伊红染色　×400

↖示脊神经节细胞核一分为二，形成两个细胞核。

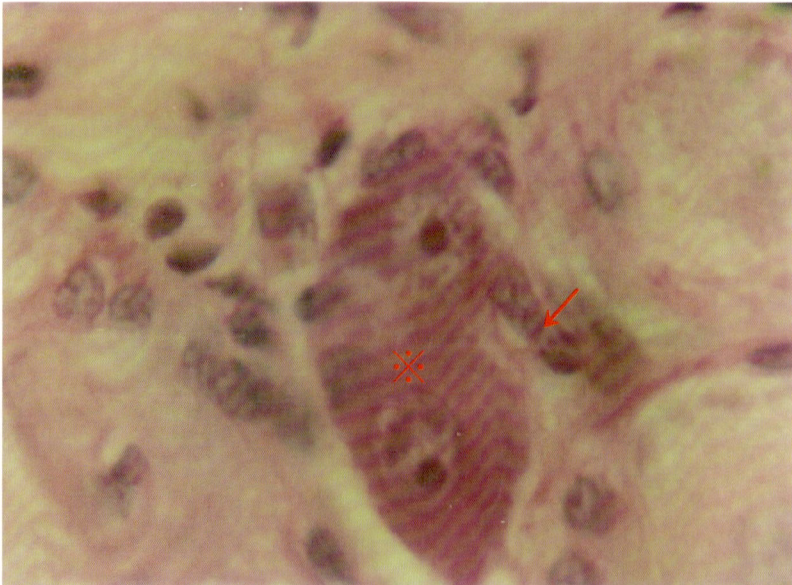

■ **图3-4　人脊神经节细胞直接分裂（4）**

苏木素–伊红染色　×400

※示双核脊神经节细胞的两个核逐渐远离；↙示脊神经节卫星细胞直接分裂。

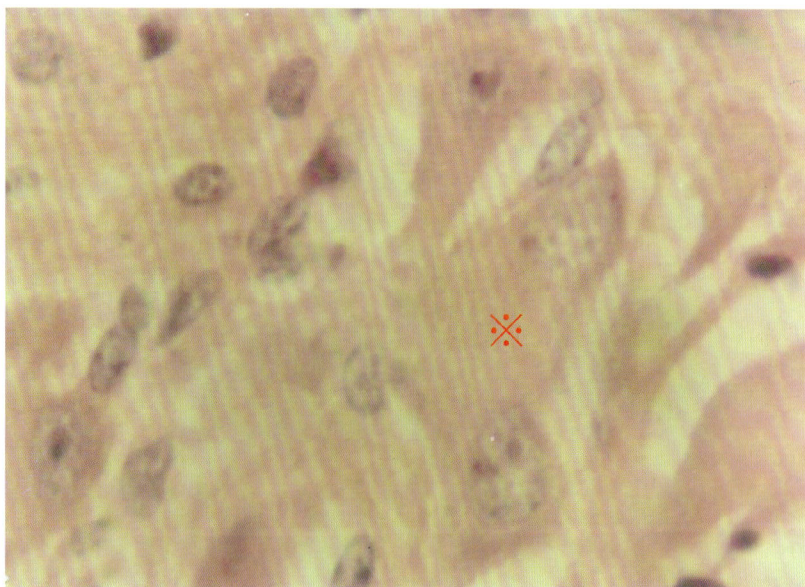

**■ 图3-5　人脊神经节细胞直接分裂（5）**

苏木素-伊红染色　×400

※示双核脊神经节细胞的两个核距离越来越远。

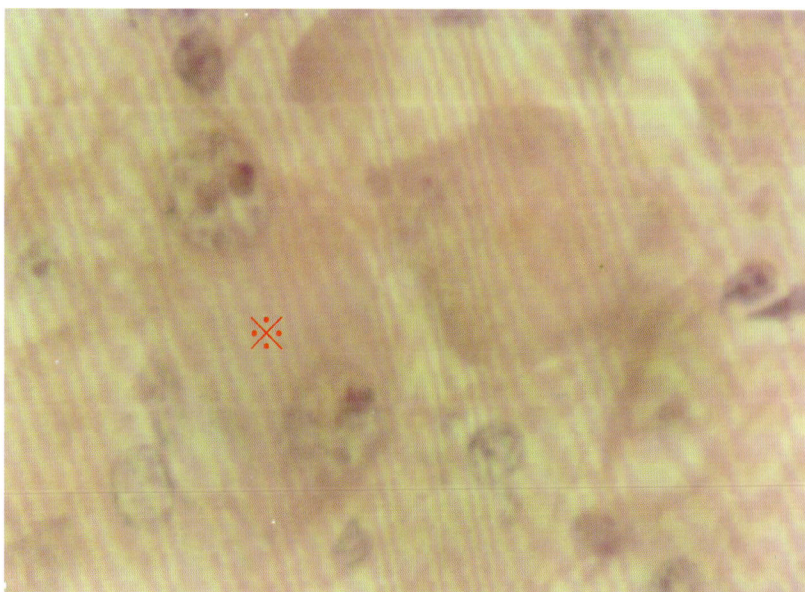

**■ 图3-6　人脊神经节细胞直接分裂（6）**

苏木素-伊红染色　×400

※示双核脊神经节细胞的两个核距离越来越远。

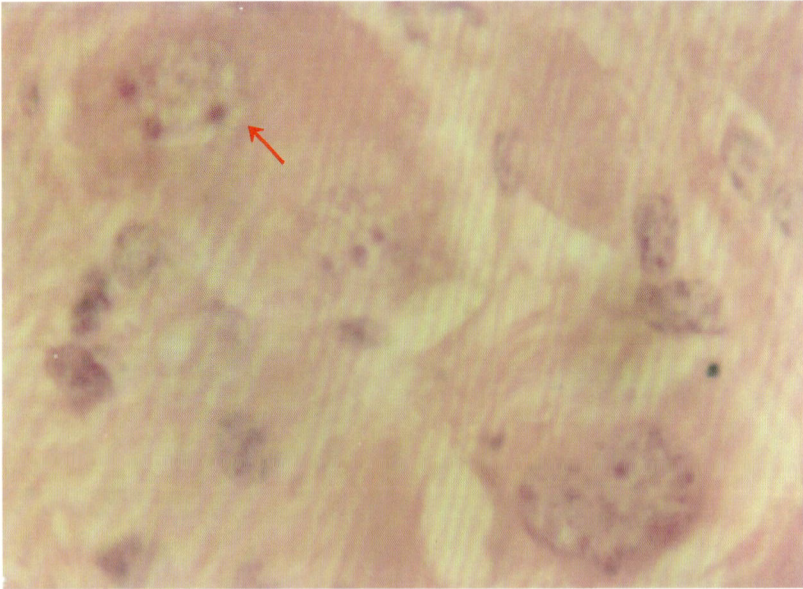

**■ 图3-7　人脊神经节细胞直接分裂（7）**

苏木素–伊红染色　×400

示分裂的两个脊神经节细胞之间开始有细胞膜分隔。

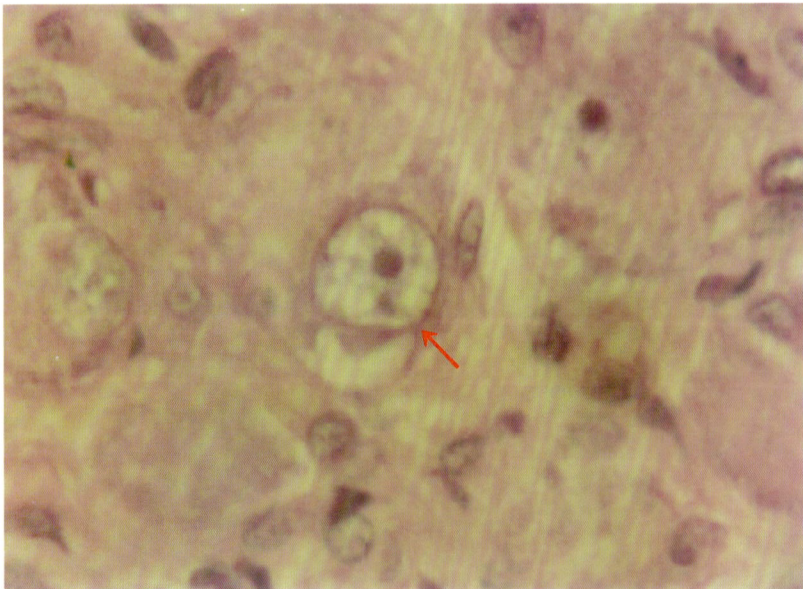

**■ 图3-8　人脊神经节细胞直接分裂（8）**

苏木素–伊红染色　×400

示脊神经节细胞不对称性核分裂。

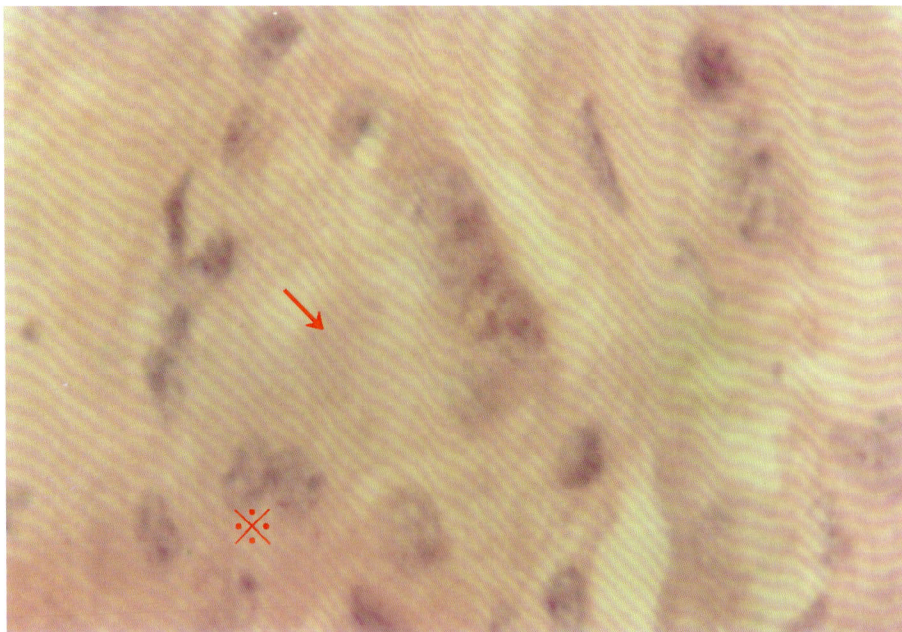

**■ 图3-9　人脊神经节细胞脱颖式分裂及衰亡**

苏木素-伊红染色　×400

　　※示脱颖分裂出的脊神经节细胞及其直接分裂；↘示原脊神
经节细胞衰亡。

## （二）脊神经节组织动力学

　　脊神经节内节细胞与其周围的卫星细胞共同组成一个子系统，也即脊神经节组成单位。节前有髓神经纤维束进入节内，分支将脊神经单位分群区隔（图3-10）。有髓神经纤维逐步脱髓鞘，轴索内变形细胞核重整（图3-11），并逐渐钝圆化（图3-12、图3-13）。并因微环境突然改变而发生激变，细胞核迅速增大（图3-14），成为节细胞的干细胞，其特有的表达产物对周围细胞产生招募效应，向其靠拢（图3-15、图3-16）。随着较封闭环境形成，干细胞进一步激变，细胞核更加迅速增大，成为脊神经节细胞核，并合成较多淡染细胞质，周围细胞成为卫星细胞，脊神经节组成单位即告形成（图3-17）。卫星细胞也可通过直接分裂加速对节细胞的

完全包围（图3-18）。随着脊神经节组成单位的演化，卫星细胞可由立方
形变为扁平形（图3-19），甚至衰亡消失（图3-20）。脊神经节组成单
位的衰退主要表现在节细胞核染色质固缩，细胞核边界模糊（图3-21、图
3-22），进而核物质弥散、消融（图3-23、图3-24）。节细胞的衰亡吸
引周围细胞进入遗址，并竞争候选节细胞（图3-24、图3-25）。

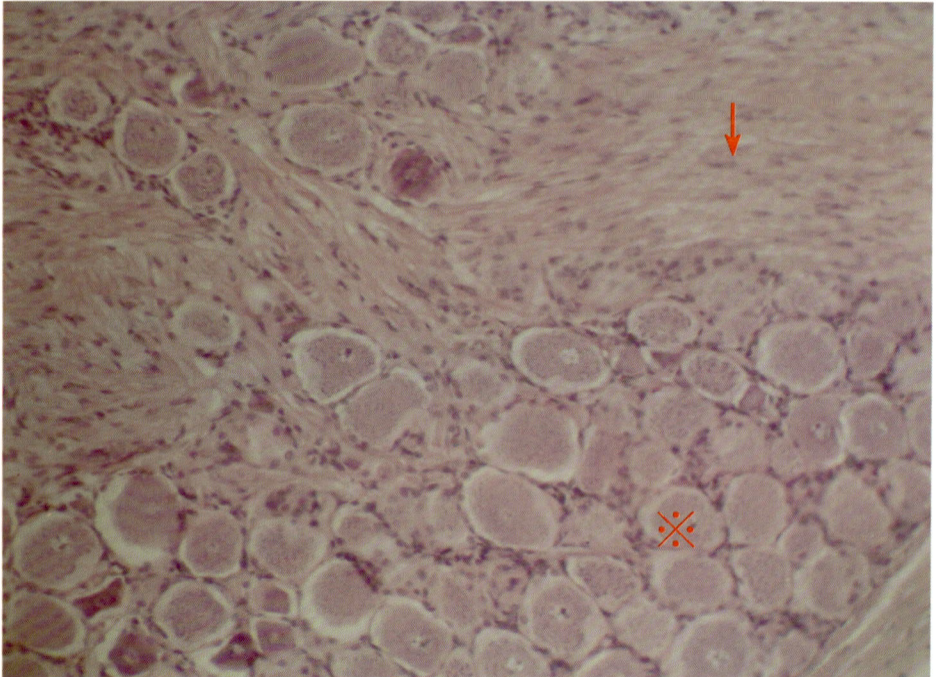

**■ 图3-10　人脊神经节**

苏木素-伊红染色　×100

※示脊神经节细胞区；↓示有髓神经纤维束。

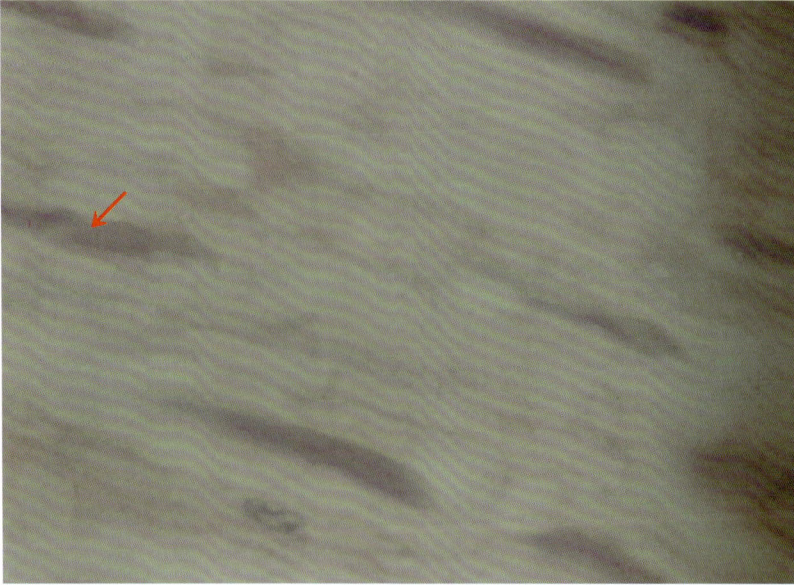

■ 图3-11　人脊神经节细胞演化（1）

苏木素–伊红染色　×1 000

↙示有髓神经纤维轴索内的变形细胞核。

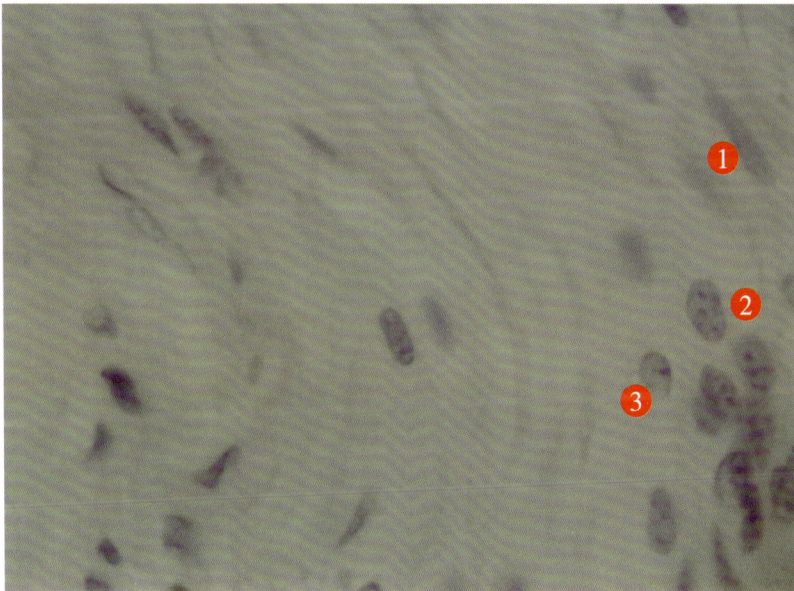

■ 图3-12　人脊神经节细胞演化（2）

苏木素–伊红染色　×400

❶、❷和❸示逐步钝圆化的神经细胞核。

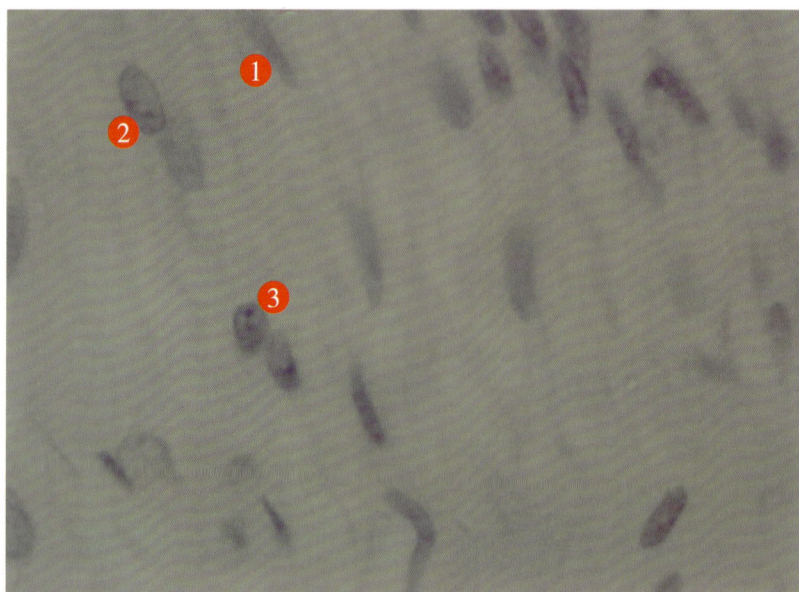

**■ 图3-13　人脊神经节细胞演化（3）**

苏木素-伊红染色　×400

❶、❷和❸示逐步钝圆化的神经细胞核。

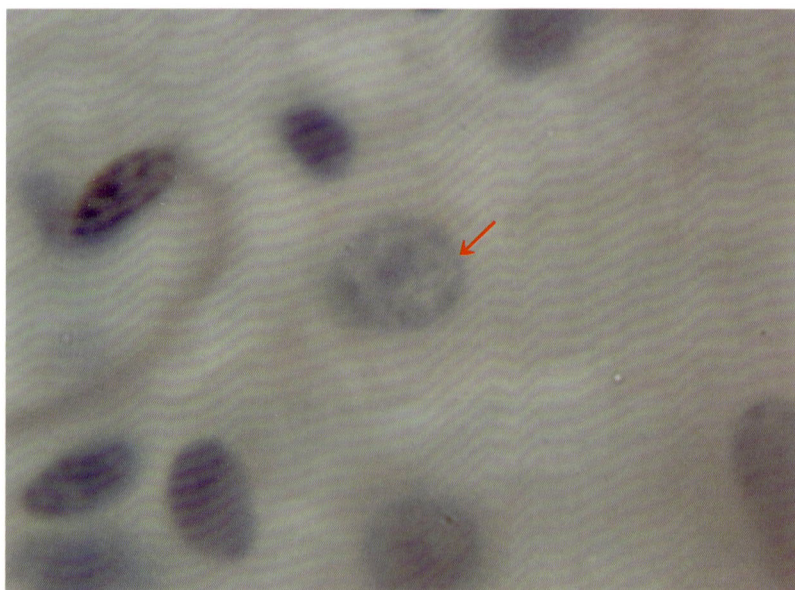

**■ 图3-14　人脊神经节细胞演化（4）**

苏木素-伊红染色　×1 000

↙示激变中的神经细胞。

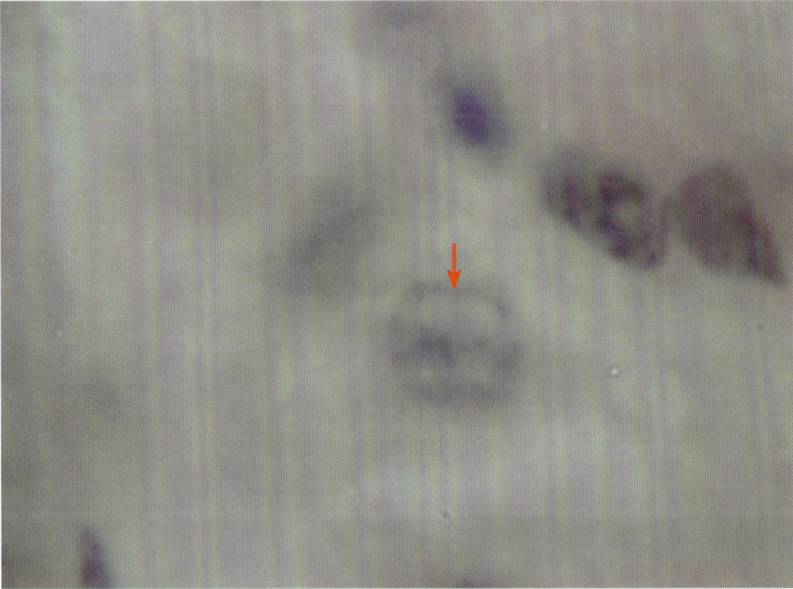

■ 图3-15 人脊神经节细胞演化（5）

苏木素–伊红染色 ×1 000

↓示激变的神经细胞。

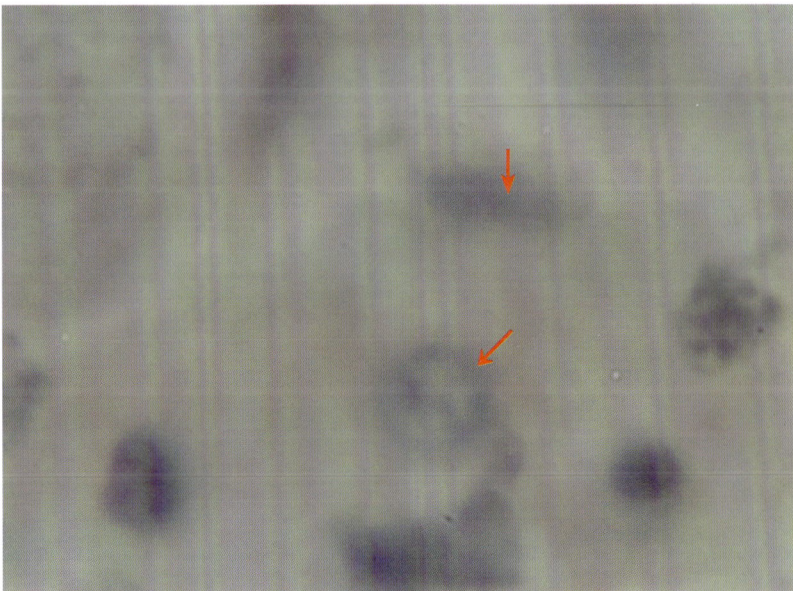

■ 图3-16 人脊神经节细胞演化（6）

苏木素–伊红染色 ×1 000

↙示脊神经节干细胞；↓示受招募的周围细胞。

143

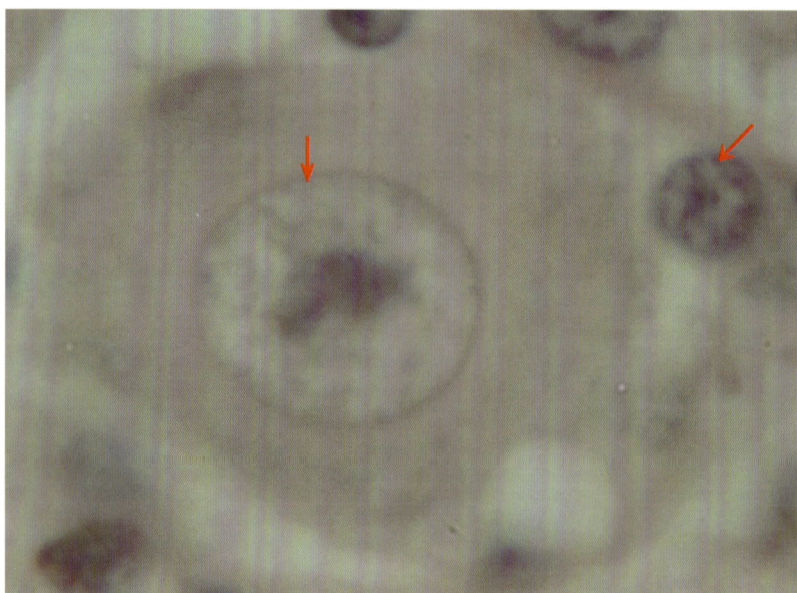

**图3-17 人脊神经节细胞演化（7）**

苏木素-伊红染色 ×1 000

↓示脊神经节细胞； ↙示卫星细胞。

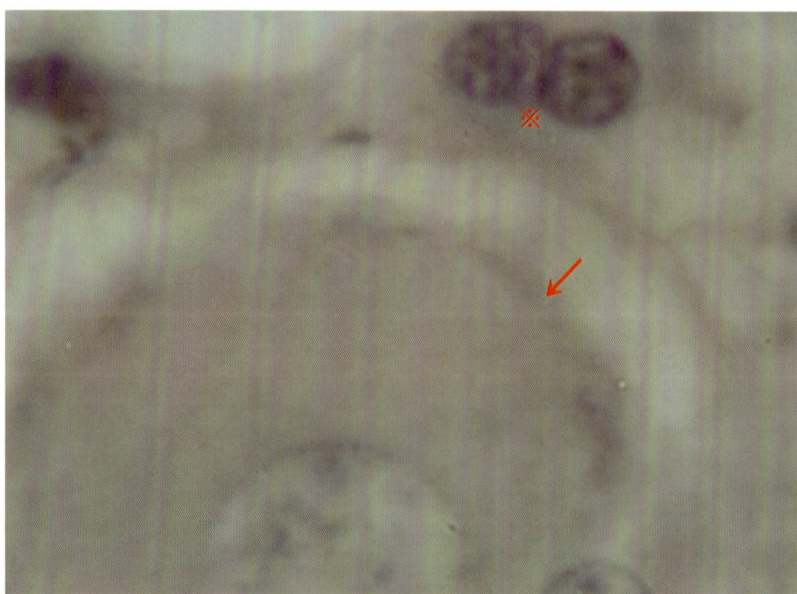

**图3-18 人脊神经节细胞演化（8）**

苏木素-伊红染色 ×1 000

↙示脊神经节细胞；※示直接分裂中的卫星细胞。

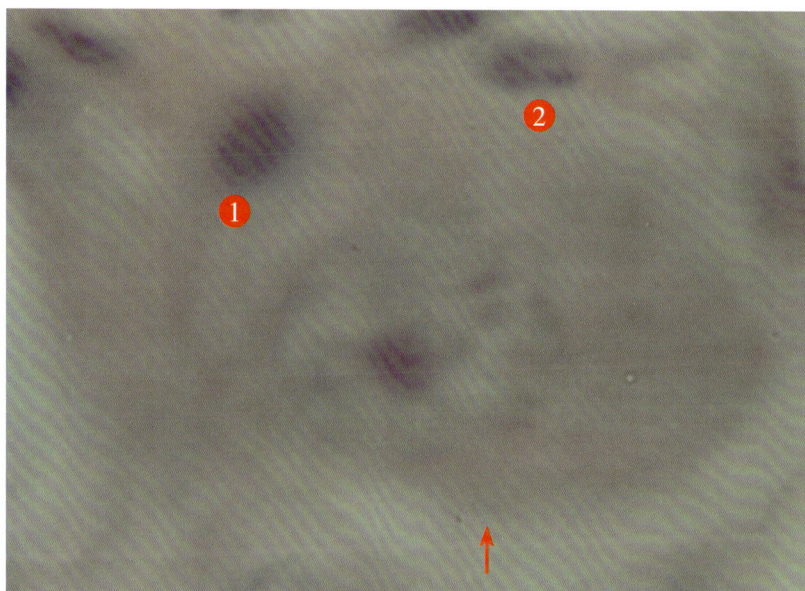

■ 图3-19　人脊神经节细胞演化（9）

苏木素-伊红染色　×1 000

↑示脊神经节细胞；❶示立方形卫星细胞；❷示衰亡中的扁平形卫星细胞。

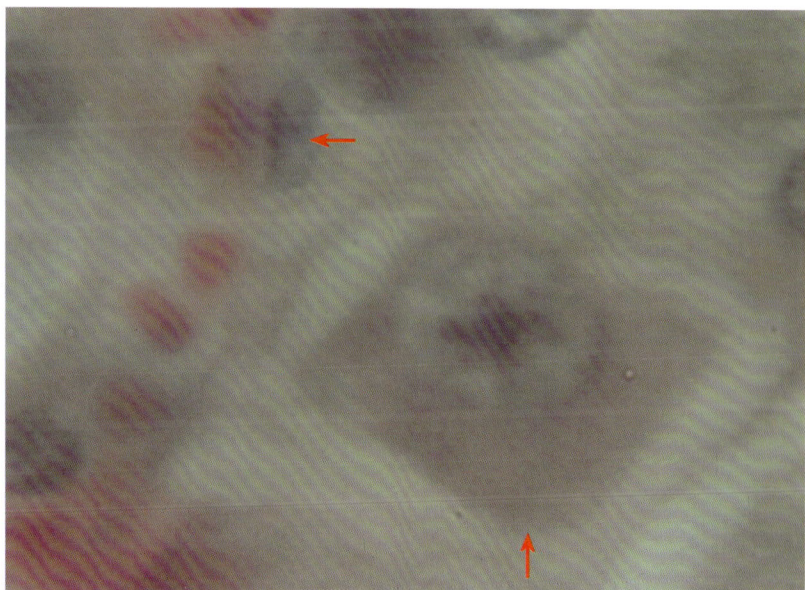

■ 图3-20　人脊神经节细胞演化（10）

苏木素-伊红染色　×1 000

↑示脊神经节细胞；←示已衰亡的卫星细胞。

145

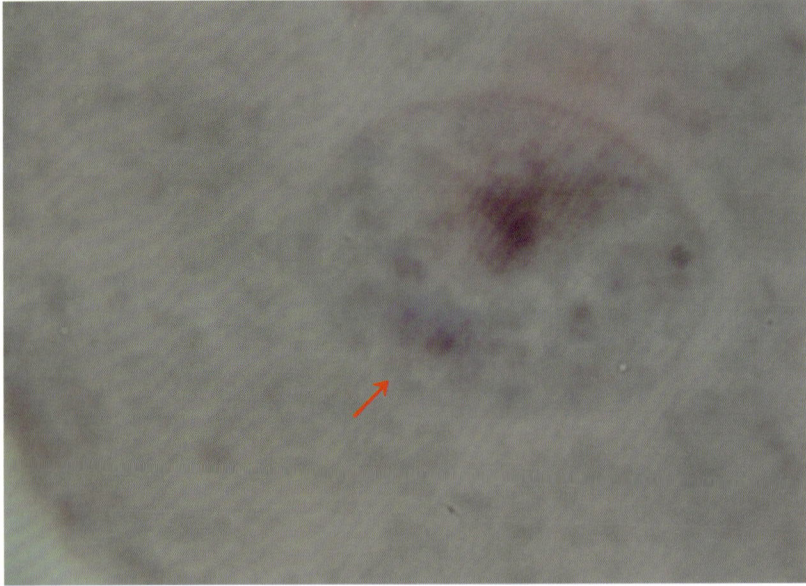

■ 图3-21　人脊神经节细胞演化（11）
苏木素–伊红染色　×1 000
↗示衰亡的脊神经节细胞核，染色质固缩，核边界模糊。

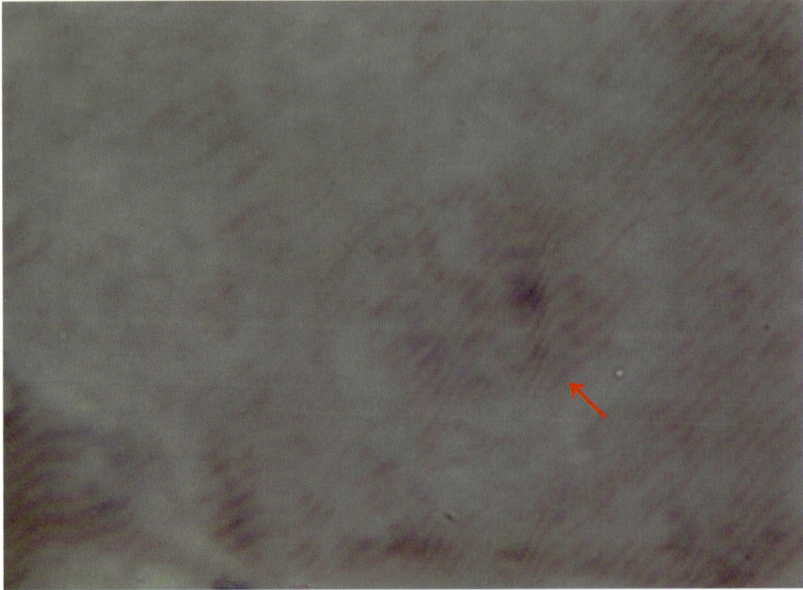

■ 图3-22　人脊神经节细胞演化（12）
苏木素–伊红染色　×1 000
↖示衰亡的脊神经节细胞核，染色质固缩，核边界模糊。

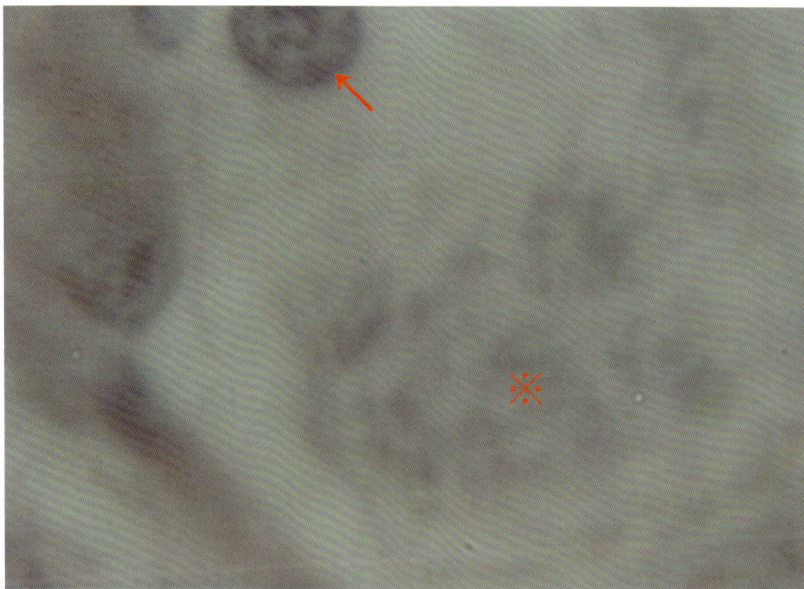

**■ 图3-23　人脊神经节细胞演化（13）**

苏木素–伊红染色　×1 000

※示衰退脊神经节细胞核物质分散；↖示趋近衰亡的脊神经节细胞的周围细胞。

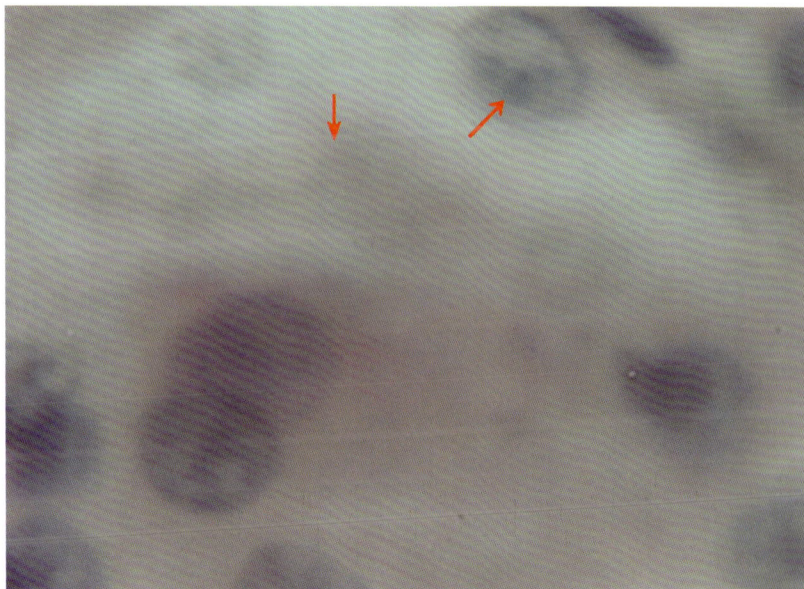

**■ 图3-24　人脊神经节细胞演化（14）**

苏木素–伊红染色　×1 000

↓示衰亡脊神经节细胞残迹；↗示聚集的周围神经细胞。

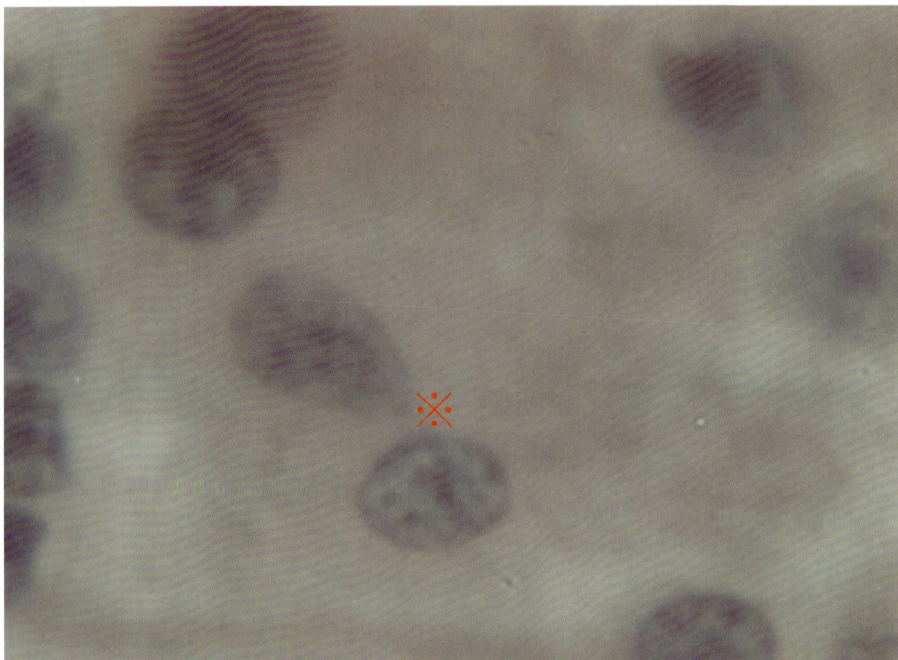

**图3-25　人脊神经节细胞演化（15）**

苏木素-伊红染色　×1 000

※示激变的周围神经细胞竞相发育。

## 二、交感神经节组织动力学

### （一）狗交感神经节细胞动力学

狗交感神经节细胞高尔基体发达，硝酸银染色的高尔基体可作为其生活史的标志物（图3-26），揭示其细胞动力学过程。被染成浓密黑色代表高尔基体最发达，是较早期的交感神经节细胞，随着细胞发育高尔基体减少，着色变浅（图3-27、图3-28），据此可判定交感神经节细胞演化龄，较幼稚的与近衰老的交感神经节细胞区别明显（图3-29、图3-30）。明显衰老的交感神经节细胞高尔基体极度减少（图3-31），甚至几近消失（图3-32）。

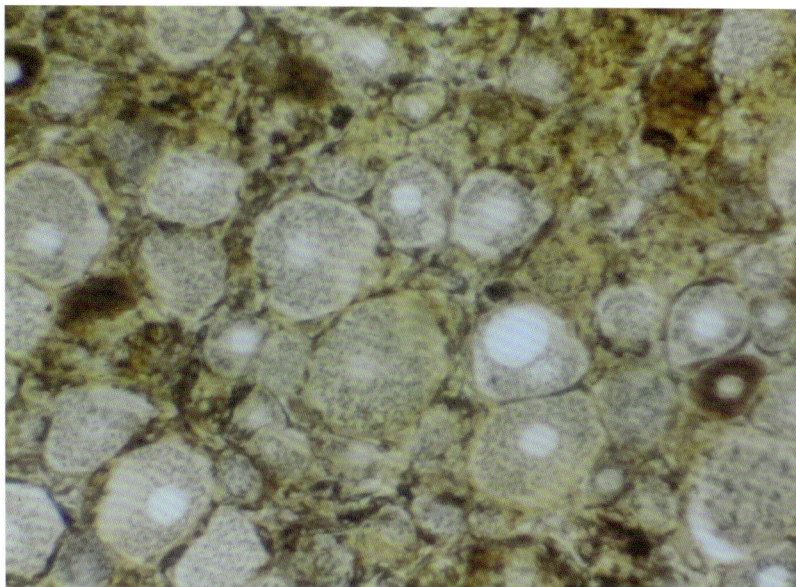

■ 图3-26　狗交感神经节细胞演化（1）

DA-Fano硝酸钴法染色　×200

图示交感神经节细胞大小不一，高尔基体多少不等。

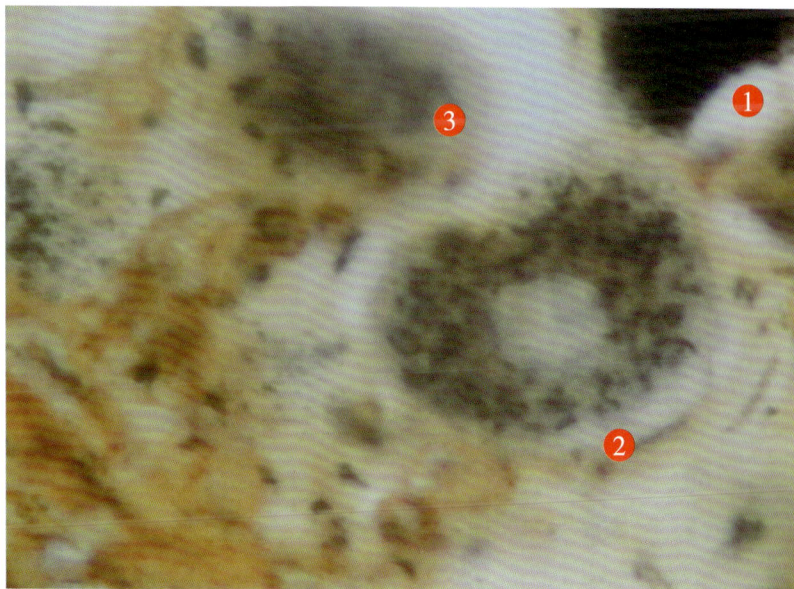

■ 图3-27　狗交感神经节细胞演化（2）

DA-Fano硝酸钴法染色　×1 000

❶示高尔基体最多的交感神经节细胞；❷示高尔基体数量中等的交感神经节细胞；❸示高尔基体减少的交感神经节细胞。

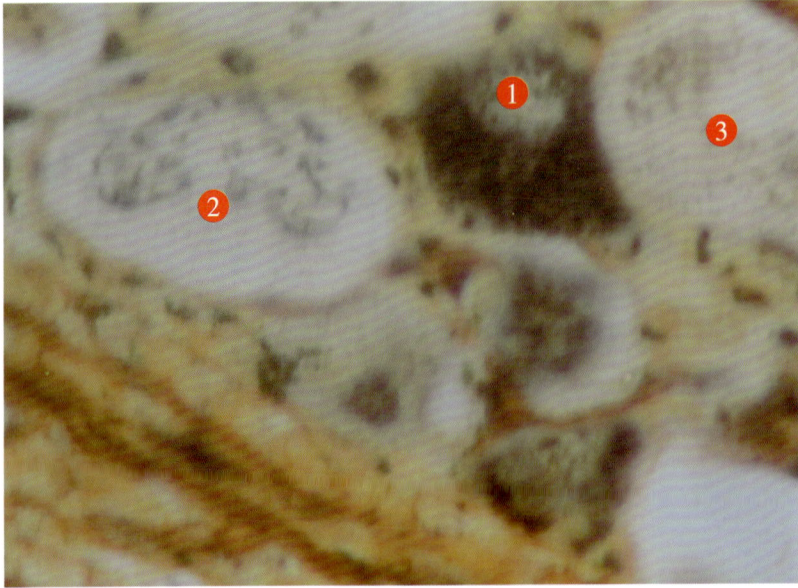

■ 图3-28  狗交感神经节细胞演化（3）

DA-Fano硝酸钴法染色　×1 000

❶示高尔基体较多的交感神经节细胞；❷示高尔基体较少的交感神经节细胞；❸示高尔基体更加减少的交感神经节细胞。

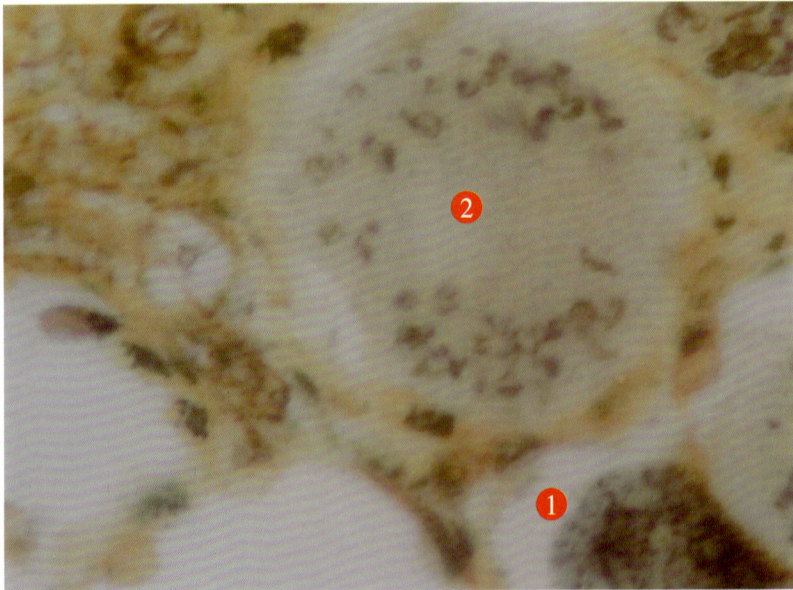

■ 图3-29  狗交感神经节细胞演化（4）

DA-Fano硝酸钴法染色　×1 000

❶示高尔基体较多的交感神经节细胞；❷示高尔基体较少的交感神经节细胞。

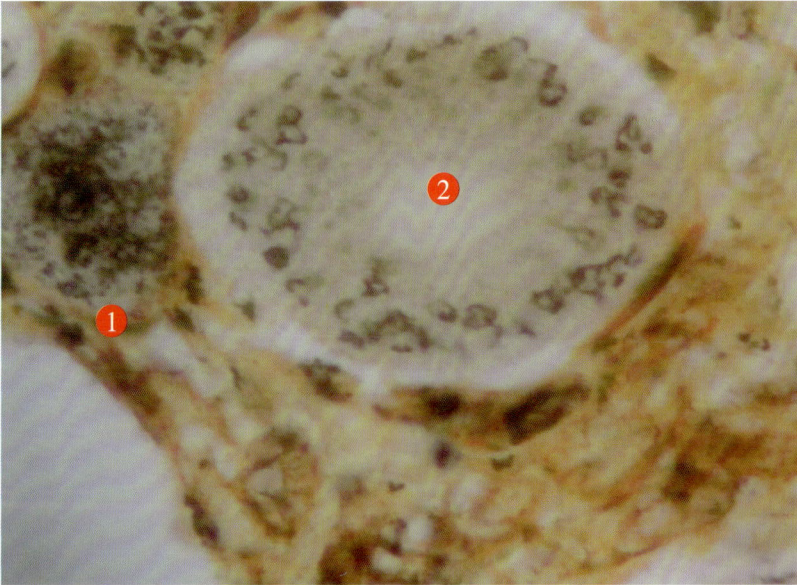

■ 图3-30　狗交感神经节细胞演化（5）

DA-Fano硝酸钴法染色　×1 000

❶示高尔基体较多的交感神经节细胞；❷示高尔基体较少的交感神经节细胞。

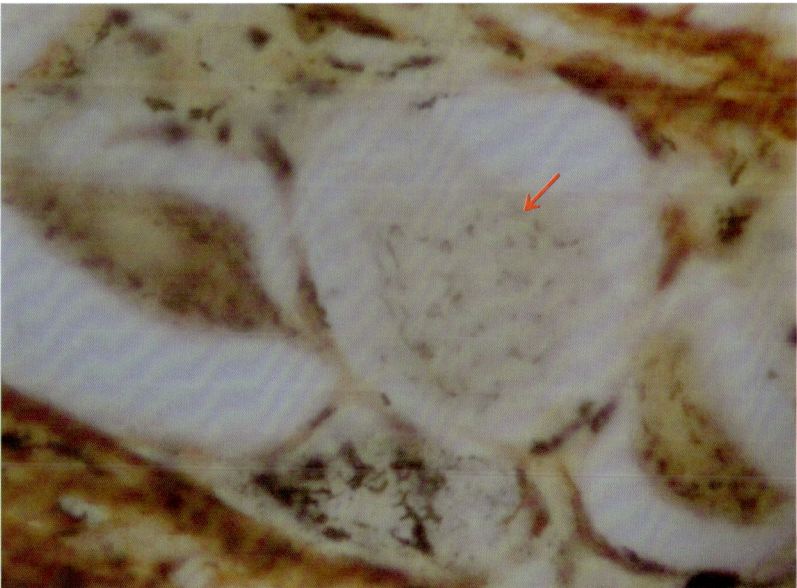

■ 图3-31　狗交感神经节细胞演化（6）

DA-Fano硝酸钴法染色　×1 000

↙示高尔基体明显减少的交感神经节细胞。

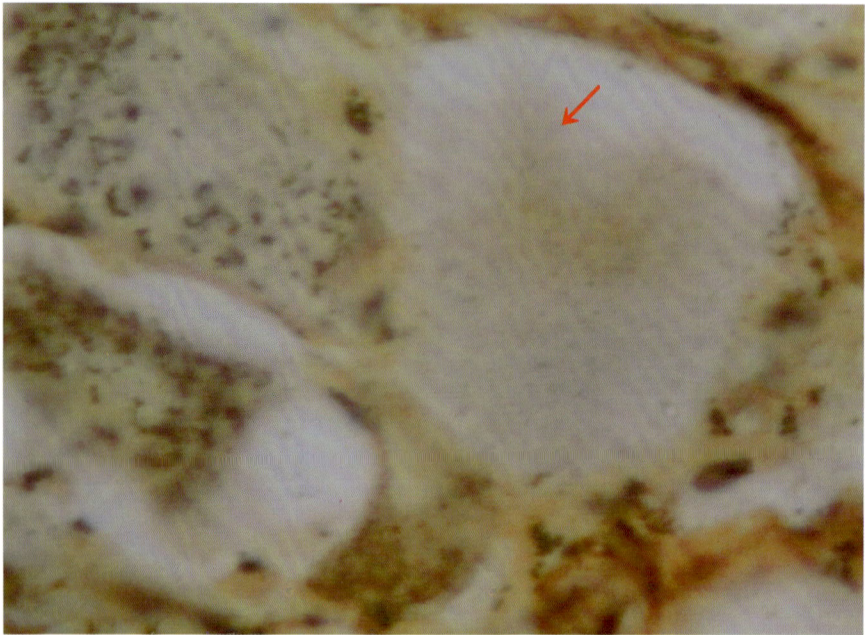

**■ 图3-32　狗交感神经节细胞演化（7）**

DA-Fano硝酸钴法染色　×1 000

示高尔基体消失殆尽的交感神经节细胞。

## （二）人交感神经节组织动力学

　　人交感神经节细胞也有卫星细胞包围，与之共同组成交感神经节的结构单位。节前无髓神经纤维束进入节内分支将交感神经节单位分群区隔。无髓神经纤维中神经束细胞核由流线型逐渐钝圆化（图3-33、图3-34），并逐渐增大，合成透亮的细胞质（图3-34、图3-35），成为交感节细胞的干细胞。因其特有的招募效应，使周围细胞向其靠拢，随着较封闭环境形成，干细胞进一步激变，节细胞继续增大，成为交感神经节细胞，周围细胞成为卫星细胞（图3-36、图3-37）。交感神经节细胞继续增大，周围由立方形卫星细胞完全包围，即为成熟的交感神经节单位。而其卫星细胞可由立方形变为扁平形，节细胞内色素积累则表示交感神经节单位进入衰退阶段（图3-38）。交感神经节单位的衰退主要表现为卫星细胞扁平化或排列紊乱，节细胞萎缩、消融（图3-39、图3-40）。

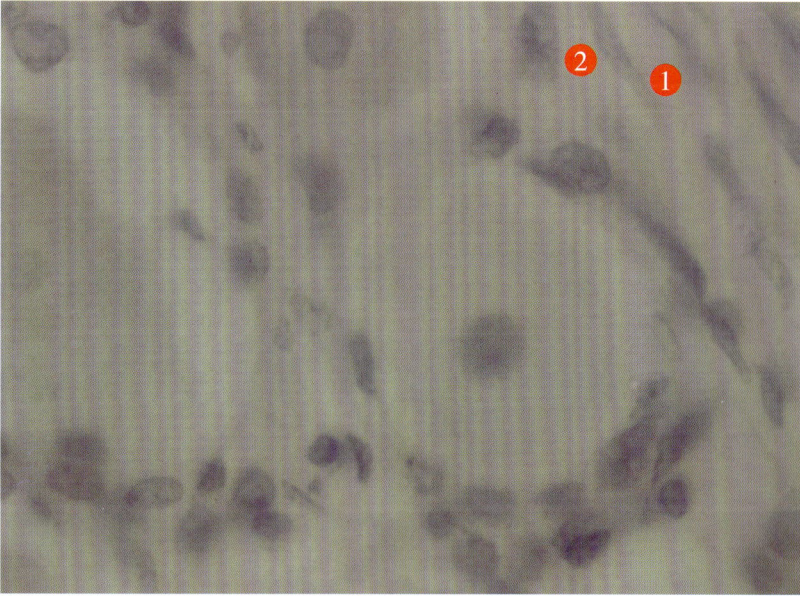

**■ 图3-33　人交感神经节单位演化（1）**

苏木素–伊红染色　×400

❶示流线型神经束细胞核；❷示椭圆形神经束细胞核。

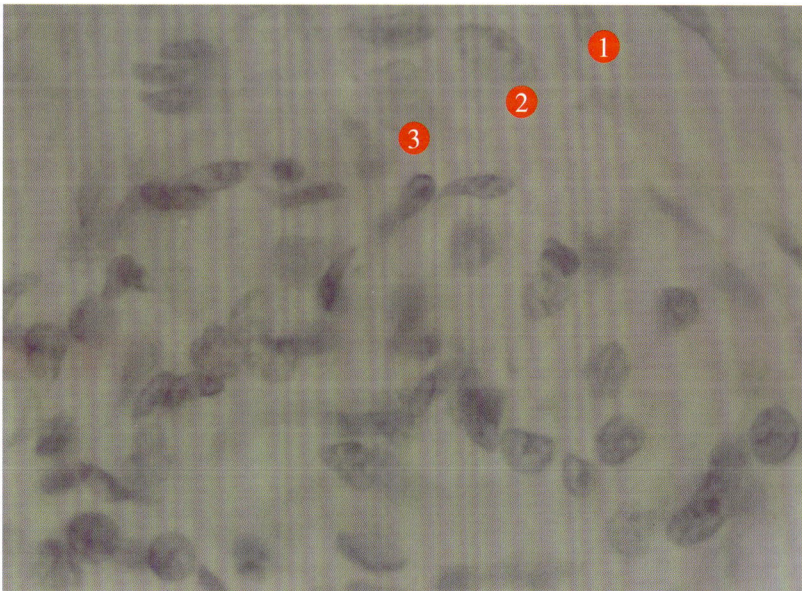

**■ 图3-34　人交感神经节单位演化（2）**

苏木素–伊红染色　×400

❶示流线型神经束细胞核；❷示椭圆形神经束细胞核；❸示圆形神经束细胞核。

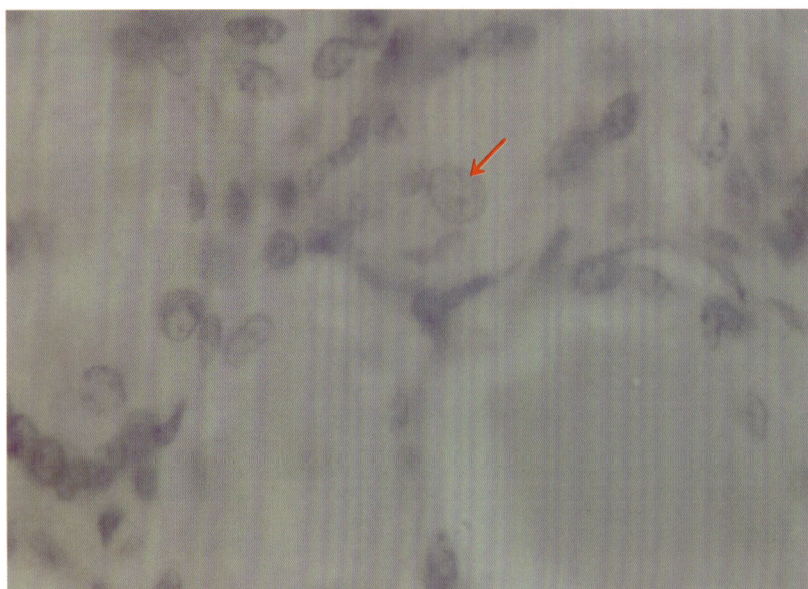

■ 图3-35　人交感神经节单位演化（3）
苏木素-伊红染色　×400
示激变后的神经节干细胞。

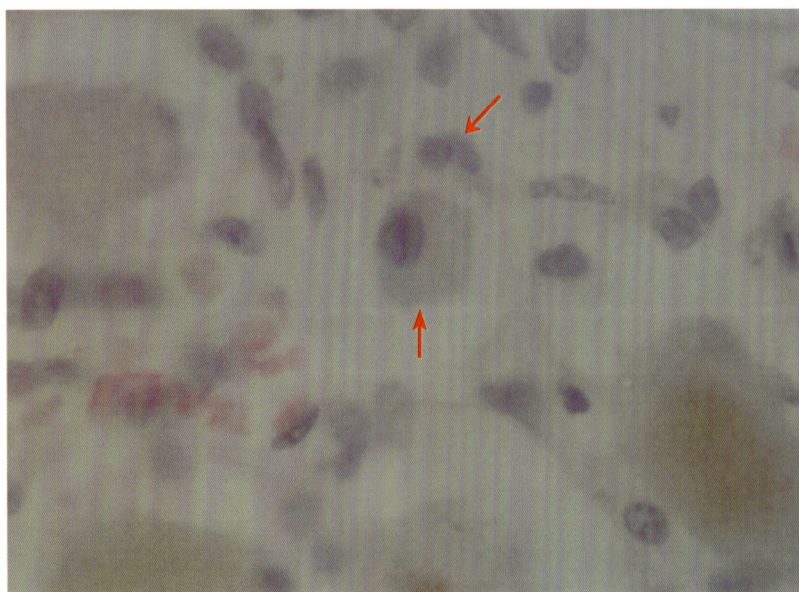

■ 图3-36　人交感神经节单位演化（4）
苏木素-伊红染色　×400
示新生的交感神经节细胞；示被招募的周围神经细胞。

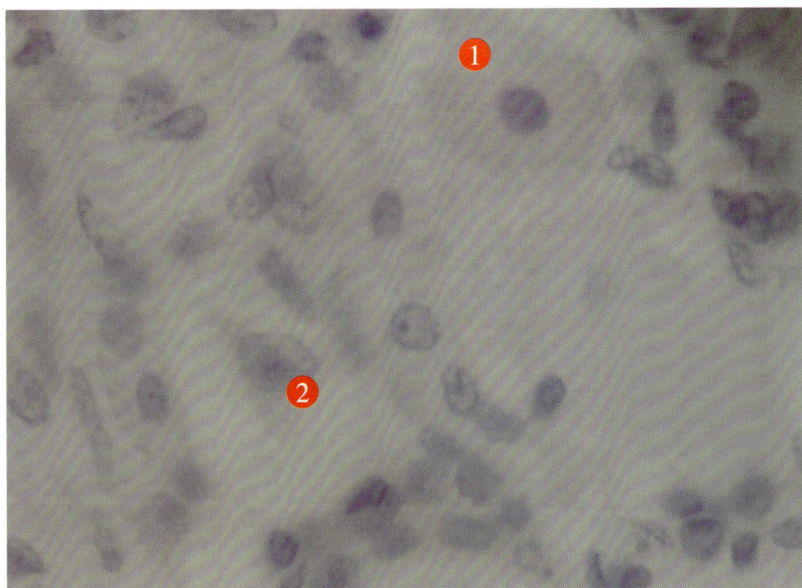

■ 图3-37　人交感神经节单位演化（5）

苏木素–伊红染色　×400

❶示发育中的交感神经节单位；❷示发育受阻的交感神经节单位。

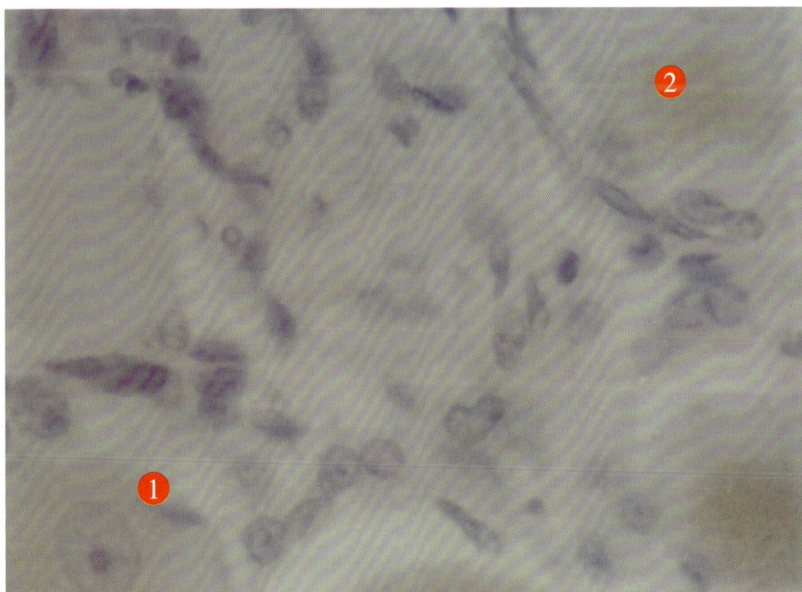

■ 图3-38　人交感神经节单位演化（6）

苏木素–伊红染色　×400

❶示较成熟的交感神经节单位；❷示过成熟的交感神经节单位。

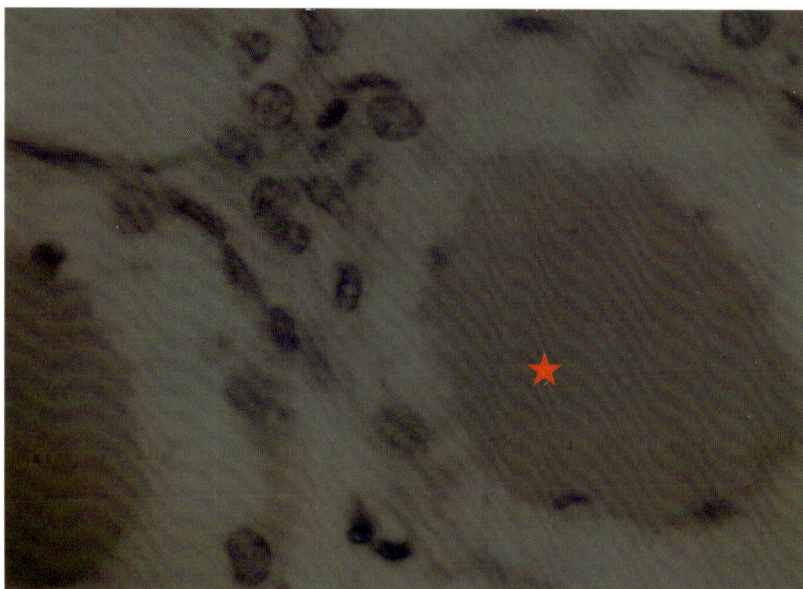

■ 图3-39　人交感神经节单位演化（7）

苏木素-伊红染色　×400

★ 示衰退的交感神经节单位。

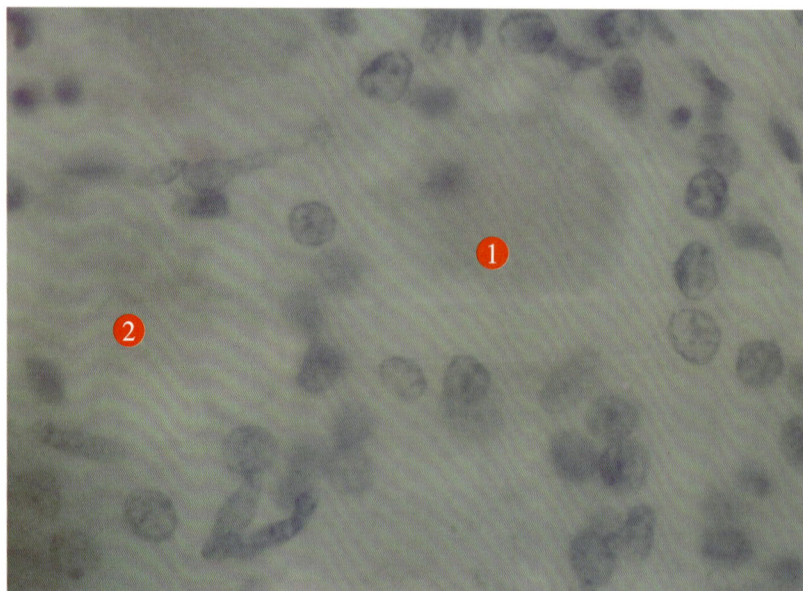

■ 图3-40　人交感神经节单位演化（8）

苏木素-伊红染色　×400

❶示进一步衰退的交感神经节单位；❷示衰亡的交感神经节单位。

## 三、副交感神经节组织动力学

猫肠壁内副交感神经节由副交感神经节细胞组成，周围并无卫星细胞，很少见像脊神经节和交感神经节单位一样的结构单位。

### （一）副交感神经节细胞动力学

硝酸银染色的肠壁内副交感神经节显示副交感神经节细胞聚集，其细胞体及突起染成浓密黑色（图3-41）。早期的副交感神经节细胞嗜银性最强，细胞核被嗜银性物质遮蔽（图3-42），而后，逐渐显出细胞核（图3-43、图3-44）。随着细胞发育，副交感神经节细胞的嗜银性物质逐渐流失，细胞核更加明显，细胞质也逐渐现出非嗜银性区（图3-45～图3-47），衰退的副交感神经节细胞的嗜银性基本丧失，细胞核趋向细胞一边（图3-48、图3-49）。极度衰退的副交感神经节细胞的细胞核则可出现核固缩与核溶解（图3-50～图3-52）。

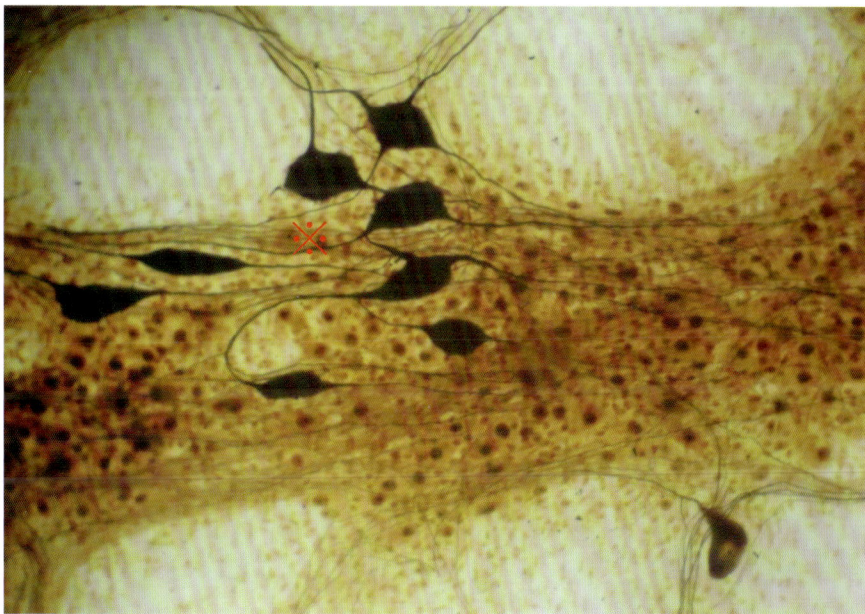

■ 图3-41　猫副交感神经节

硝酸银染色　×100

※示聚集的副交感神经节细胞群，细胞体及突起均被硝酸银染成浓密黑色。（标本由阎爱华高级实验师提供）

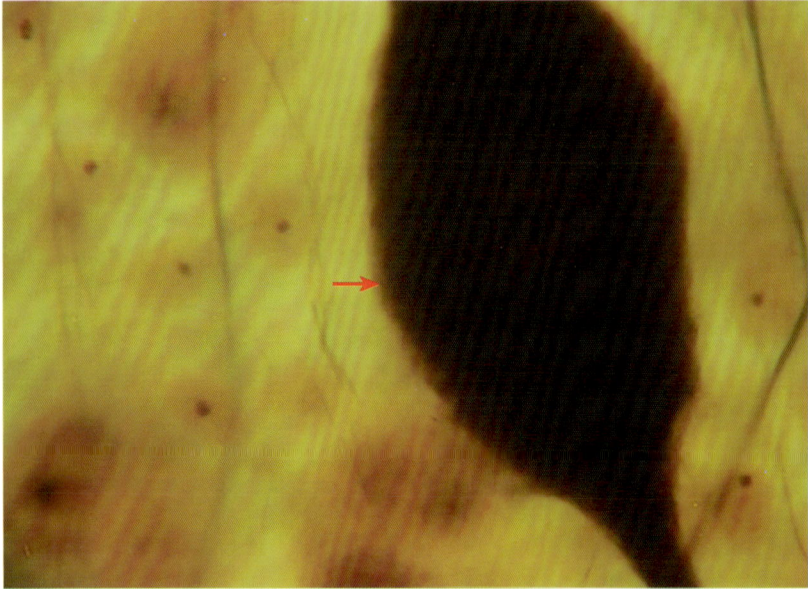

**■ 图3-42 猫副交感神经节细胞演化（1）**

硝酸银染色 ×1 000

→示嗜银性最强的副交感神经节细胞，细胞核被嗜银物质遮蔽。

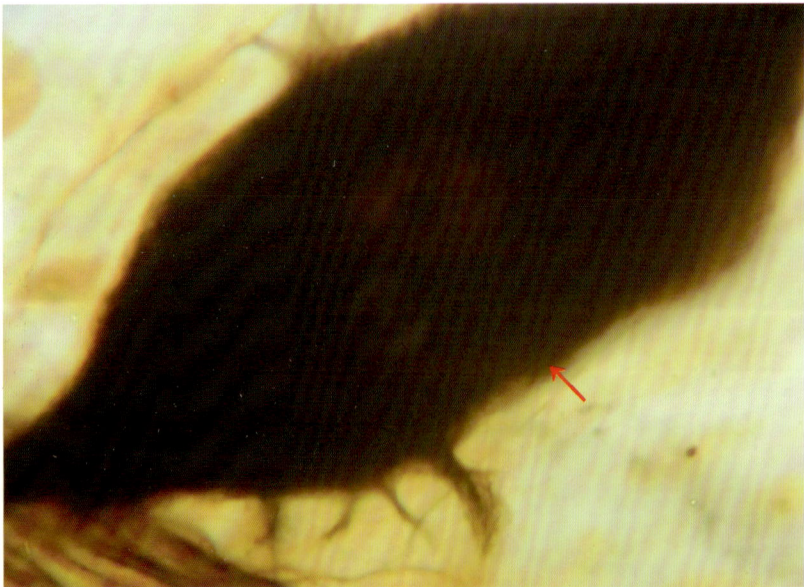

**■ 图3-43 猫副交感神经节细胞演化（2）**

硝酸银染色 ×1 000

↗示嗜银性强的副交感神经节细胞，隐约显出细胞核。

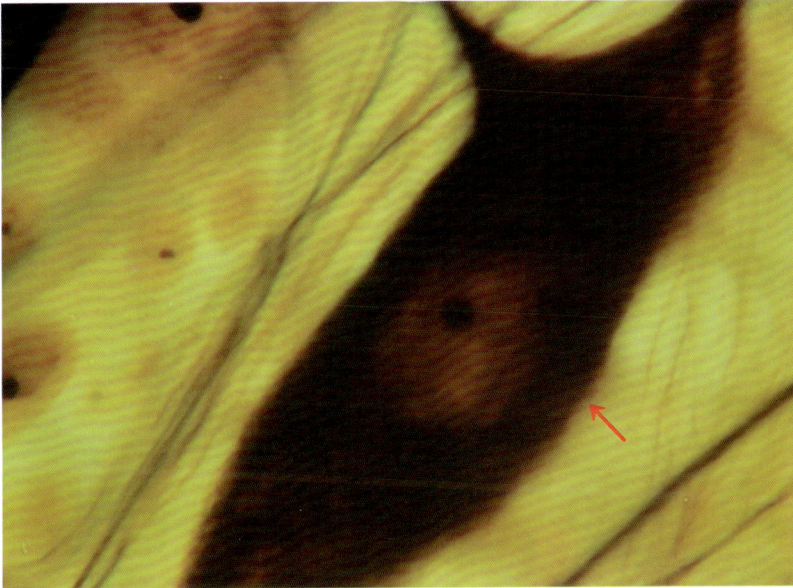

■ 图3-44　猫副交感神经节细胞演化（3）
硝酸银染色　×1 000
示嗜银性较强的副交感神经节细胞，已显出细胞核轮廓。

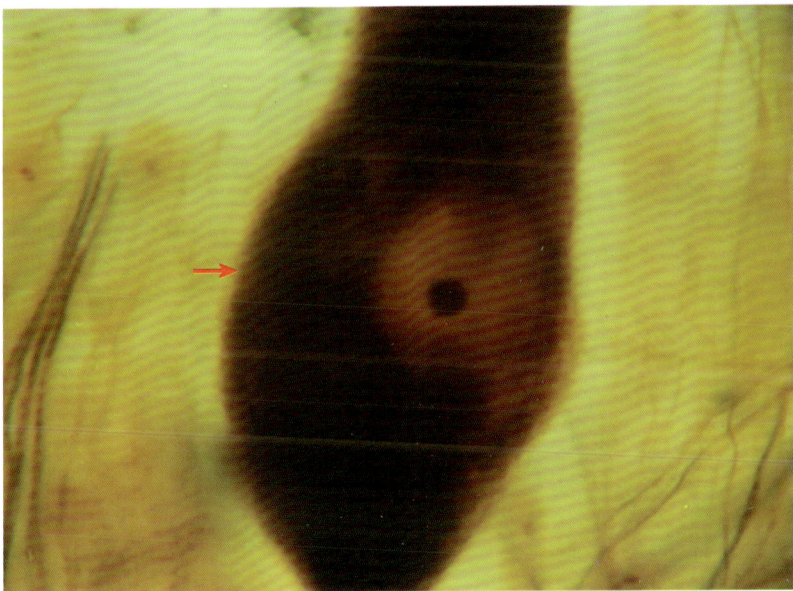

■ 图3-45　猫副交感神经节细胞演化（4）
硝酸银染色　×1 000
示嗜银性较强的副交感神经节细胞，细胞核明显。

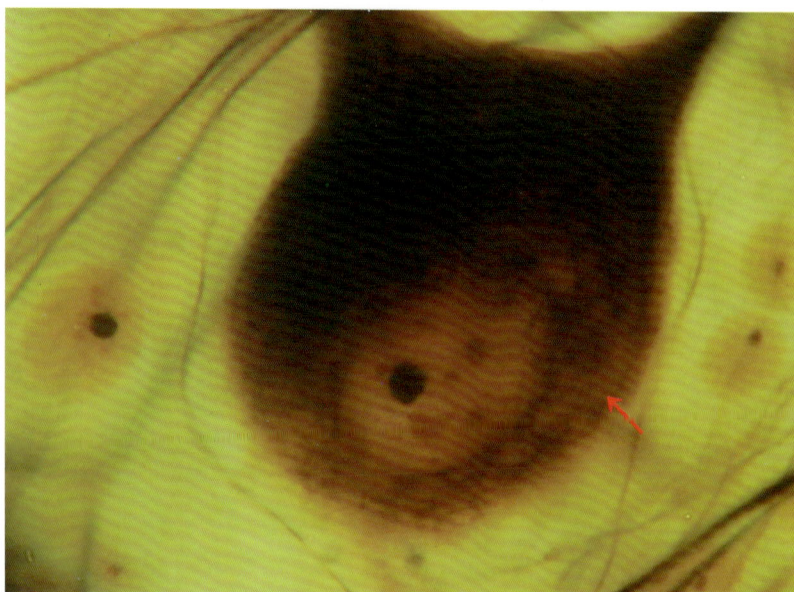

**■ 图3-46 猫副交感神经节细胞演化（5）**

硝酸银染色 ×1 000

示副交感神经节细胞部分细胞质嗜银性减弱。

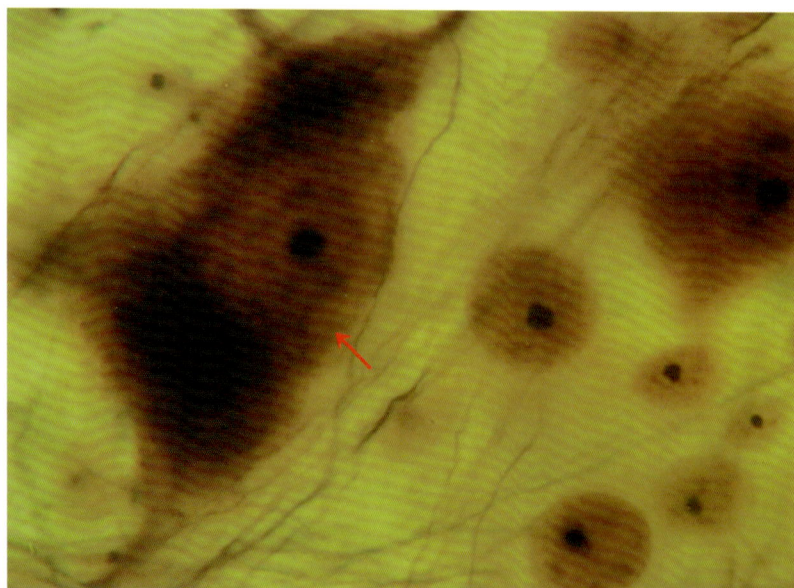

**■ 图3-47 猫副交感神经节细胞演化（6）**

硝酸银染色 ×1 000

示副交感神经节细胞细胞质嗜银性继续减弱。

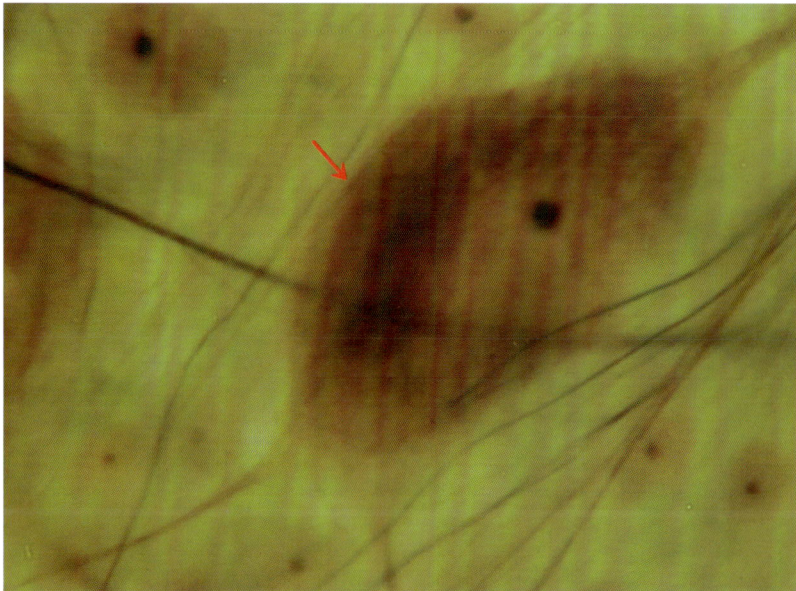

■ 图3-48　猫副交感神经节细胞演化（7）

硝酸银染色　×1 000

示副交感神经节细胞细胞质嗜银性明显减弱。

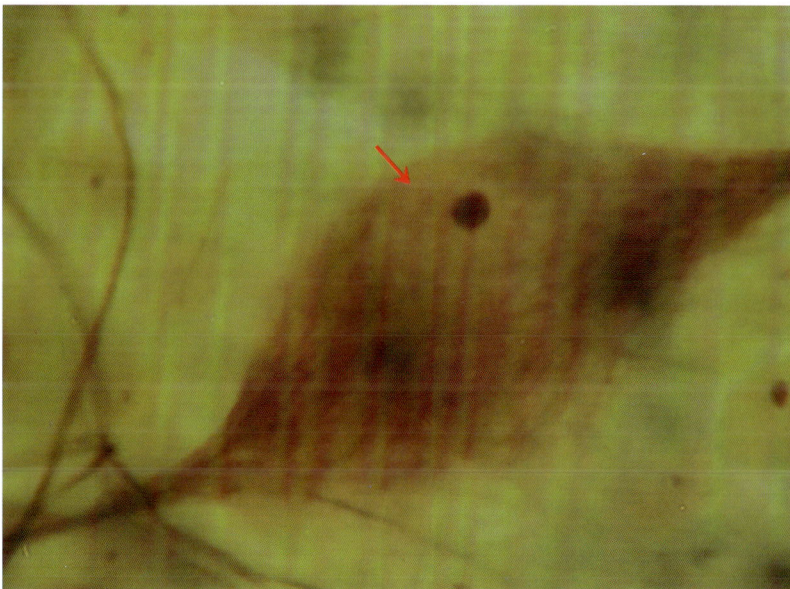

■ 图3-49　猫副交感神经节细胞演化（8）

硝酸银染色　×1 000

示副交感神经节细胞细胞质嗜银性进一步减弱。

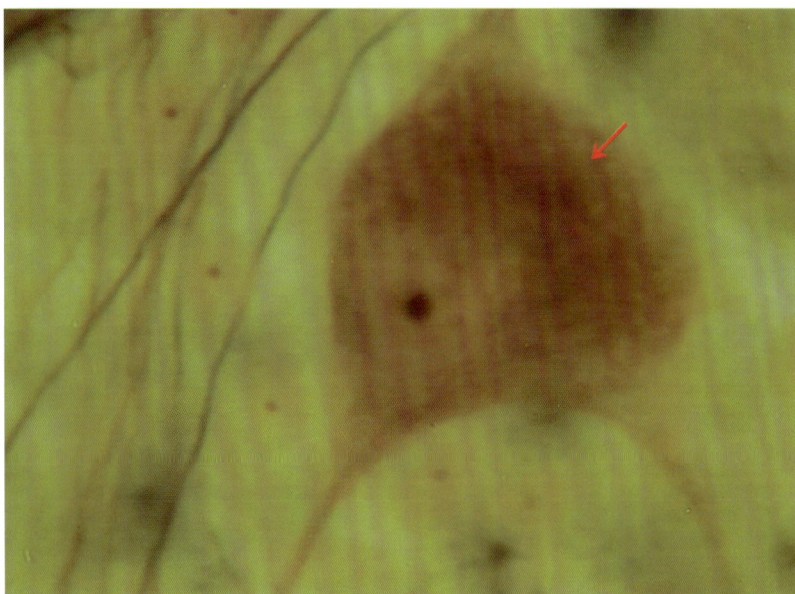

**■ 图3-50 猫副交感神经节细胞演化（9）**

硝酸银染色 ×1 000

示副交感神经节细胞，细胞质嗜银性几近丧失。

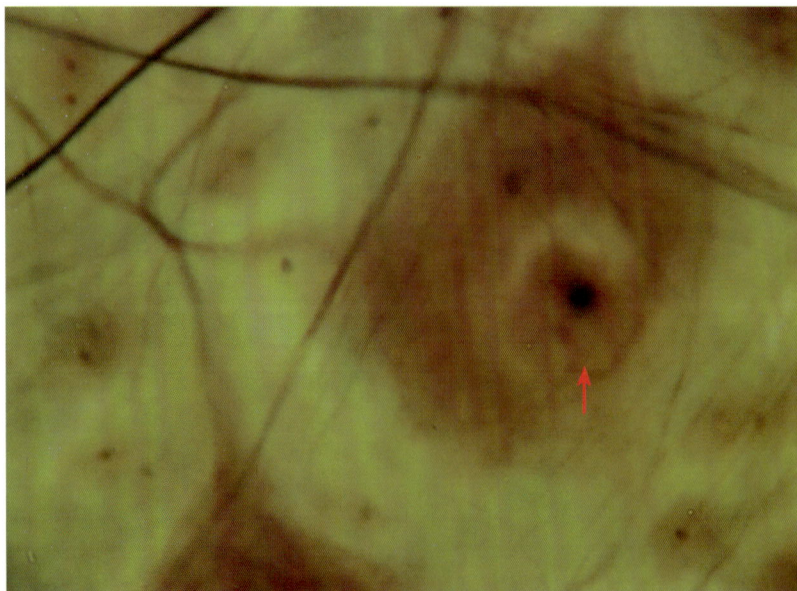

**■ 图3-51 猫副交感神经节细胞演化（10）**

硝酸银染色 ×1 000

示丧失嗜银性副交感神经节细胞，细胞核固缩。

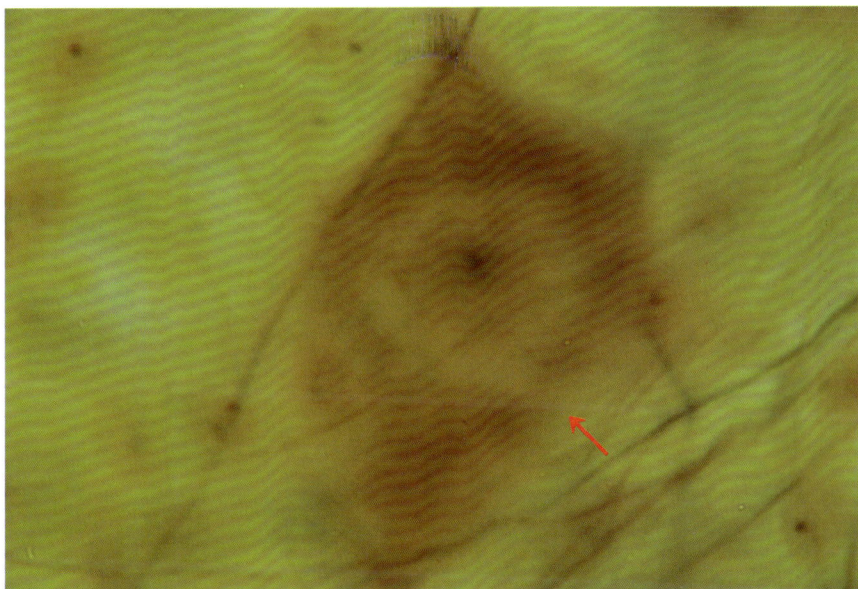

**■ 图3-52　猫副交感神经节细胞演化（11）**

硝酸银染色　×1 000

示丧失嗜银性的副交感神经节细胞，细胞核溶解。

## （二）副交感神经节细胞核残体

在副交感神经节细胞周围分布许多大小不等、染色深浅不一的颗粒状结构（图3-53），这些颗粒结构与衰退的副交感神经节细胞核十分相似（图3-54～图3-56），显然是由解体的衰老副交感神经节细胞中脱离出来（图3-57、图3-58），这种副交感神经节细胞核残体可名之为"神经细胞核影"。初始，核残体较大，染色较深（图3-59），多有明显核仁（图3-60）。核残体逐渐变小，染色逐渐变浅（图3-61），可见核仁碎裂或逐渐缩小并脱色（图3-62、图3-63），最后完全溶解消失（图3-64、图3-65）。核残体的胞外生命活动及其裂解产物对副交感神经节细胞的微环境有重要影响。

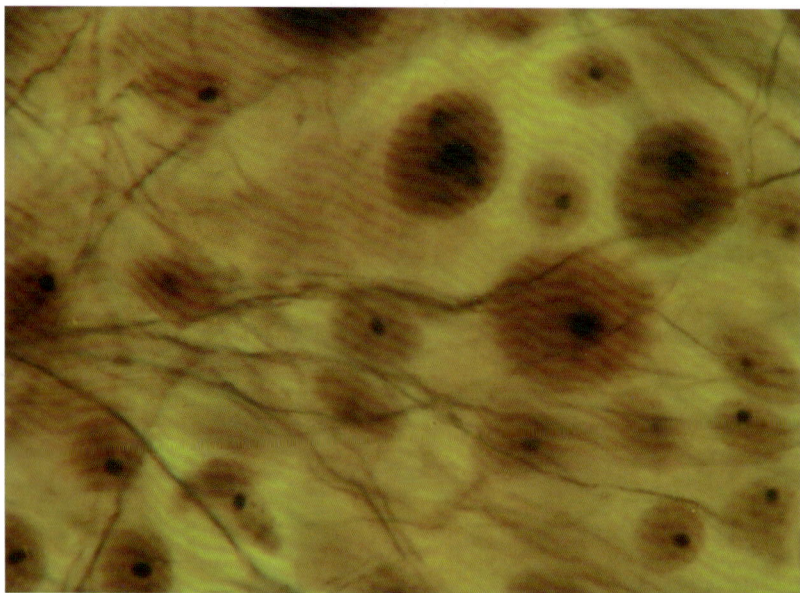

**■ 图3-53 猫副交感神经节细胞核残体（1）**

硝酸银染色 ×1 000

图示副交感神经节细胞外大小不等、染色深浅不一的副交感神经节细胞核残体。

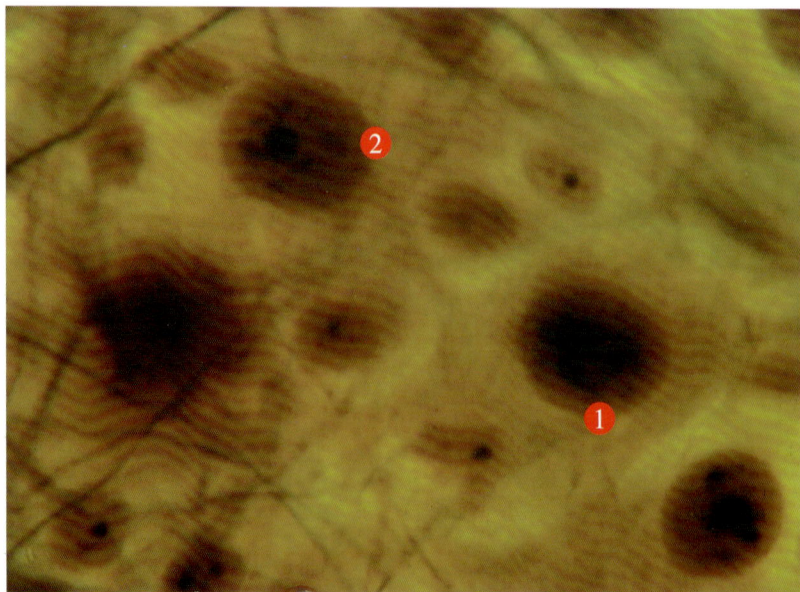

**■ 图3-54 猫副交感神经节细胞核残体（2）**

硝酸银染色 ×1 000

**❶**示衰退的副交感神经节细胞核；**❷**示胞外副交感神经节细胞核残体，二者极为相似。

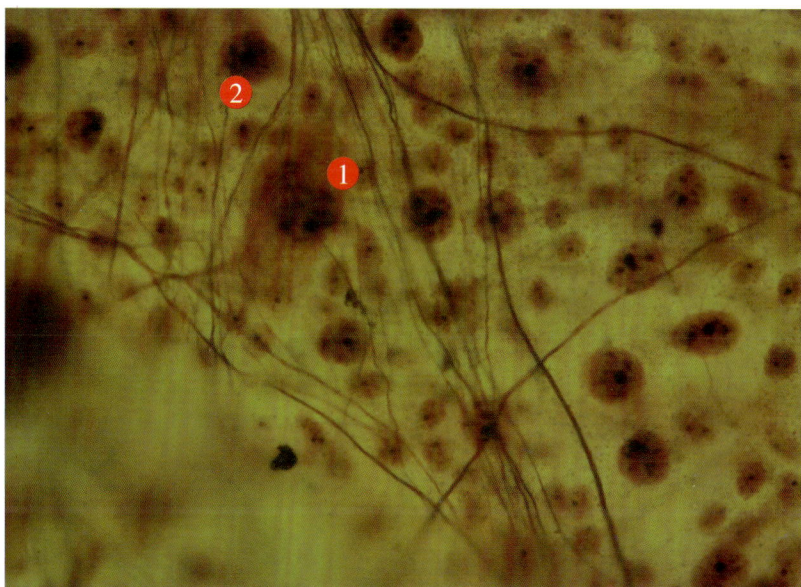

■ 图3-55　猫副交感神经节细胞核残体（3）

硝酸银染色　×400

❶示将从衰退的副交感神经节娩出的细胞核；❷示细胞外的核残体与❶相似。

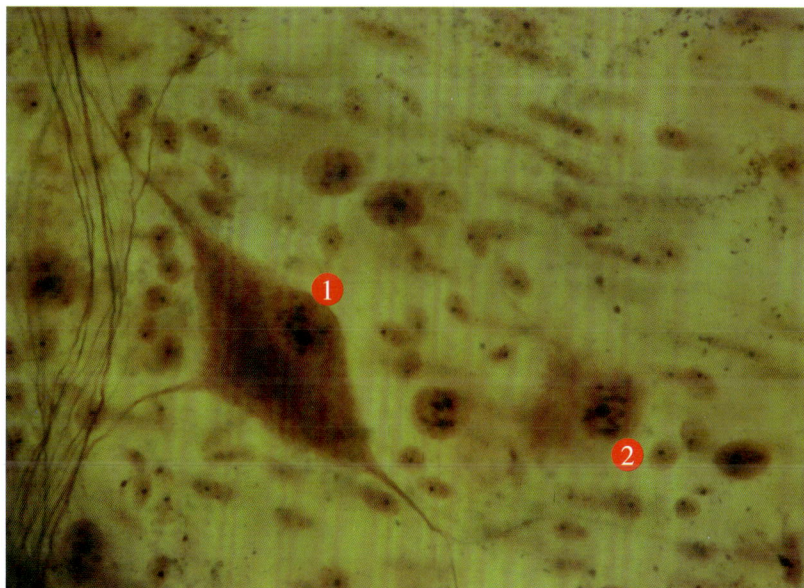

■ 图3-56　猫副交感神经节细胞核残体（4）

硝酸银染色　×400

❶示衰退的副交感神经节细胞核；❷示细胞外的核残体与❶极为相似。

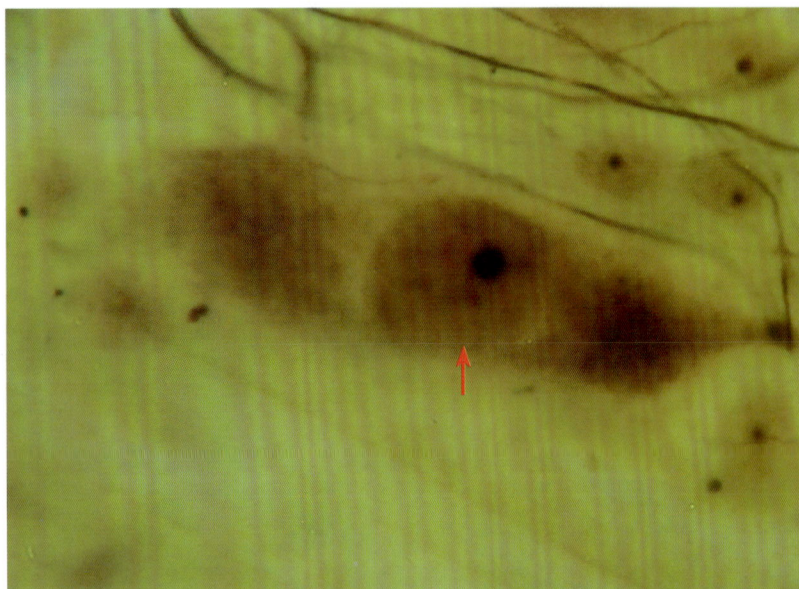

■ 图3-57　猫副交感神经节细胞核残体（5）
硝酸银染色　×1 000
↑示将从解体的副交感神经节细胞中分离出来的细胞核。

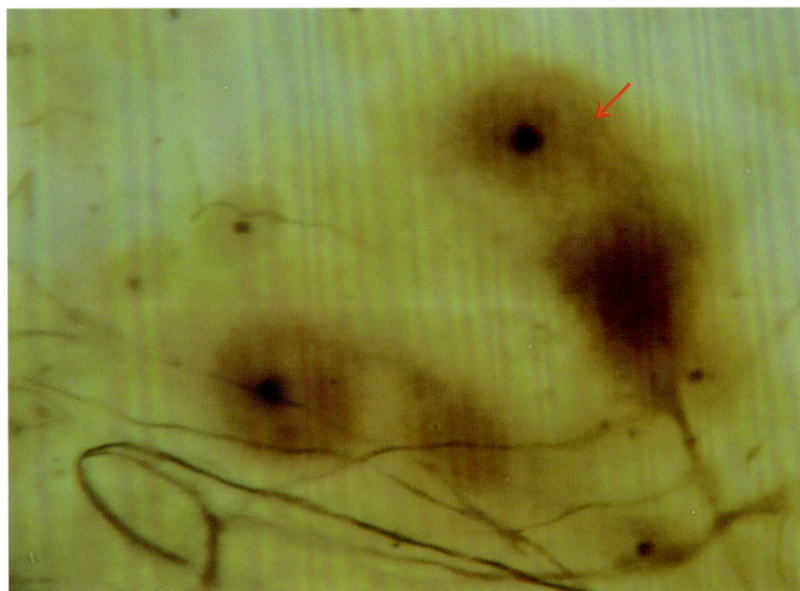

■ 图3-58　猫副交感神经节细胞核残体（6）
硝酸银染色　×1 000
示将从解体的副交感神经节细胞一端分离出来的细胞核。

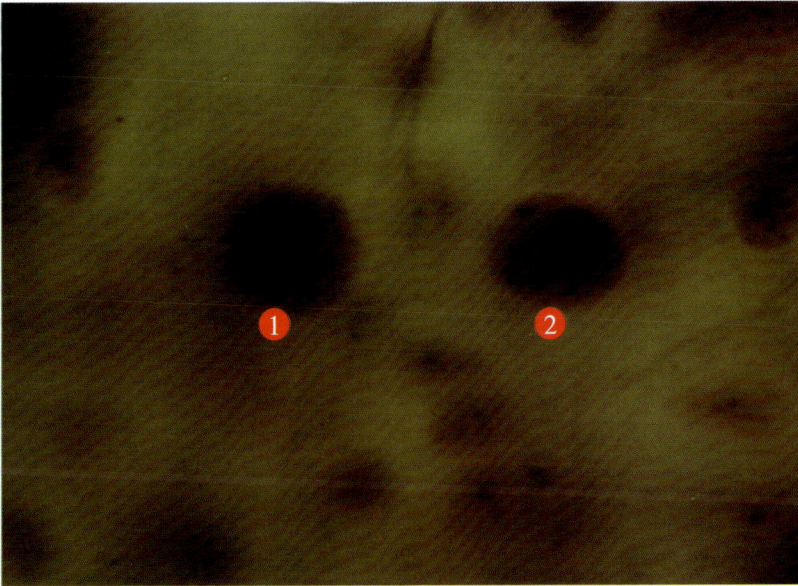

■ 图3-59　猫副交感神经节细胞核残体（7）

硝酸银染色　×1 000

❶和❷示两个较大的深染副交感神经节细胞核残体。

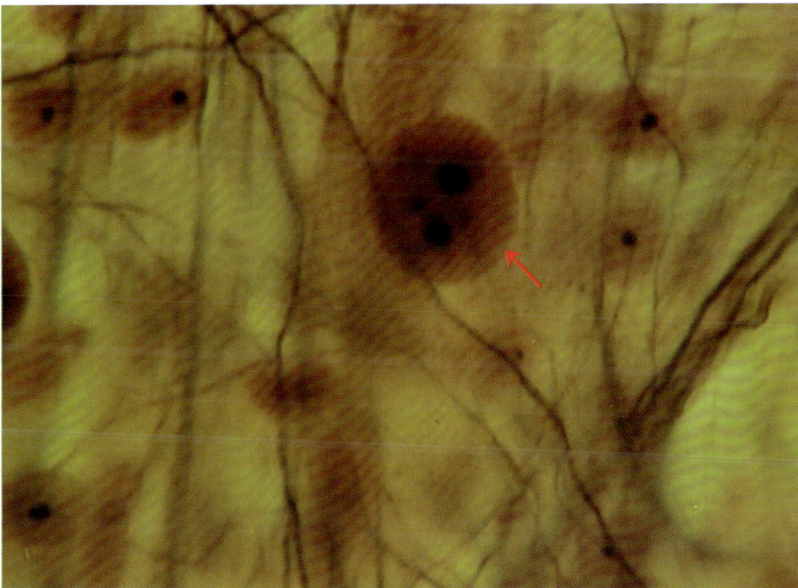

■ 图3-60　猫副交感神经节细胞核残体（8）

硝酸银染色　×1 000

↖示一个大的、开始褪色的副交感神经节细胞核残体。

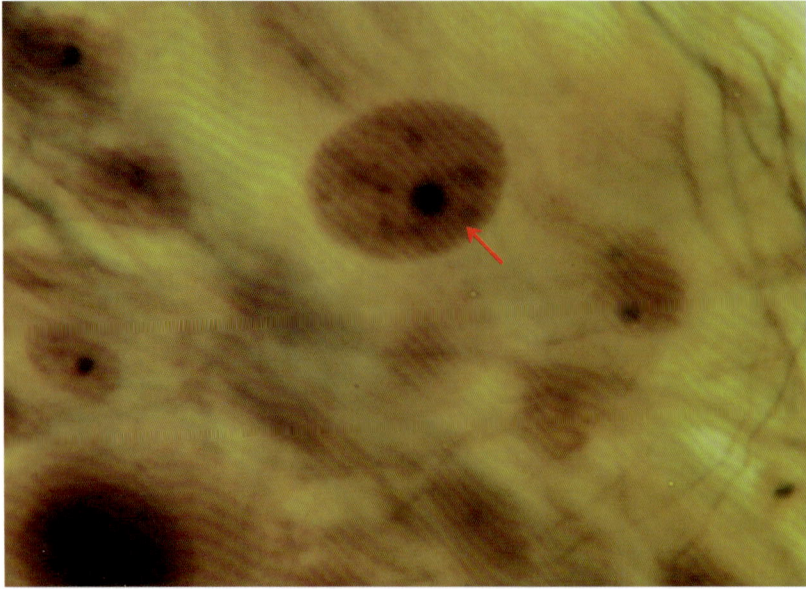

■ 图3-61　猫副交感神经节细胞核残体（9）

硝酸银染色　×1 000

示一个大的、进一步褪色的副交感神经节细胞核残体。

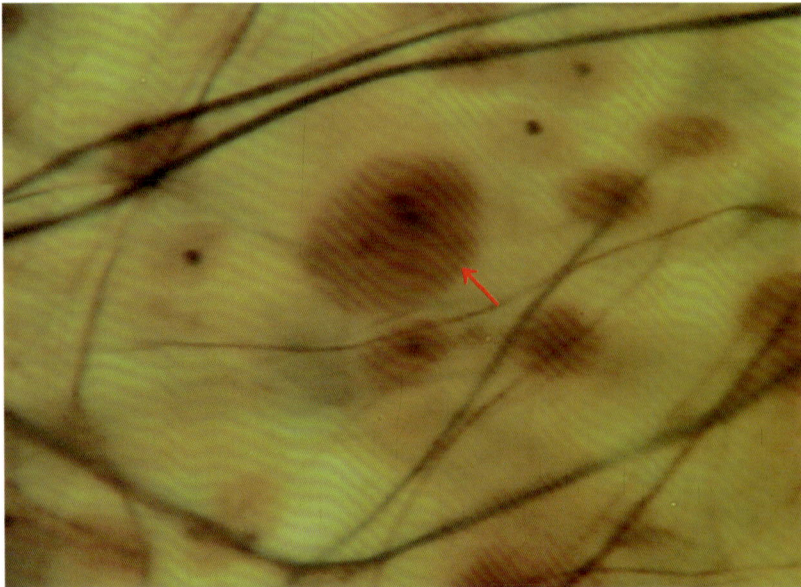

■ 图3-62　猫副交感神经节细胞核残体（10）

硝酸银染色　×1 000

示一个大的、进一步褪色的副交感神经节细胞核残体。

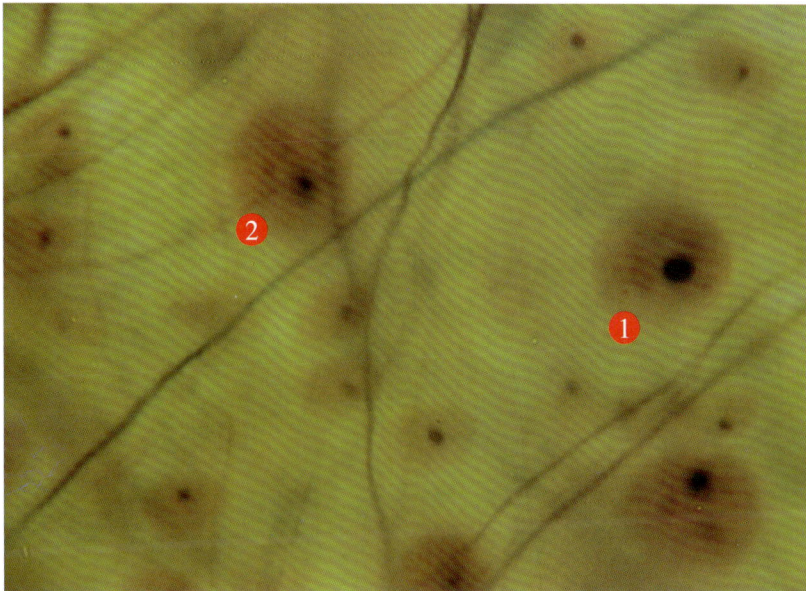

■ 图3-63　猫副交感神经节细胞核残体（11）
硝酸银染色　×1 000

❶示进一步褪色的副交感神经节细胞核残体；❷示开始溶解的
副交感神经节细胞核残体。

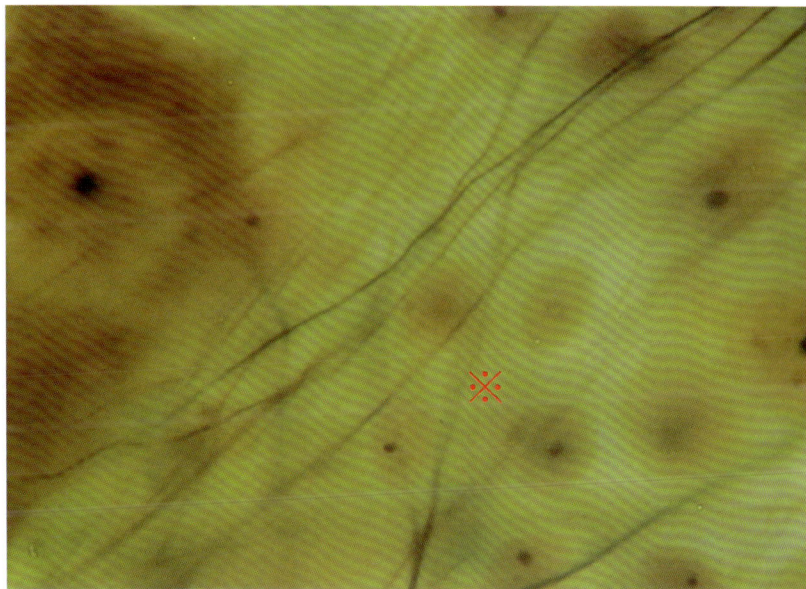

■ 图3-64　猫副交感神经节细胞核残体（12）
硝酸银染色　×1 000

※示副交感神经节细胞周围衰退程度逐渐加重的众多核残体。

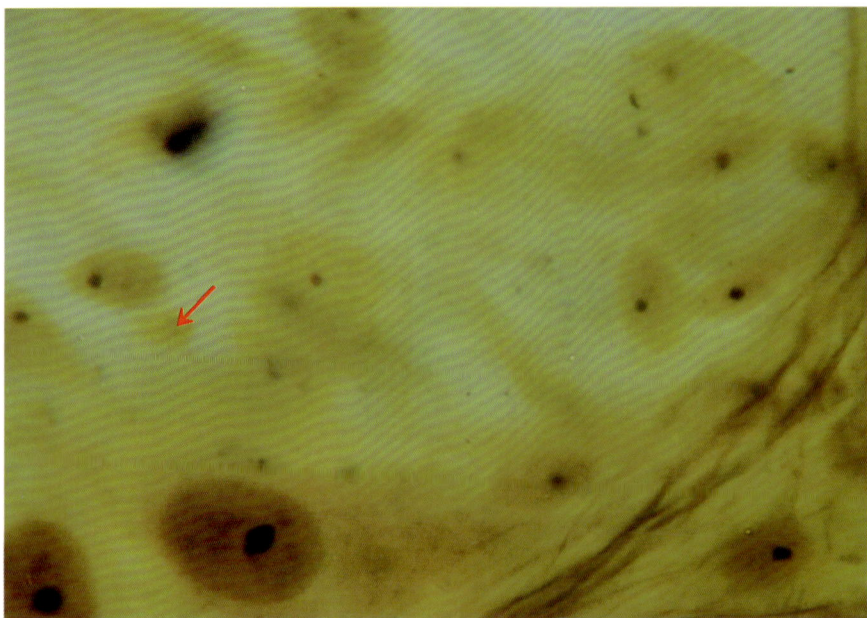

**■ 图3-65　猫副交感神经节细胞核残体（13）**

硝酸银染色　×400

示在一片逐渐消亡的核残体中一个无核仁、接近完全消融的核残体。

# 第二节　神经与神经纤维的组织动力学

解剖学将周围神经分为脑神经、脊神经和自主神经，而组织动力学只按其神经纤维类型分为无髓神经纤维和有髓神经纤维两类，中枢和周围神经系统均有两类神经纤维分布。

## 一、无髓神经组织动力学

脑内传导束及脑神经与自主神经都由无髓神经纤维组成，其特点是神经束细胞核呈流线型趋向其终端（图3-66、图3-67）。

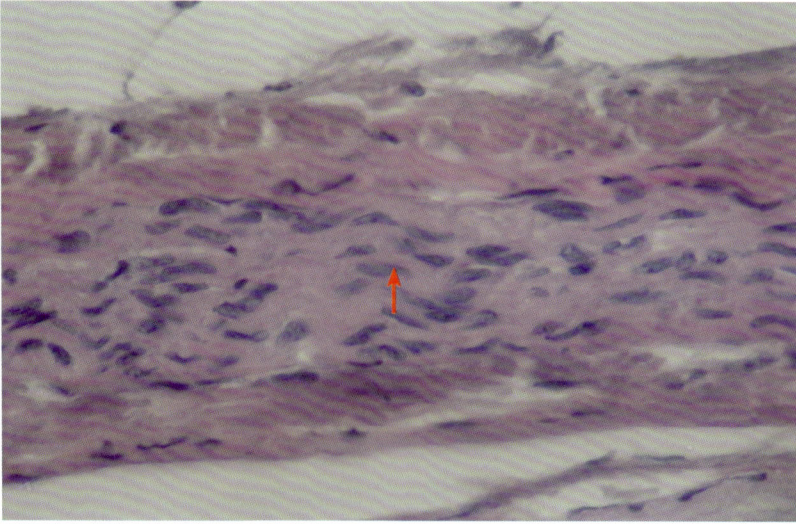

■ 图3-66　大白鼠视神经

苏木素-伊红染色　×200

↑示大白鼠视神经无髓神经纤维的束细胞呈流线型趋向视盘。

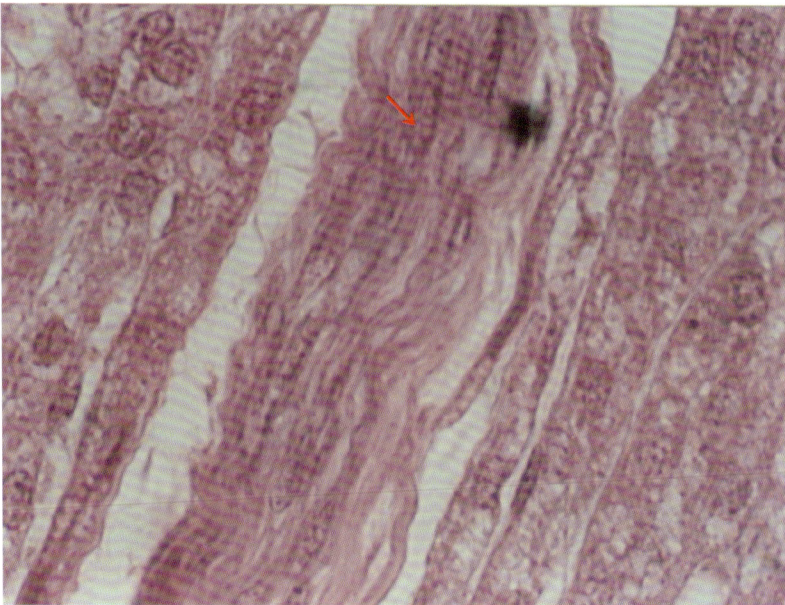

■ 图3-67　狗肾上腺穿皮质交感神经纤维

苏木素-伊红染色　×1 000

↘示无髓神经纤维的束细胞呈流线型趋向肾上腺髓质。

**171**

## 二、有髓神经组织动力学

脊神经属于有髓神经，包括脊神经前根、后根及后根的节前段与节后段。

### （一）脊神经后根节前段组织动力学

脊神经后根节前段的神经纤维为有髓神经纤维，其轴索为深染长条索(图3-68、图3-69)，组织学认定为神经细胞的长突起，而常以为是均质的、连续的，但再长的深染条索也终有间断（图3-70），轴索中的深染条索断断续续且粗细也不均匀。每一节段明显膨大，呈流线型，朝向脊神经节方向，实际上是迁移中变形的细胞核（图3-71~图3-73）。近脊神经节段可见迁移细胞核因前进阻力增大而折弯、扭曲（图3-74、图3-75），或因移动速度减慢而重整，形成串珠样外观（图3-76~图3-78）。

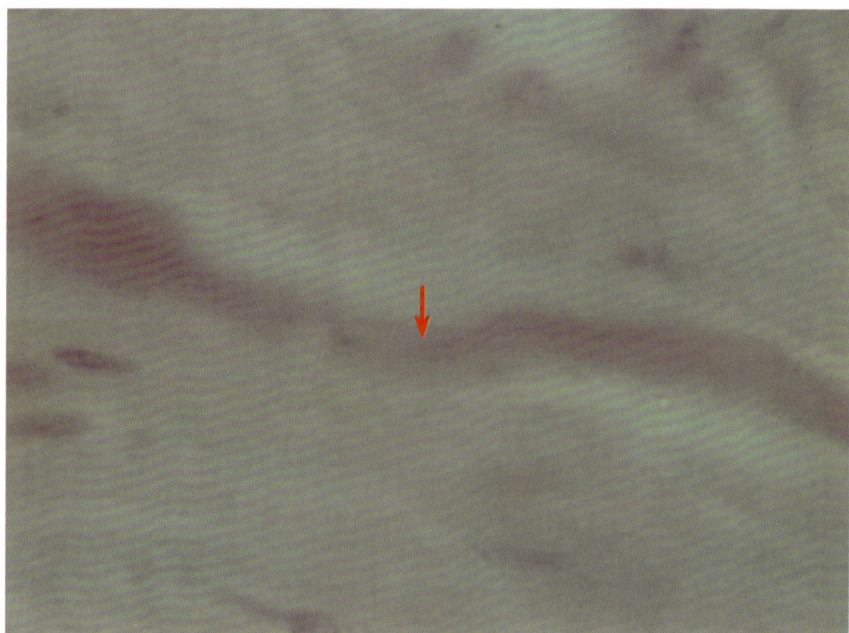

■ 图3-68 狗脊神经后根节前段轴索内变形核（1）

苏木素-伊红染色 ×1 000

↓ 示有髓神经纤维轴索内深染条索。

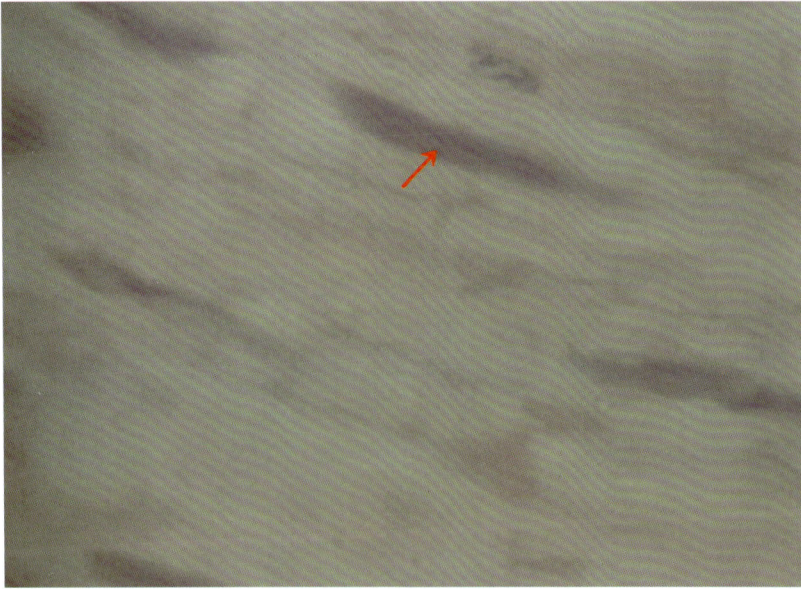

■ 图3-69　狗脊神经后根节前段轴索内变形核（2）
苏木素–伊红染色　×400
示有髓神经纤维轴索内流线型变形核。

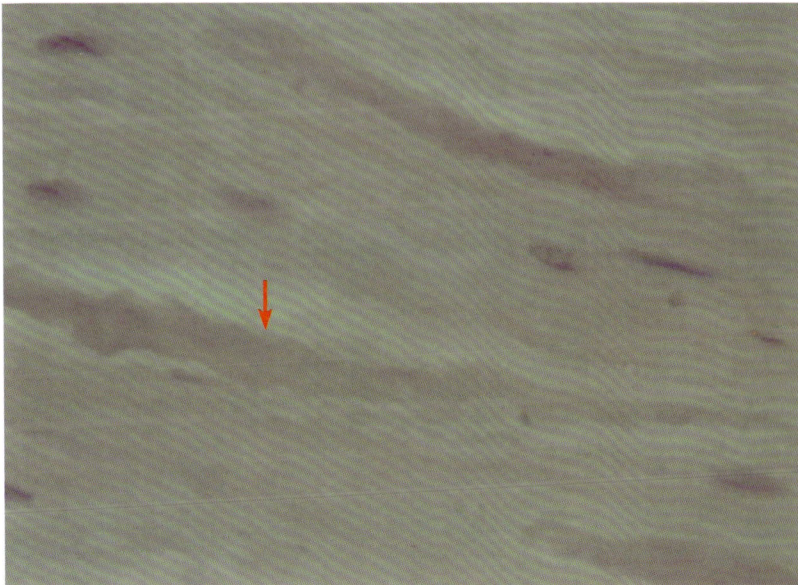

■ 图3-70　狗脊神经后根节前段轴索内变形核（3）
苏木素–伊红染色　×400
示有髓神经纤维轴索内长梭形深染条索。

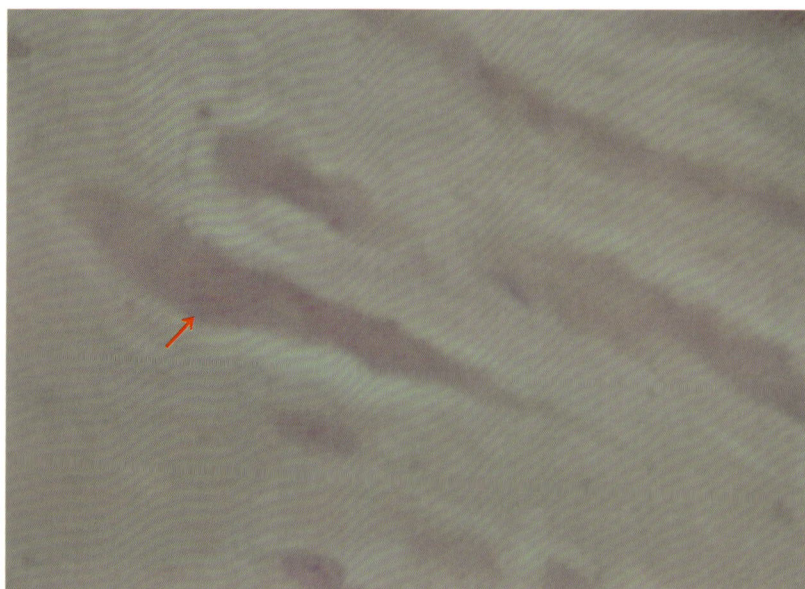

■ **图3-71 狗脊神经后根节前段轴索内变形核（4）**
苏木素–伊红染色 ×1 000
示有髓神经纤维轴索内流线型深染条索。

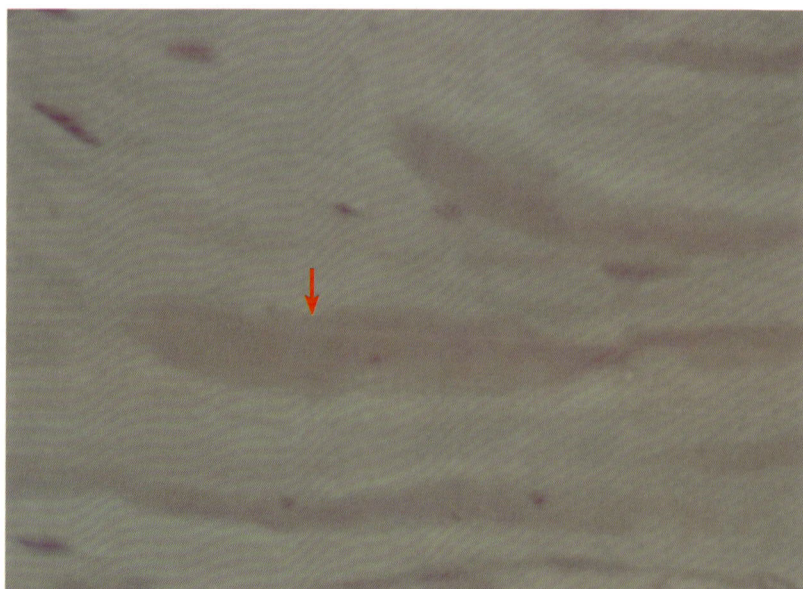

■ **图3-72 狗脊神经后根节前段轴索内变形核（5）**
苏木素–伊红染色 ×400
示有髓神经纤维轴索内流线型深染条索。

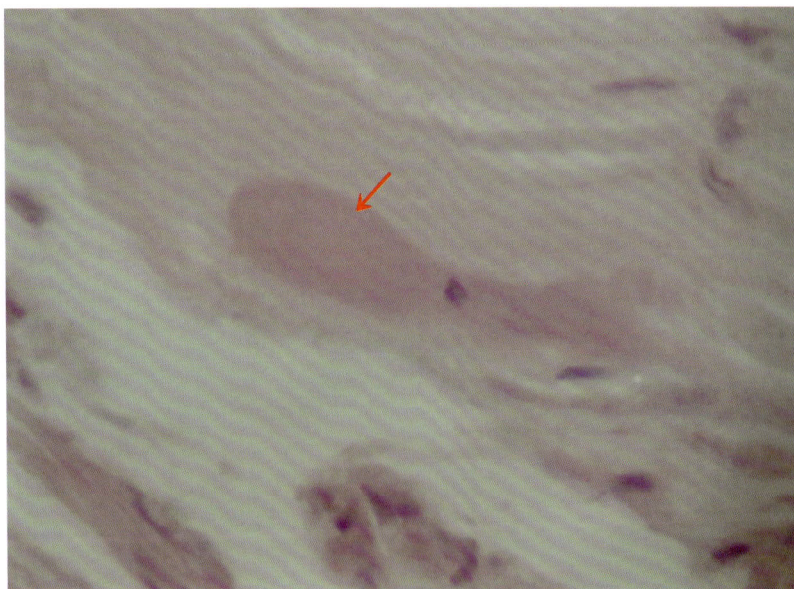

■ 图3-73　狗脊神经后根节前段轴索内变形核（6）

苏木素–伊红染色　×400

示有髓神经纤维轴索内流线型深染条索。

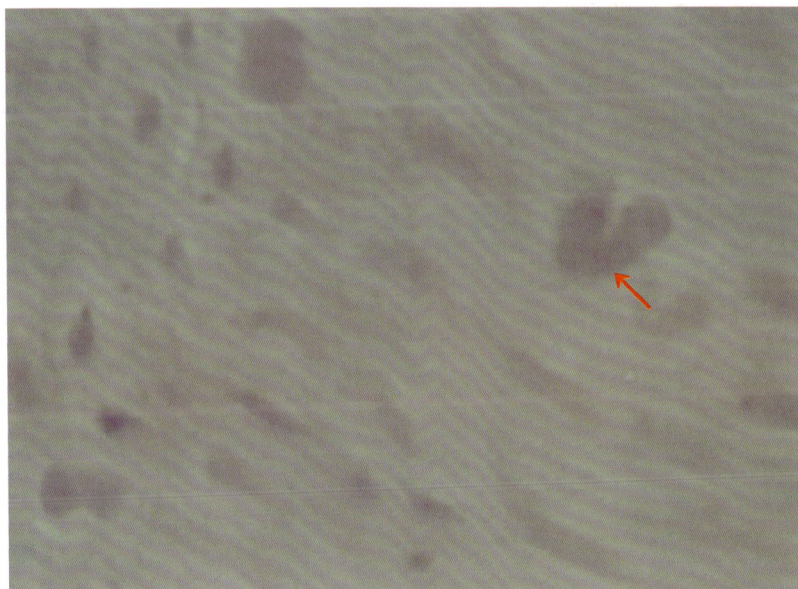

■ 图3-74　狗脊神经后根节前段轴索内变形核（7）

苏木素–伊红染色　×400

示有髓神经纤维轴索内变形核折弯。

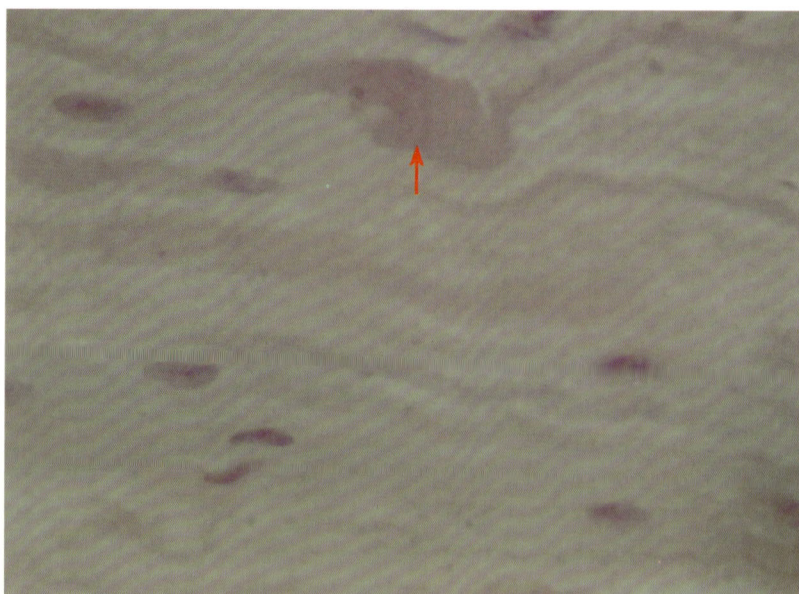

■ 图3-75 狗脊神经后根节前段轴索内变形核（8）

苏木素–伊红染色 ×400

↑示有髓神经纤维轴索内变形核扭曲。

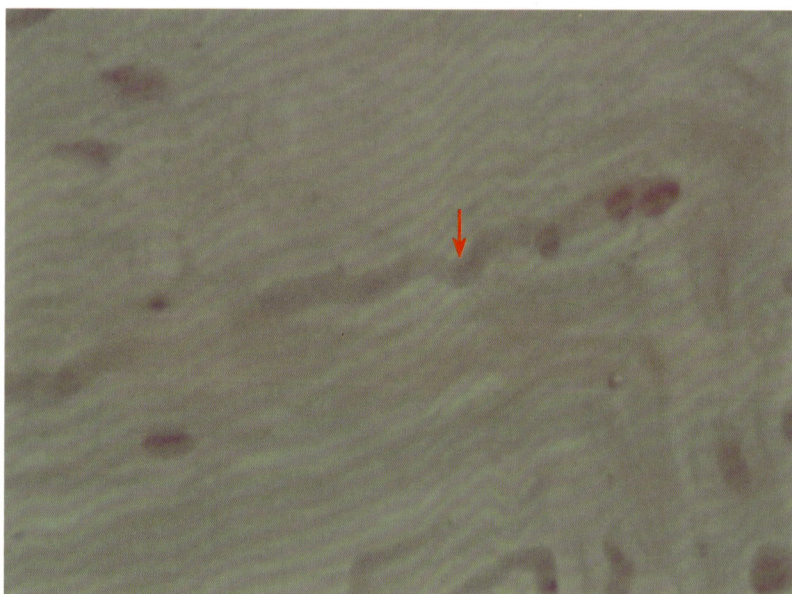

■ 图3-76 狗脊神经后根节前段轴索内变形核（9）

苏木素–伊红染色 ×400

↓示有髓神经纤维轴索内变形核螺旋样变。

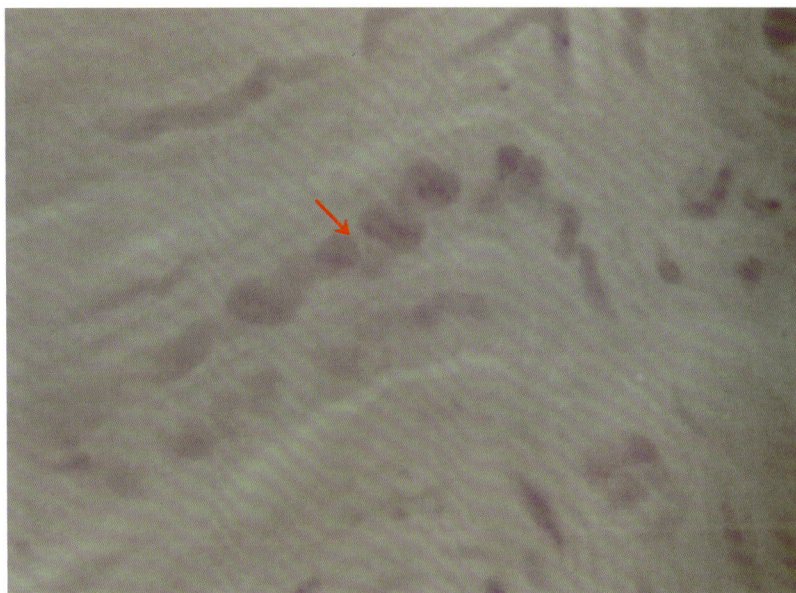

■ 图3-77　狗脊神经后根节前段轴索内变形核（10）
苏木素–伊红染色　×400
示有髓神经纤维轴索内变形核串珠样变。

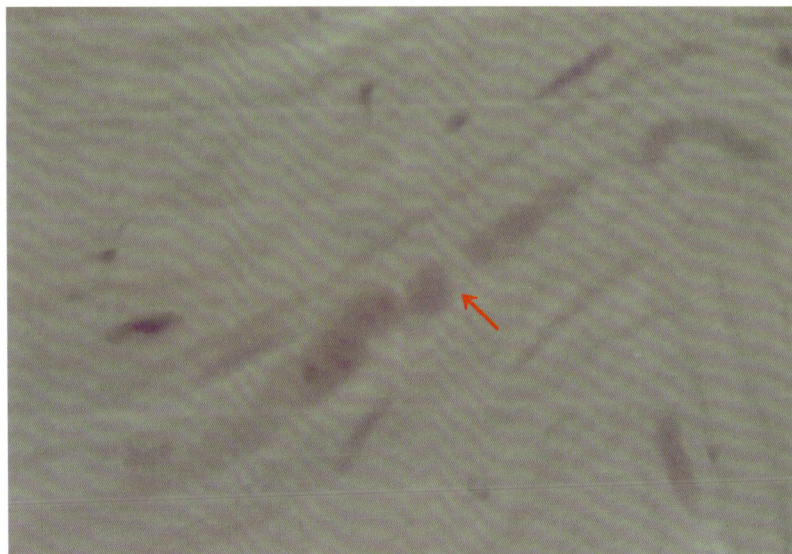

■ 图3-78　狗脊神经后根节前段轴索内变形核（11）
苏木素–伊红染色　×400
示有髓神经纤维轴索内变形核串珠样变。

## （二）脊神经后根节后段组织动力学

脊神经后根节后段，也由有髓神经纤维组成，其轴索内变形核呈梭形或流线型（图3-79），表明运行顺畅。

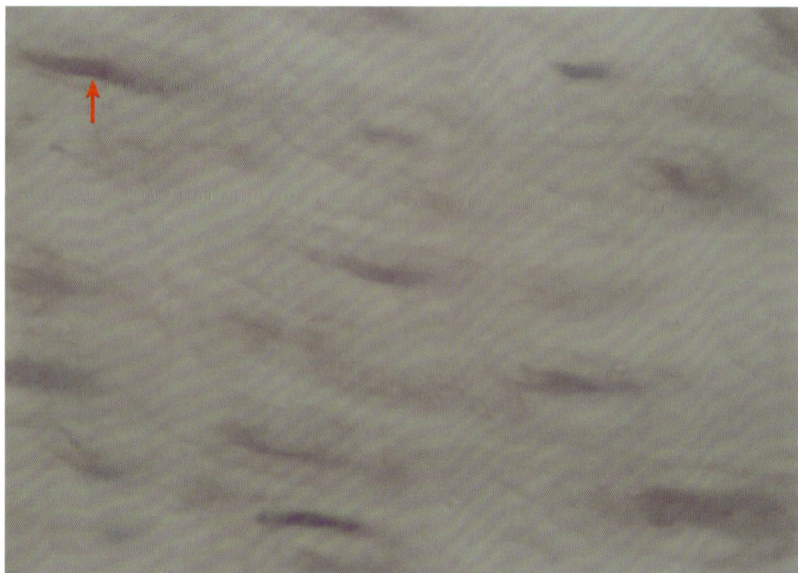

**■ 图3-79　狗脊神经后根节后段轴索内变形核**

苏木素-伊红染色　×400

↑示有髓神经纤维轴索内梭形变形核。

## （三）坐骨神经组织动力学

**1. 大白鼠坐骨神经组织动力学**　大白鼠坐骨神经纵切的断端，神经纤维相互疏离，轴索内变形核更显著（图3-80），变形核可见很长（图3-81、图3-82）。大白鼠坐骨神经有髓神经纤维轴索内，多为流线型或长梭形（图3-83、图3-84）。大白鼠坐骨神经断端可见多条有髓神经纤维轴索内同向流线型变形核（图3-85），有时可见变形核螺旋样变（图3-86）。有时可见同一有髓神经纤维轴索内依次有多个变形核（图3-87）。有髓神经纤维轴索内变形核可增粗变短（图3-88），以致成为椭圆形（图3-89），甚而圆球形（图3-90）。甲绿-哌若宁染色大白鼠坐骨神经可见长杆状核直接分裂（图3-91），并显示迁移中的变形核可变为哌若宁着色（图3-92），但也见有保留显著神经细胞特征的神经细胞核与甲绿着色的变形核位于同一轴索线上（图3-93）。在大白鼠坐骨神经横断面上显示有髓神经纤维含变形核的轴索比例较高（图3-94、图3-95），表明轴索中变形核呈间断性，但较细长，间隔距离短。

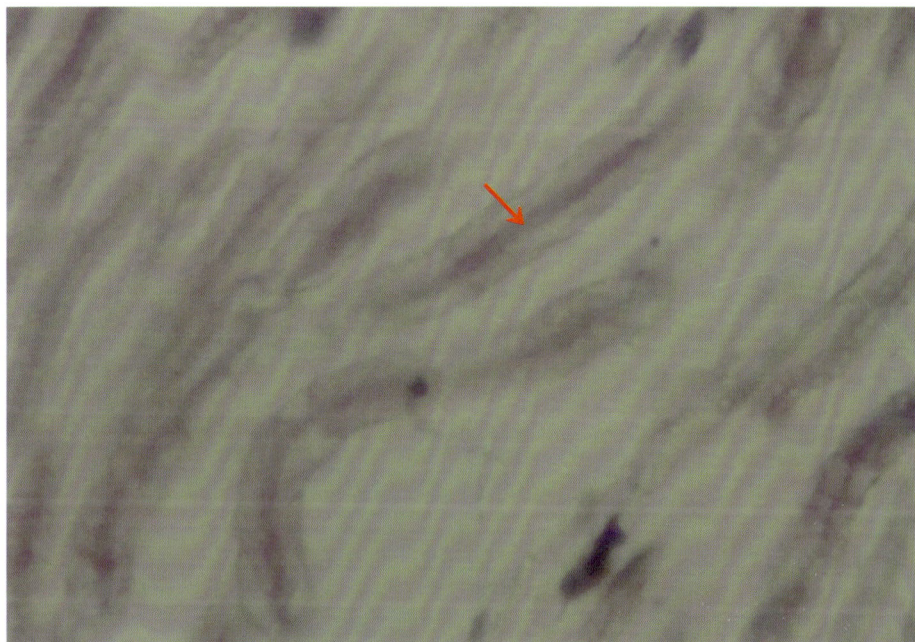

**■ 图3-80　大白鼠坐骨神经轴索内变形核（1）**

苏木素-伊红染色　×400

示大白鼠坐骨神断端有髓神经纤维轴索内变形核明显。（标本由阎爱华高级实验师提供）

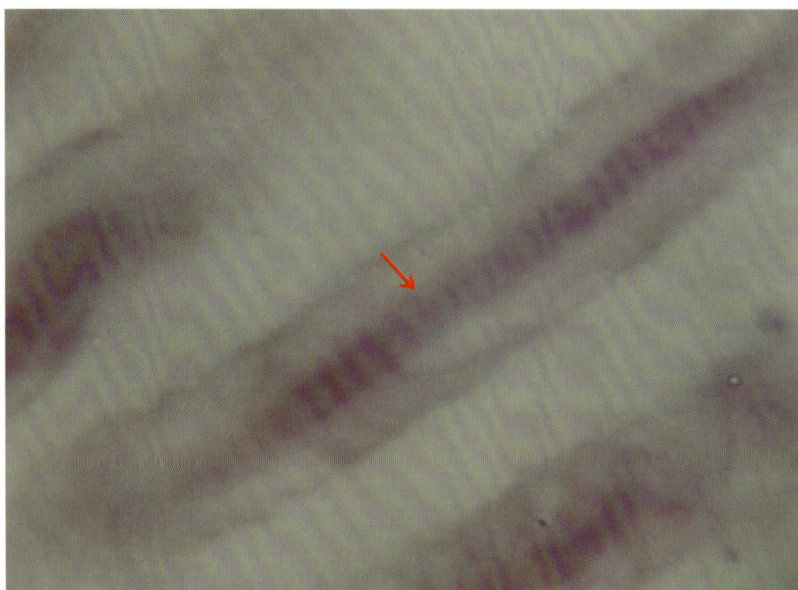

■ 图3-81　大白鼠坐骨神经轴索内变形核（2）

苏木素-伊红染色　×1 000

↘示大白鼠坐骨神断端有髓神经纤维轴索内变形核很长。

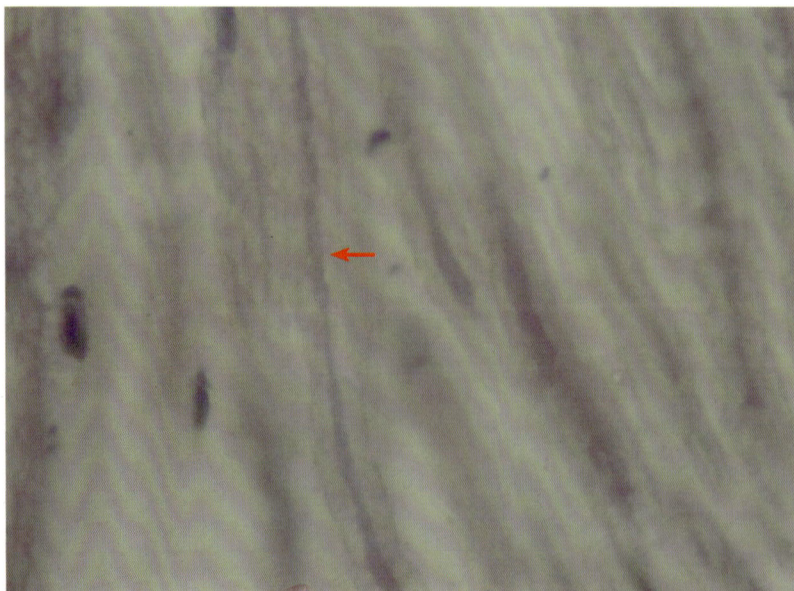

■ 图3-82　大白鼠坐骨神经轴索内变形核（3）

苏木素-伊红染色　×400

←示有髓神经纤维轴索内更长的变形核。

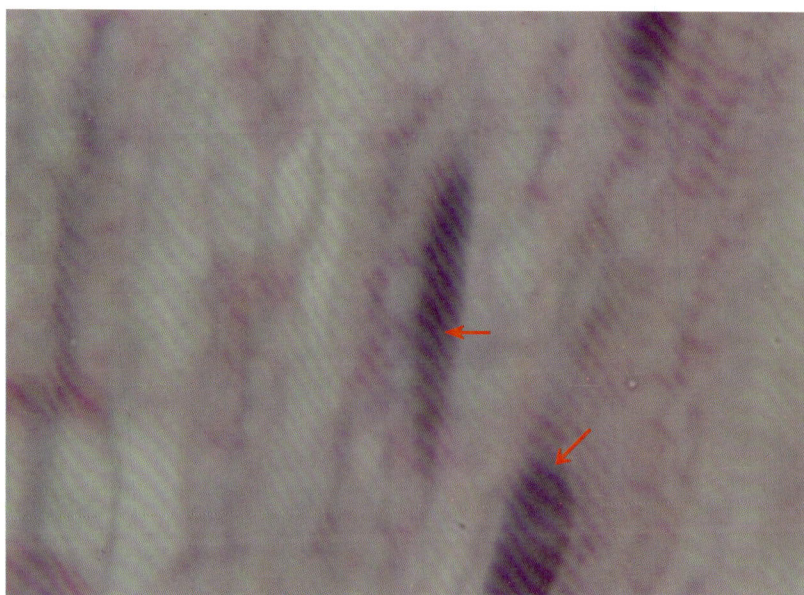

■ 图3-83　大白鼠坐骨神经轴索内变形核（4）

苏木素-伊红染色　×1 000

←示有髓神经纤维轴索内长梭形变形核；↙示有髓神经纤维
轴索内流线型变形核。

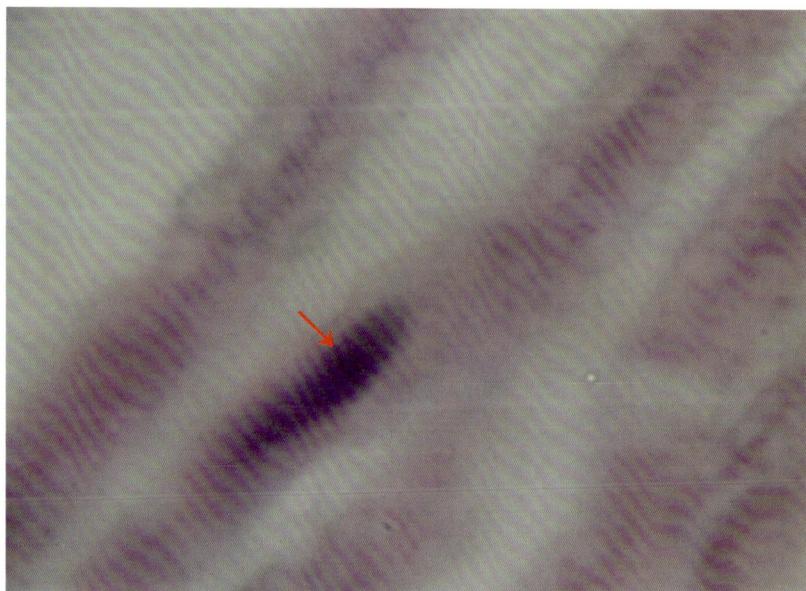

■ 图3-84　大白鼠坐骨神经轴索内变形核（5）

苏木素-伊红染色　×1 000

↙示有髓神经纤维轴索内流线型变形核。

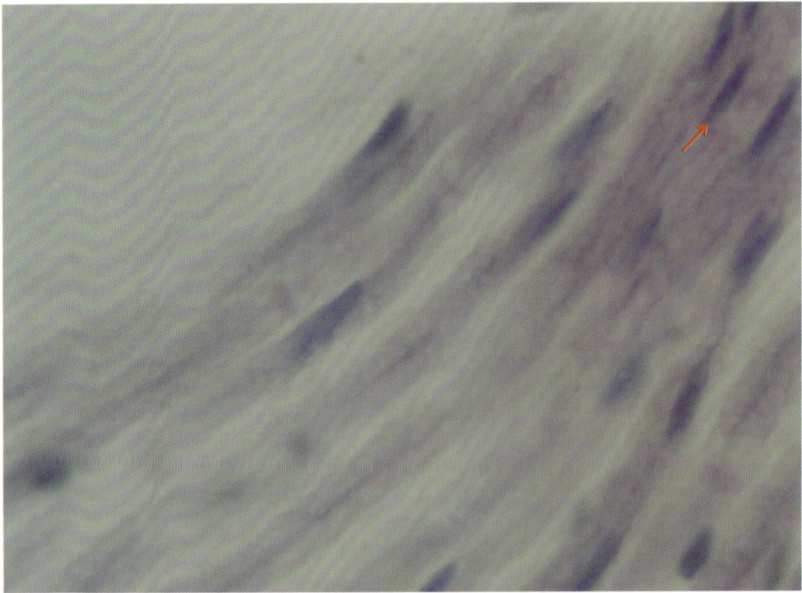

**■ 图3-85　大白鼠坐骨神经轴索内变形核（6）**

苏木素-伊红染色　×400

示多条有髓神经纤维轴索内同方向流线型变形核。

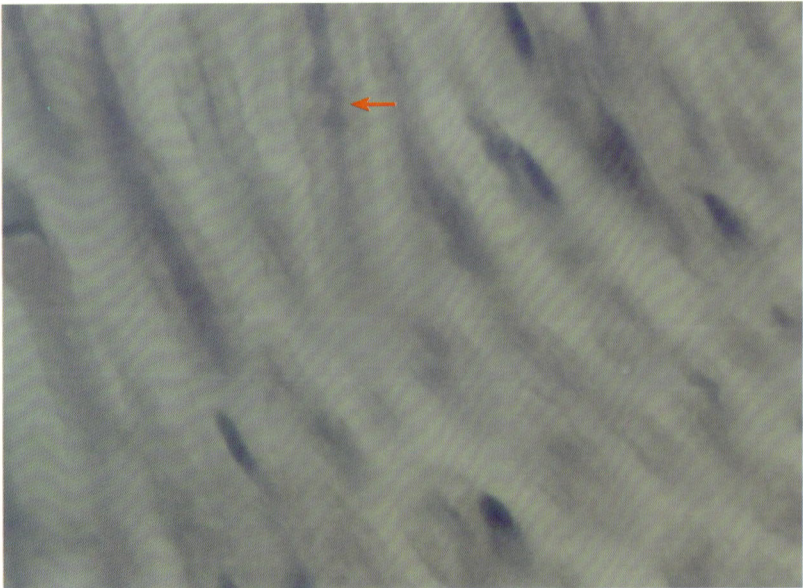

**■ 图3-86　大白鼠坐骨神经轴索内变形核（7）**

苏木素-伊红染色　×400

示大白鼠坐骨神经有髓神经纤维轴索内偶见螺旋形变形核。

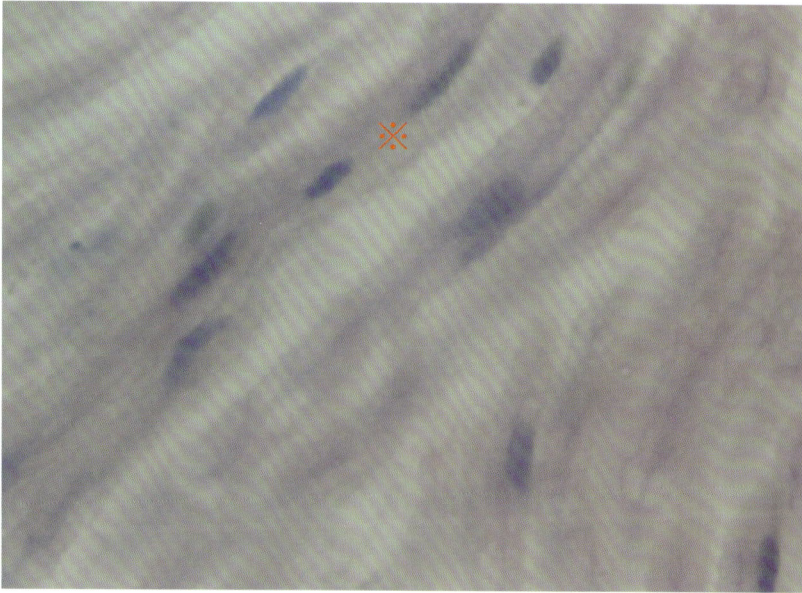

■ 图3-87　大白鼠坐骨神经轴索内变形核（8）
苏木素-伊红染色　×400
※示同一有髓神经纤维轴索内多节流线型变形核。

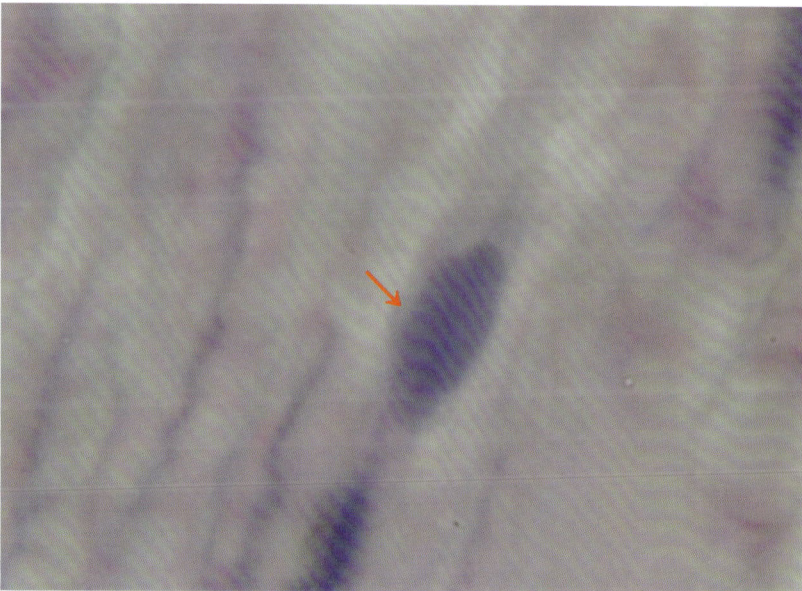

■ 图3-88　大白鼠坐骨神经轴索内变形核（9）
苏木素-伊红染色　×1 000
示有髓神经纤维轴索内流线型变形核增粗、变短。

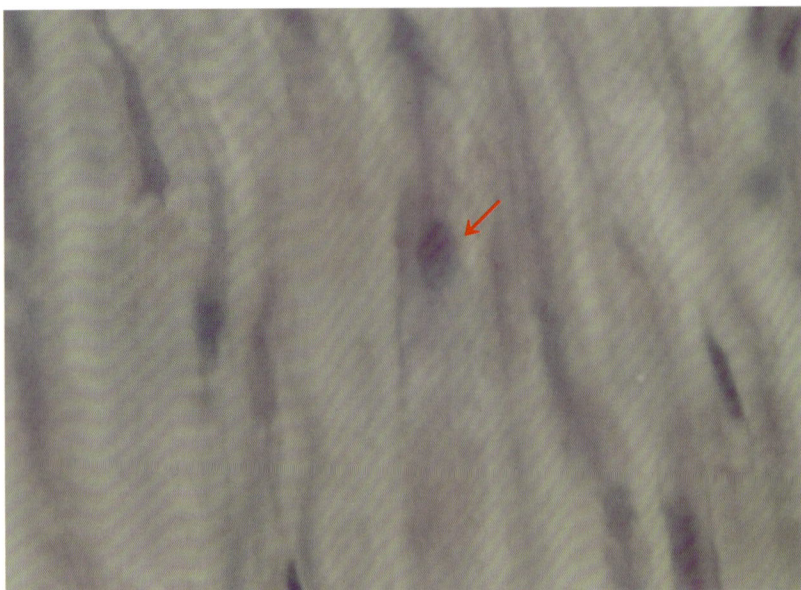

■ 图3-89　大白鼠坐骨神经轴索内变形核（10）
苏木素–伊红染色　×400
示有髓神经纤维轴索内流线型核增粗、变短呈椭圆形。

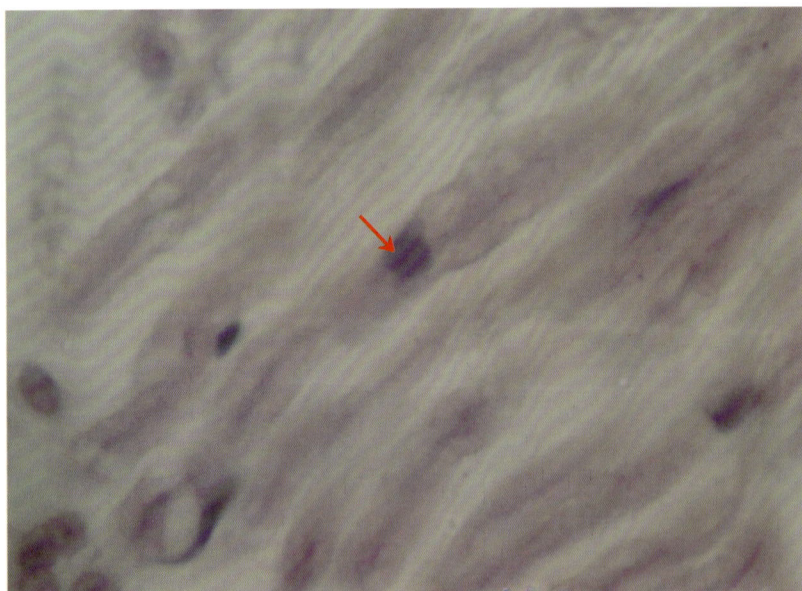

■ 图3-90　大白鼠坐骨神经轴索内变形核（11）
苏木素–伊红染色　×400
示有髓神经纤维轴索内变形核呈圆形。

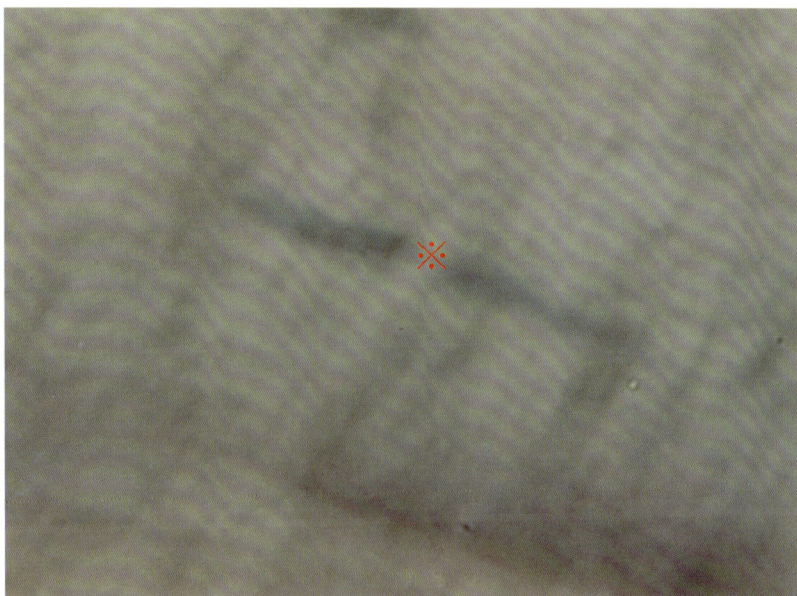

■ 图3-91　大白鼠坐骨神经轴索内变形核（12）
甲绿-哌若宁染色　×1 000
※示有髓神经纤维轴索内长杆状核直接分裂。

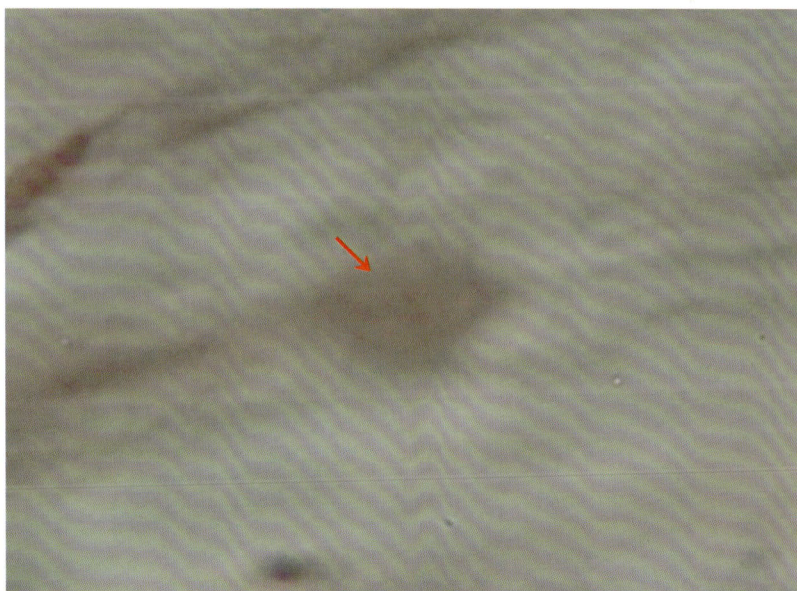

■ 图3-92　大白鼠坐骨神经轴索内变形核（13）
甲绿-哌若宁染色　×1 000
示有髓神经纤维轴索内椭圆形核哌若宁着色。

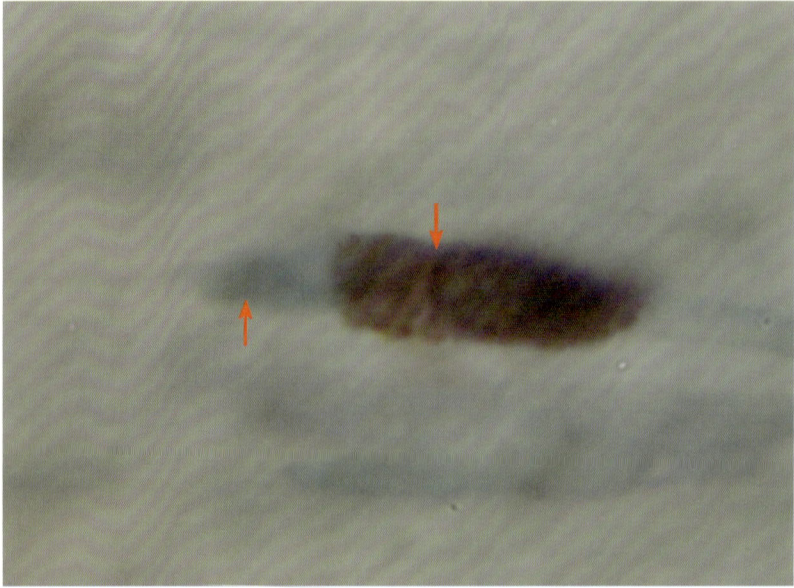

**■ 图3-93　大白鼠坐骨神经轴索内变形核（14）**

甲绿-哌若宁染色　×1 000

↑示轴索内甲绿着色的变形核；↓示位于同一轴索内保留显著神经细胞特征的神经细胞核。

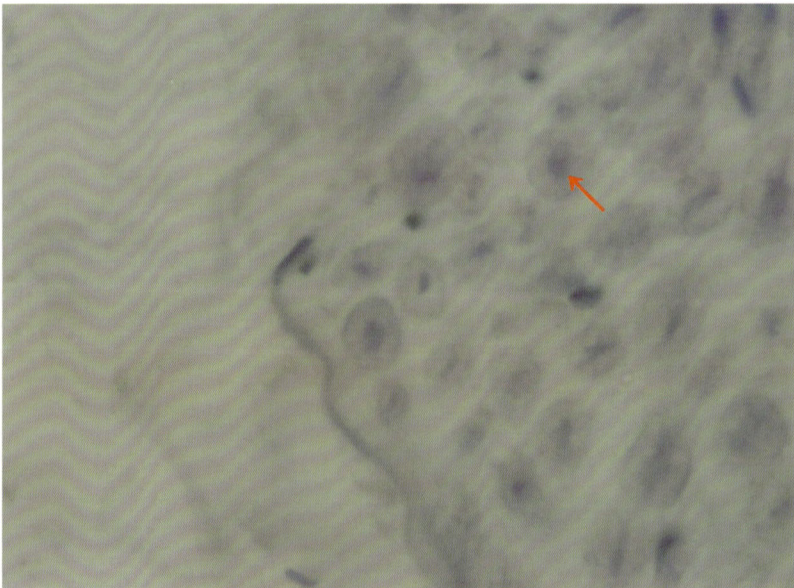

**■ 图3-94　大白鼠坐骨神经轴索内变形核（15）**

苏木素-伊红染色　×400

↖示有髓神经纤维轴索内变形核。

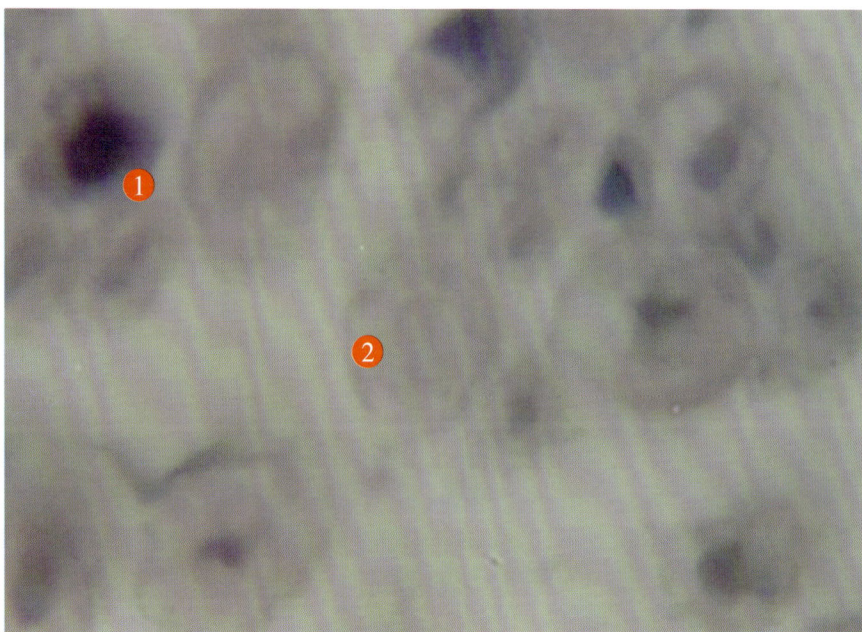

■ 图3-95　大白鼠坐骨神经轴索内变形核（16）

苏木素-伊红染色　×1 000

❶示含变形核的轴索；❷示不含变形核的轴索。

**2．狗坐骨神经组织动力学**　狗坐骨神经纵切面也可见深染长轴索（图3-96），并可见轴索穿越神经纤维节（图3-97）。狗坐骨神经有髓神经纤维轴索内变形核多呈长短不一的梭形（图3-98、图3-99），或长短不等的流线型（图3-100、图3-101），有时可见长梭形变形核因空泡而中断（图3-102）。长梭形变形核也可缩短（图3-103），变得短而粗（图3-104、图3-105）。在穿越郎飞结前，可见变形细胞核进一步钝圆化（图3-106）。狗坐骨神经与大白鼠坐骨神经相比，有髓神经纤维横切面显示含变形核的轴索比例较少（图3-107、图3-108），说明狗坐骨神经轴索中所含变形核较短，间隔距离较长。

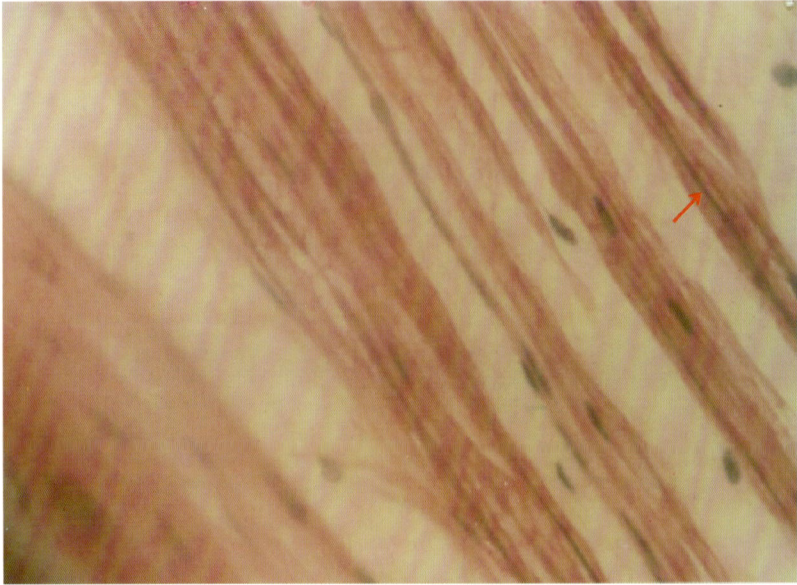

■ 图3-96　狗坐骨神经（纵切面）（1）
　　苏木素–伊红染色　×200
↗ 示有髓神经纤维内深染的长轴索。

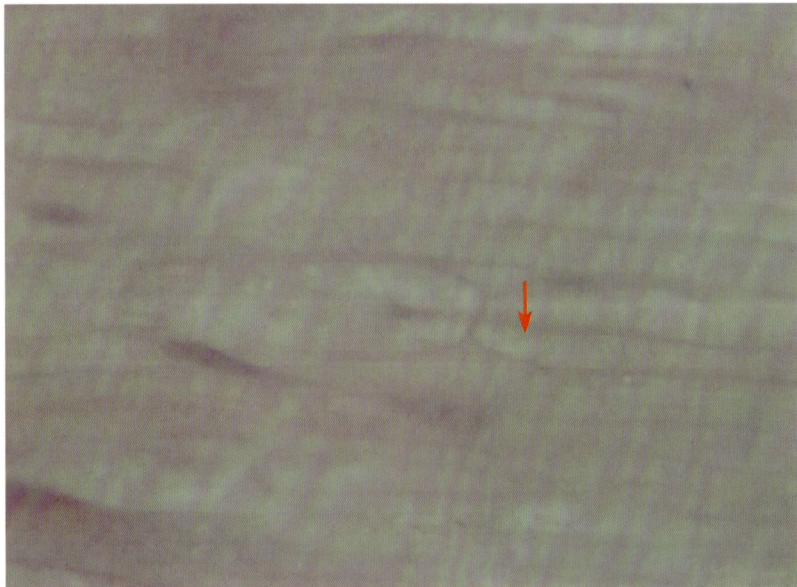

■ 图3-97　狗坐骨神经（纵切面）（2）
　　苏木素–伊红染色　×400
↓ 示有髓神经纤维穿越神经纤维节的轴索。

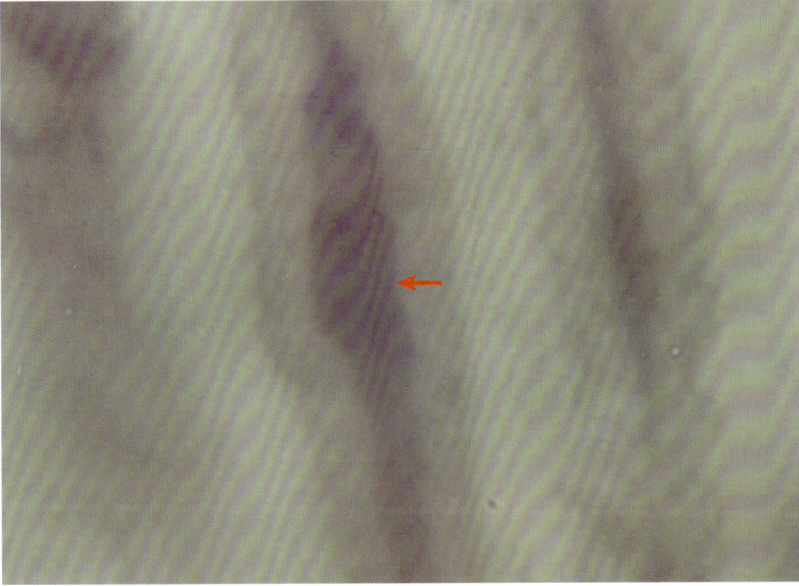

■ 图3-98　狗坐骨神经轴索内变形核（1）
苏木素–伊红染色　×1 000
← 示有髓神经纤维轴索内长梭形变形核。

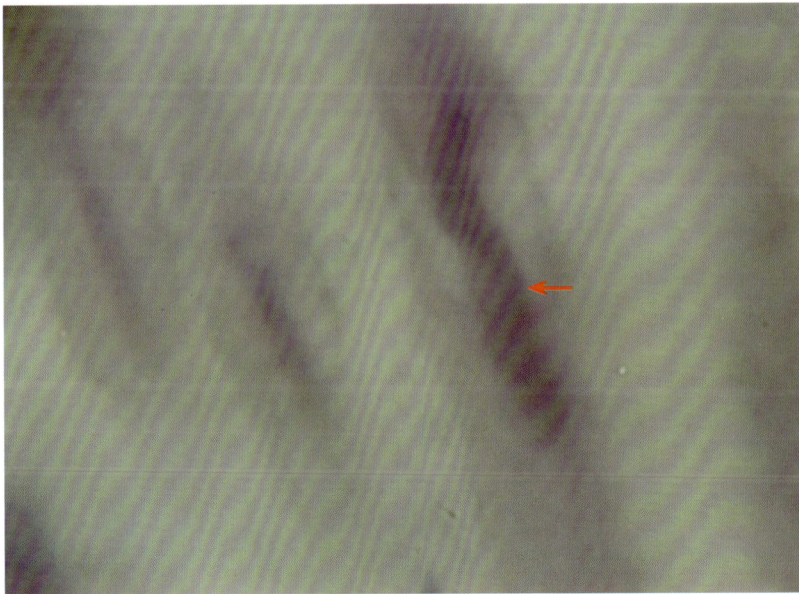

■ 图3-99　狗坐骨神经轴索内变形核（2）
苏木素–伊红染色　×1 000
← 示有髓神经纤维轴索内梭形变形核。

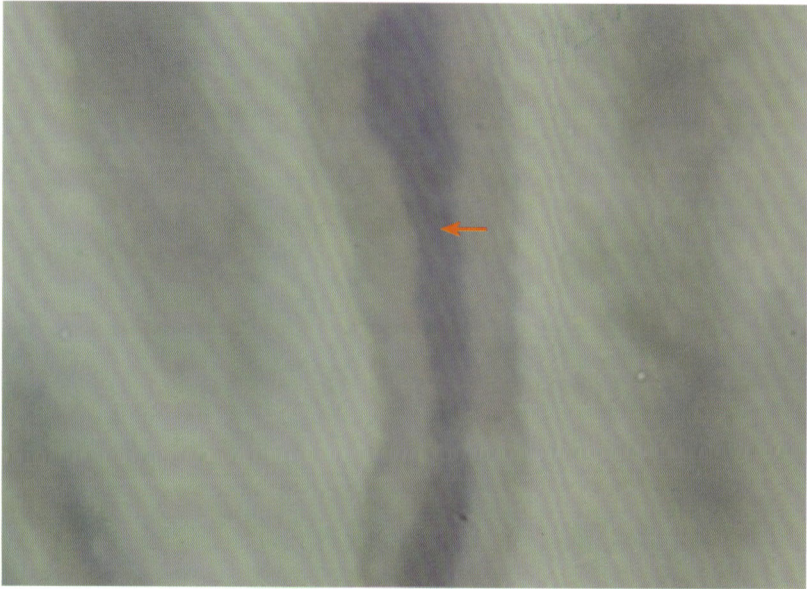

■ 图3-100　狗坐骨神经轴索内变形核（3）
苏木素-伊红染色　×1 000
← 示有髓神经纤维轴索内长流线型变形核。

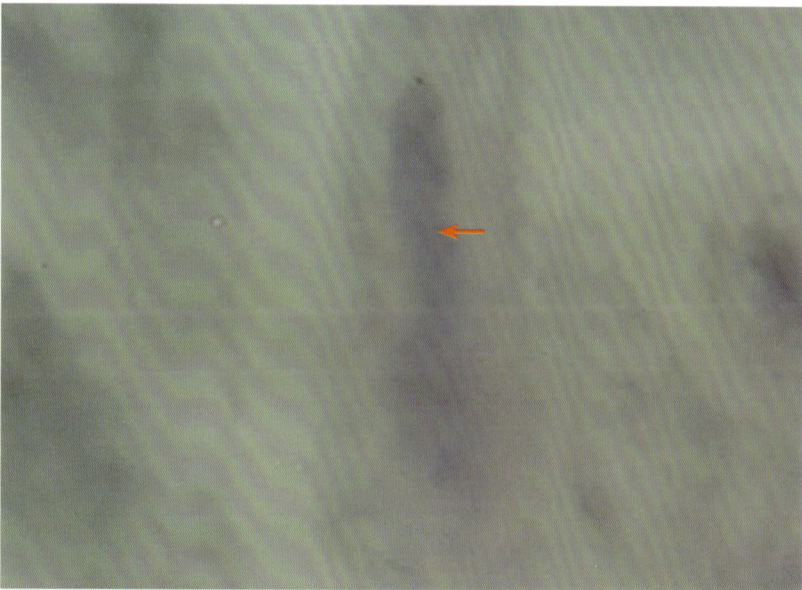

■ 图3-101　狗坐骨神经轴索内变形核（4）
苏木素-伊红染色　×1 000
← 示有髓神经纤维轴索内流线型变形核。

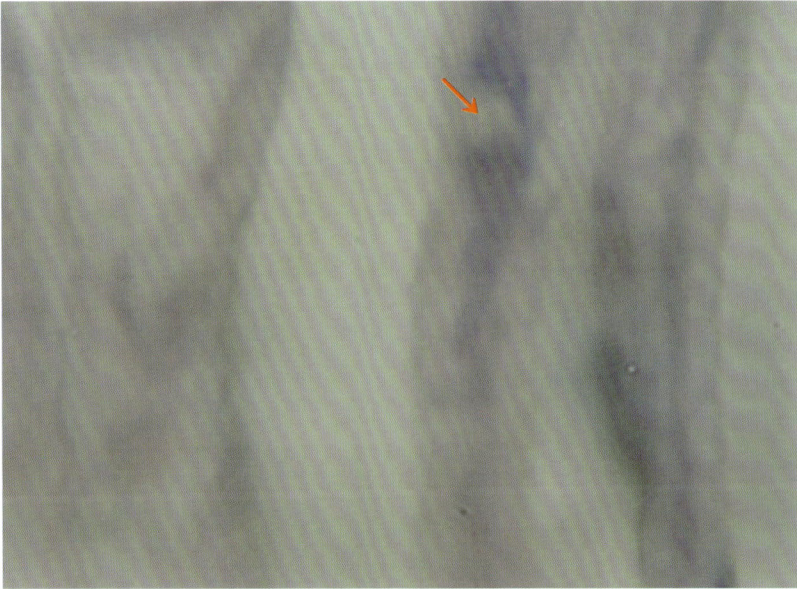

■ 图3-102　狗坐骨神经轴索内变形核（5）
苏木素-伊红染色　×1 000
示有髓神经纤维轴索内变形核内空泡。

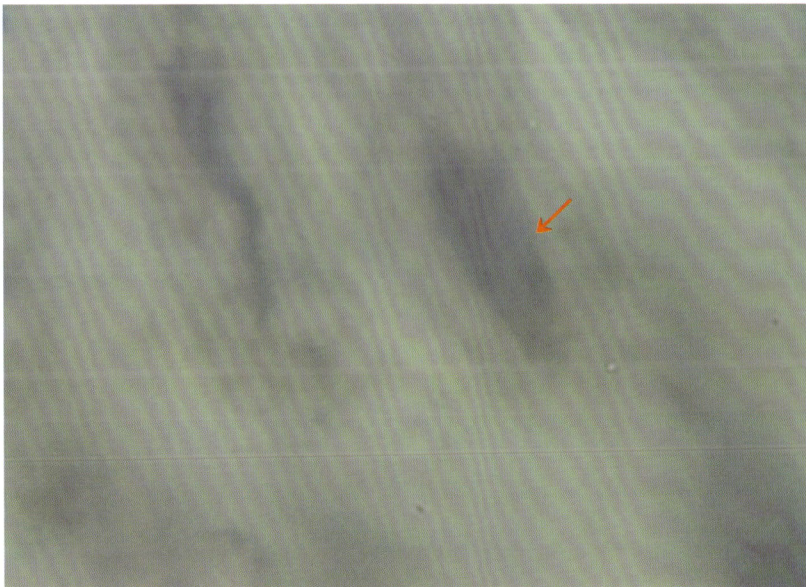

■ 图3-103　狗坐骨神经轴索内变形核（6）
苏木素-伊红染色　×1 000
示有髓神经纤维轴索内梭形变形核变短。

191

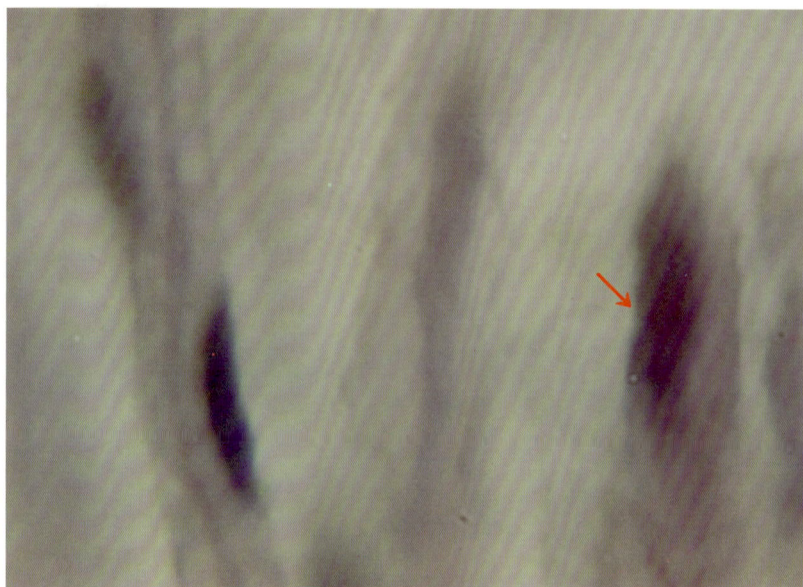

■ 图3-104　狗坐骨神经轴索内变形核（7）

苏木素−伊红染色　×1 000

➘ 示有髓神经纤维轴索内流线型变形核变短粗。

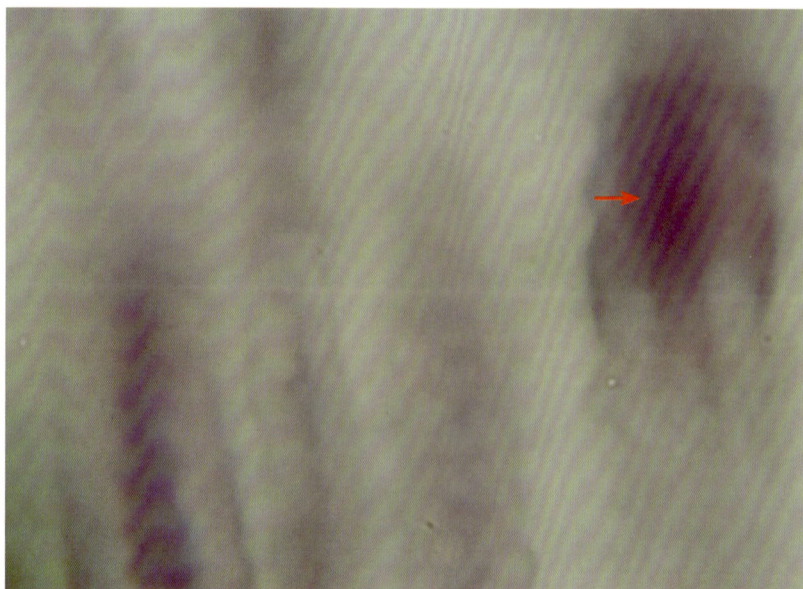

■ 图3-105　狗坐骨神经轴索内变形核（8）

苏木素−伊红染色　×1 000

→ 示有髓神经纤维轴索内流线型变形核增粗、变短。

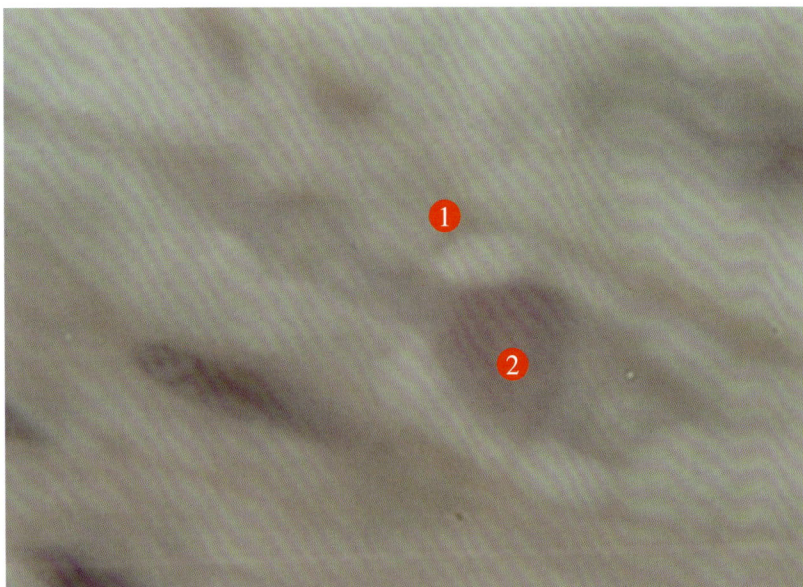

■ 图3-106　狗坐骨神经轴索内变形核（9）

苏木素-伊红染色　×1 000

❶示郎飞结；❷示在轴索引导下有待穿越郎飞结的变形细胞核。

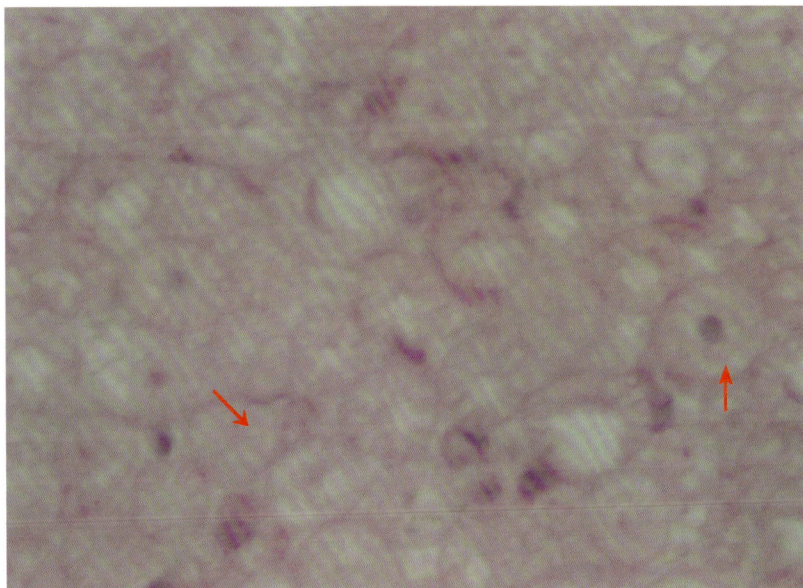

■ 图3-107　狗坐骨神经（横断面）（1）

苏木素-伊红染色　×400

↑示有髓神经纤维含变形核的轴索；↘示有髓神经纤维不含变形核的轴索。

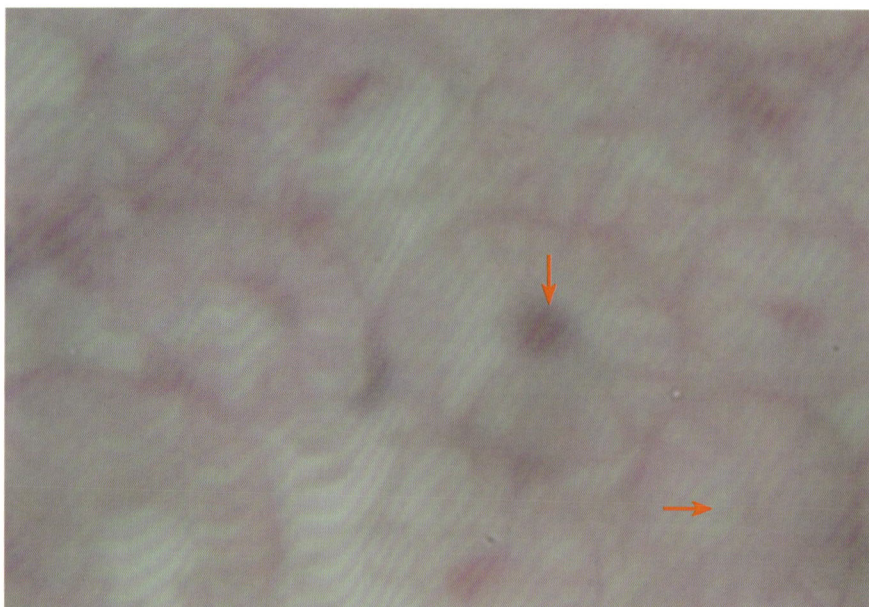

■ 图3-108　狗坐骨神经（横断面）（2）
苏木素-伊红染色　×1 000

↓示有髓神经纤维轴索含变形核的轴索；→示有髓神经纤维不含变形核的轴索。

# 第三节　神经末梢组织动力学

　　周围神经的终末部分终止于全身不同组织器官，形成多种终端结构，称为神经末梢。主要有触觉小体、环层小体、肌梭和运动终板等。

## 一、人触觉小体组织动力学

　　人触觉小体是多位于表皮嵴间真皮乳头内的感觉神经末梢，触觉小体顶端干细胞可上移并演化为表皮基底细胞（图3-109～图3-111），晚期触觉小体细胞可多向分散，演化形成表皮细胞（图3-112、图3-113）。

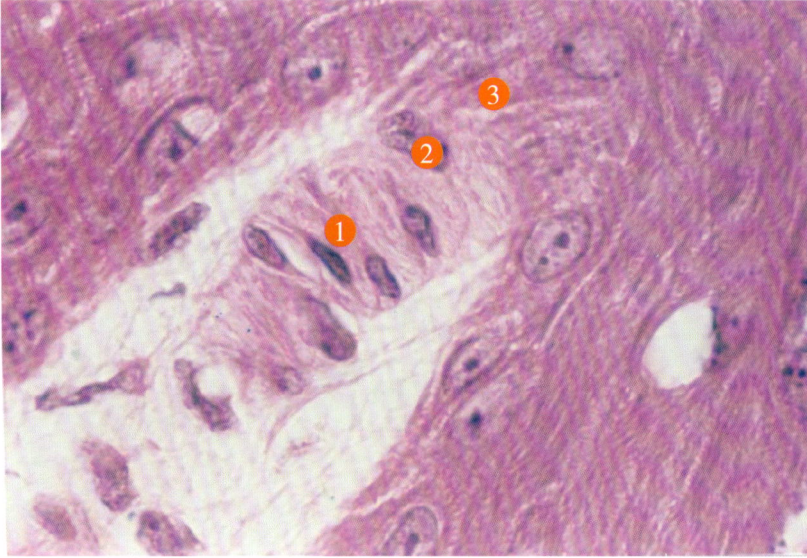

**■ 图3-109　人触觉小体演化（1）**
苏木素–伊红染色　×400
❶示触觉小体；❷示触觉小体源干细胞；❸示表皮基底细胞。

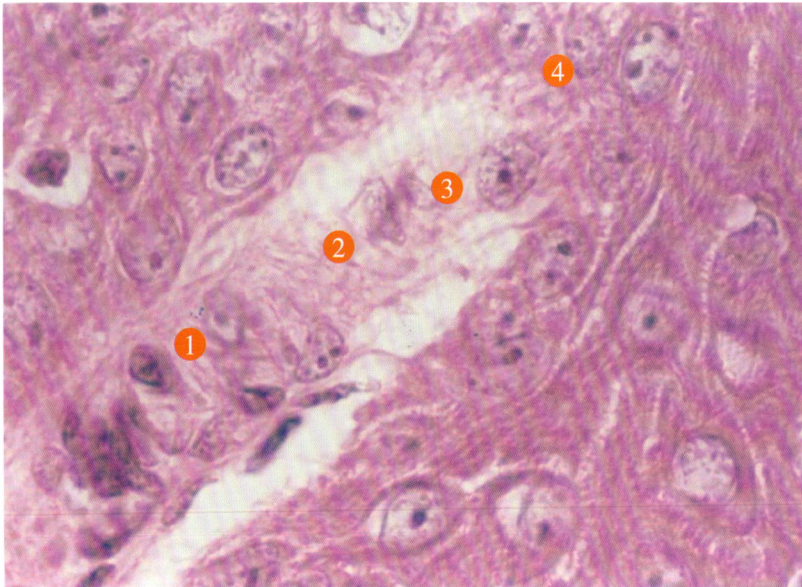

**■ 图3-110　人触觉小体演化（2）**
苏木素–伊红染色　×400
❶示触觉小体；❷示触觉小体源上迁干细胞；❸示过渡性细胞；
❹示表皮基底细胞。

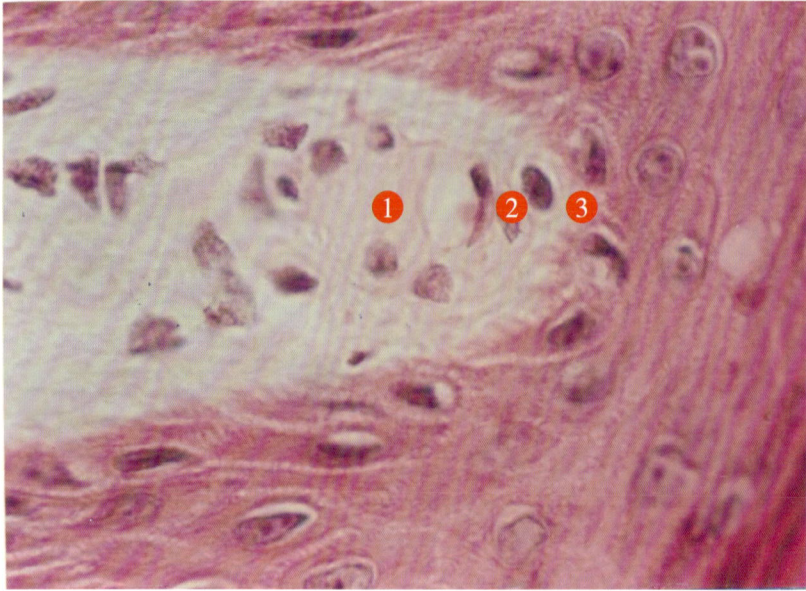

■ 图3-111　人触觉小体演化（3）

苏木素-伊红染色　×400

❶示触觉小体；❷示触觉小体源干细胞；❸示表皮基底细胞。

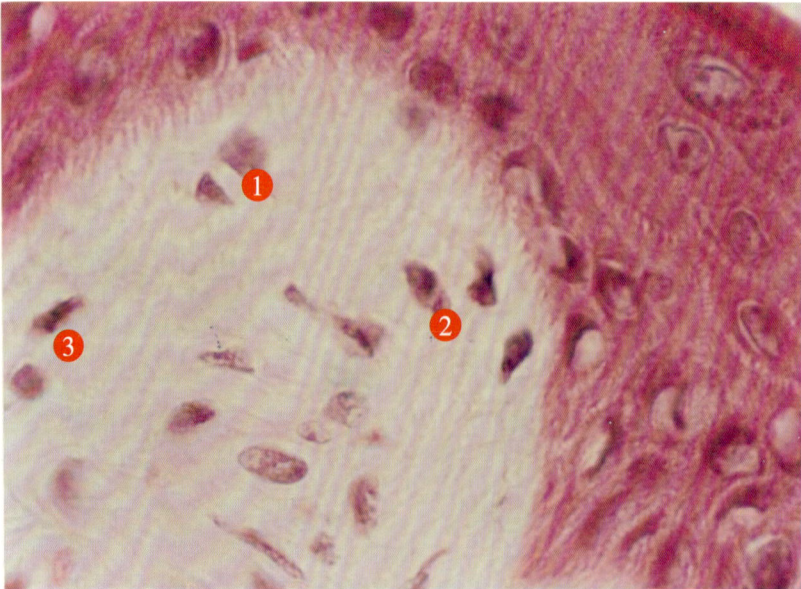

■ 图3-112　人触觉小体演化（4）

苏木素-伊红染色　×400

❶、❷和❸示触觉小体源上迁干细胞。

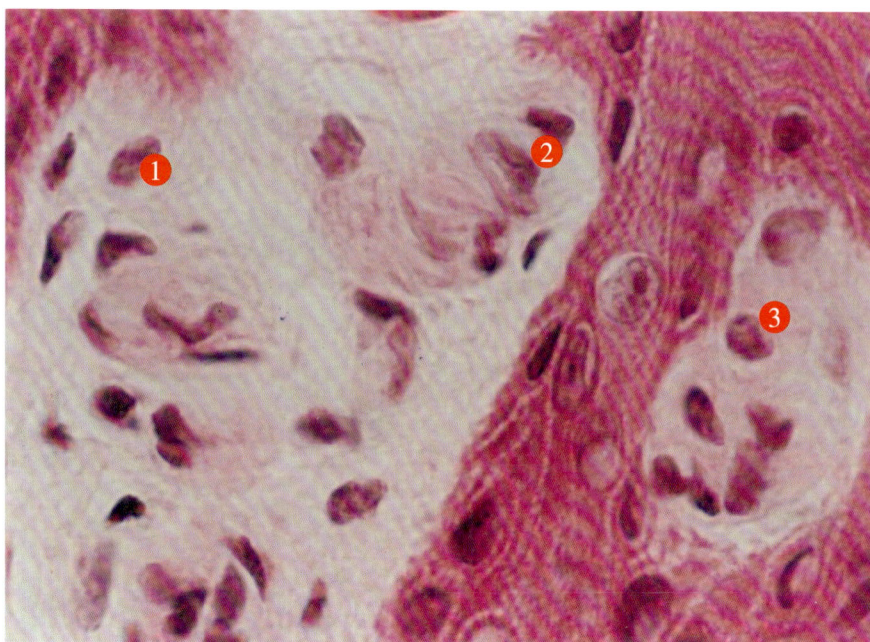

**■ 图3-113　人触觉小体演化（5）**

苏木素-伊红染色　×400

❶、❷和❸示触觉小体源上迁干细胞。

## 二、人环层小体组织动力学

人环层小体起源于无髓神经束（图3-114、图3-115），压力与反压力刺激使神经束外层细胞递次板层化，随板层增加，神经束逐渐变细（图3-116、图3-117），最后成为极细的嗜酸性内棍（图3-118）。环层小体可以是偏心的，远侧端已板层化，近侧端仍为神经束（图3-119），随近端神经组织也逐步板层化，偏心位的环层小体的重心逐渐移向小体中央（图3-120、图3-121），衰老的环层小体表现板层紊乱、板层细胞稀少（图3-122、图3-123），最后溶解消失（图3-124）。

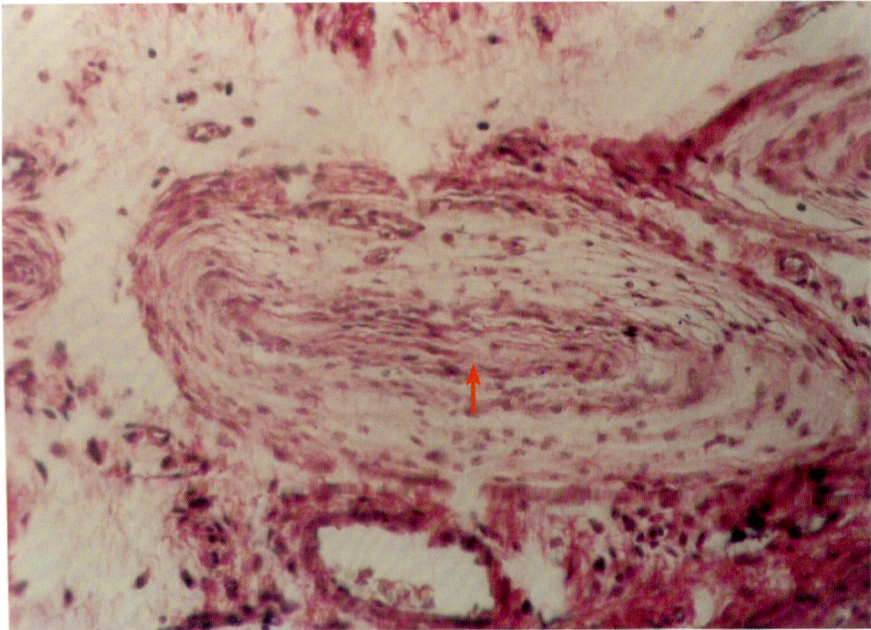

■ 图3-114　人环层小体演化（1）

苏木素-伊红染色　×100

↑示纵切早期环层小体内神经束。

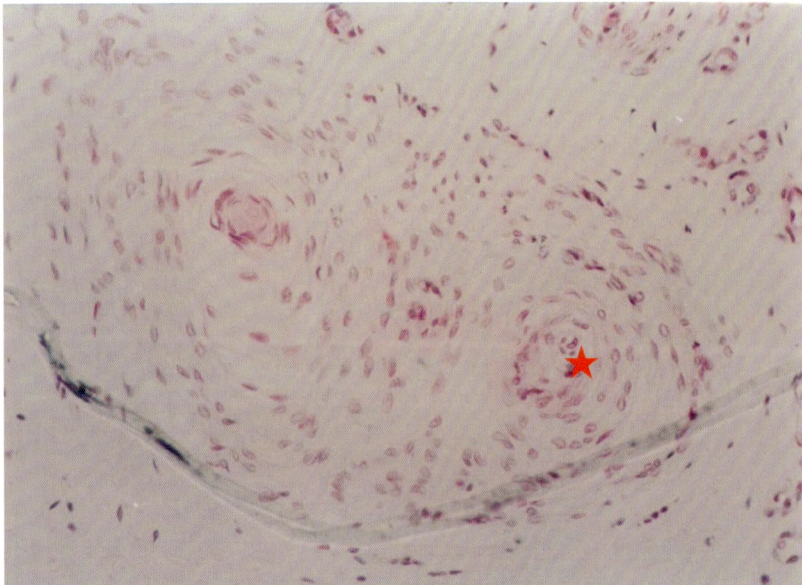

■ 图3-115　人环层小体演化（2）

苏木素-伊红染色　×100

★示横切早期环层小体内神经束。

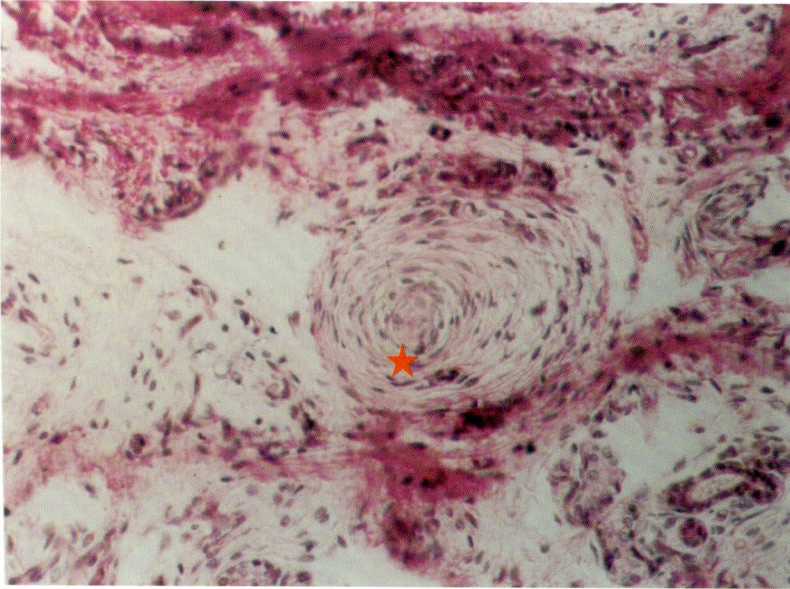

■ 图3-116 人环层小体演化（3）

苏木素-伊红染色 ×100

★ 示环层小体板层增多，神经束变细。

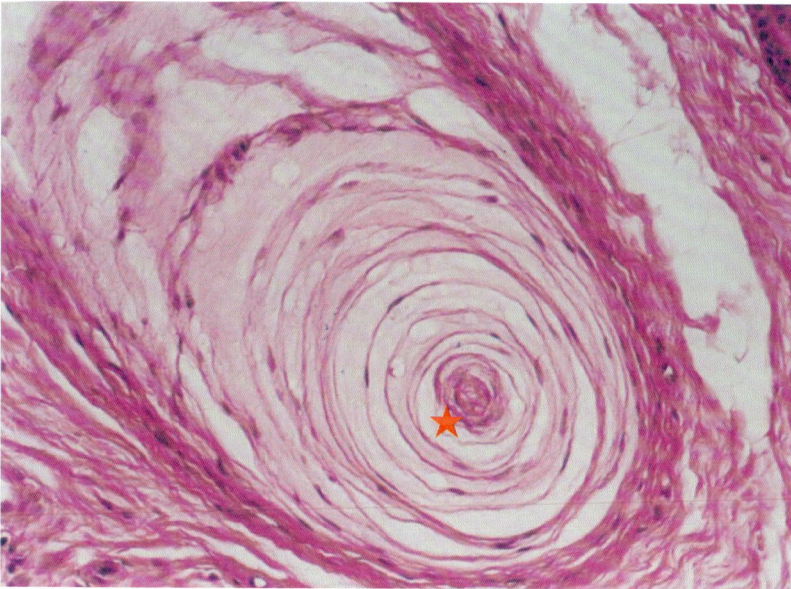

■ 图3-117 人环层小体演化（4）

苏木素-伊红染色 ×100

★ 示环层小体板层增多，神经束进一步变细。

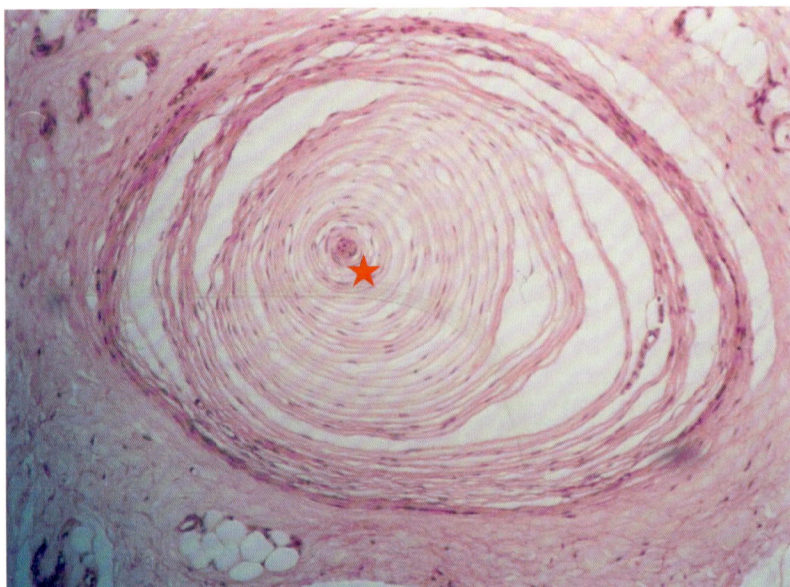

**图3-118 人环层小体演化（5）**

苏木素-伊红染色 ×100

★ 示环层小体板层增多，神经束变为很细的嗜酸性内棍。

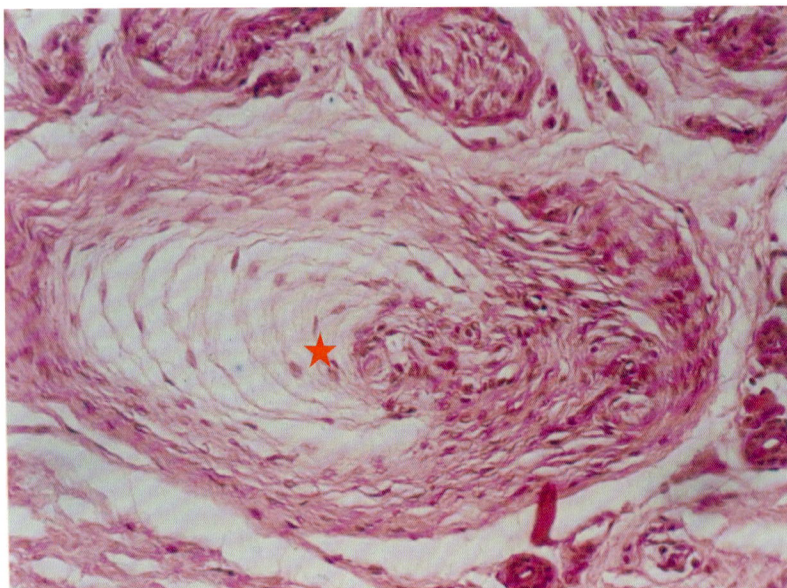

**图3-119 人环层小体演化（6）**

苏木素-伊红染色 ×100

★ 示偏位环层小体。

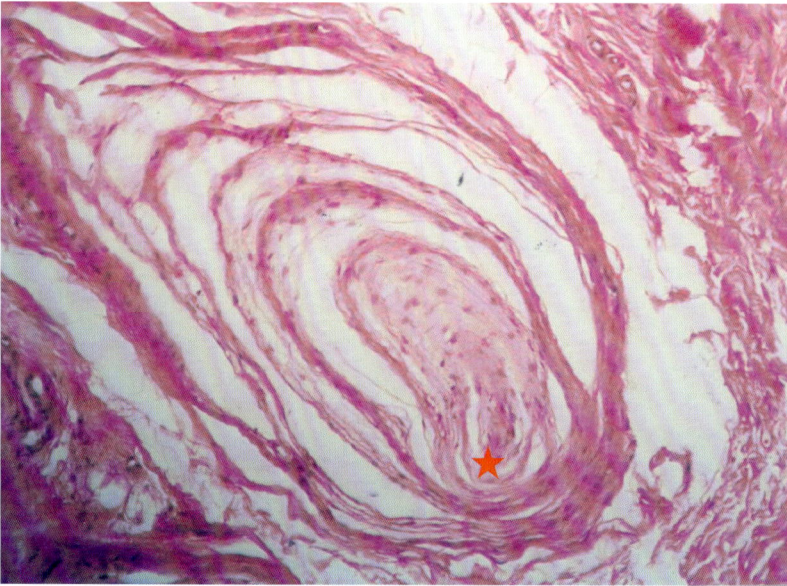

■ 图3-120　人环层小体演化（7）

苏木素-伊红染色　×100

★示随着近端神经束细胞板层化，偏位环层小体的重心向中央移动。

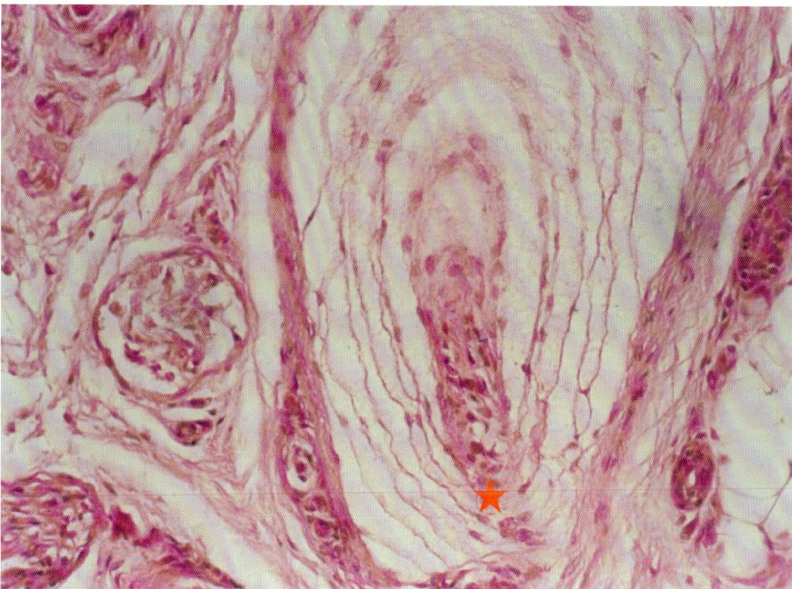

■ 图3-121　人环层小体演化（8）

苏木素-伊红染色　×100

★示随着近端神经束细胞板层化，偏位环层小体的重心进一步向中央移动。

201

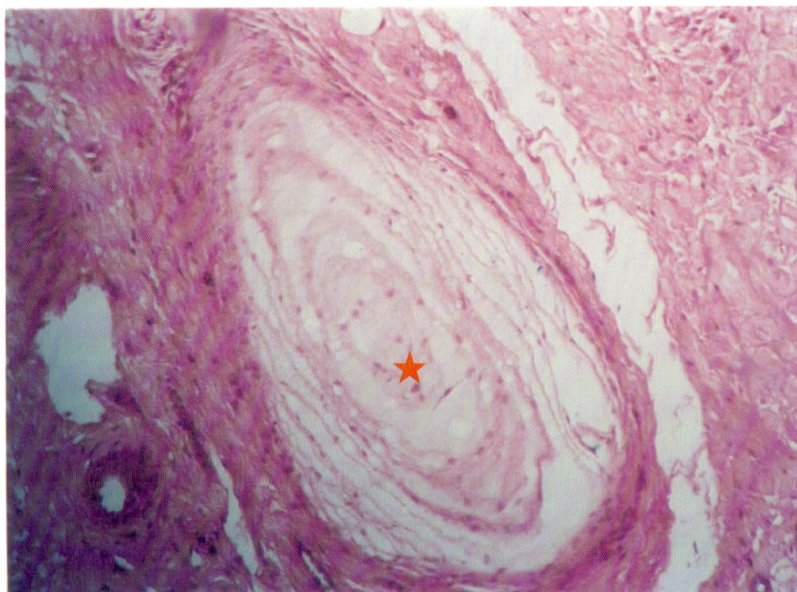

**■ 图3-122　人环层小体演化（9）**

苏木素−伊红染色　×100

★示衰老的环层小体板层紊乱。

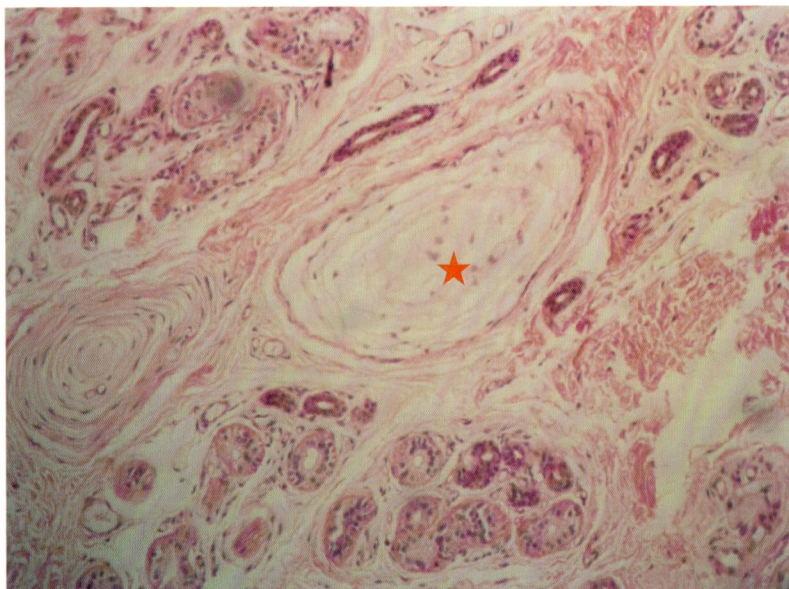

**■ 图3-123　人环层小体演化（10）**

苏木素−伊红染色　×100

★示衰老环层小体板层细胞稀疏。

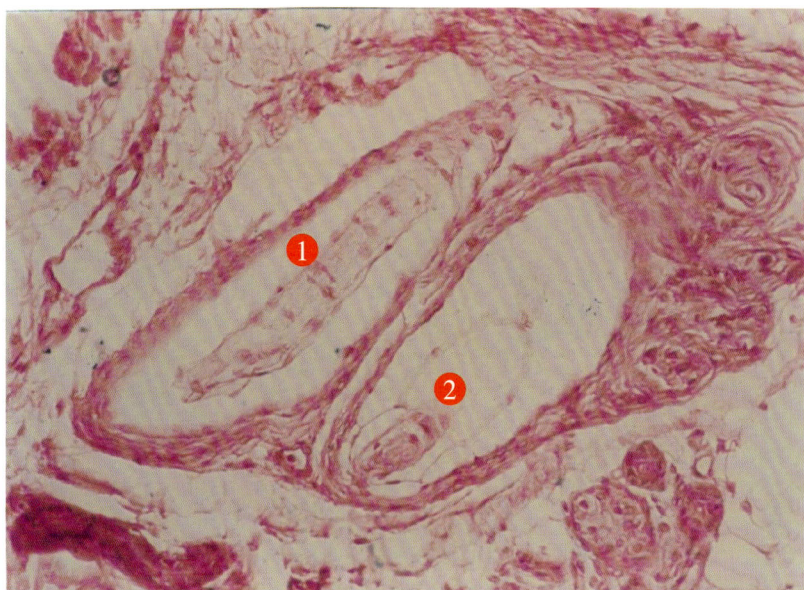

■ 图3-124　人环层小体演化（11）

苏木素-伊红染色　×100

❶和❷示衰亡环层小体板层溶解、消失。

## 三、Ⅰ型肌梭组织动力学

目前已观察到Ⅰ型肌梭和Ⅱ型肌梭两类显著不同的肌梭，其发生来源、演化过程明显不同，但其演化结果相同，最终都演化形成骨骼肌。也就是说，所谓肌梭都是神经向骨骼肌演化中的过渡性结构。人的Ⅰ型肌梭多以肌梭复合体形式存在，来自无髓神经束，可见肌间无髓神经纤维束呈现不同演化状态（图3-125、图2-126）。肌梭复合体形成与肌间无髓神经纤维束受邻近肌束收缩挤压有关，演化中的神经束细胞受压应力作用呈与反压应力一致的方向增殖生长，规则排列成与神经束长轴相垂直细胞阵（图3-127），而后从复合体远端开始分割成若干小束（图3-128），分离的每一小束可成为单一的肌梭。肌梭内垂直排列的梭形细胞复又钝圆化呈球形，进而在两端牵拉力作用下变为水平位的梭形，即成为肌管，进而演化形成梭外骨骼肌束（图3-129）。

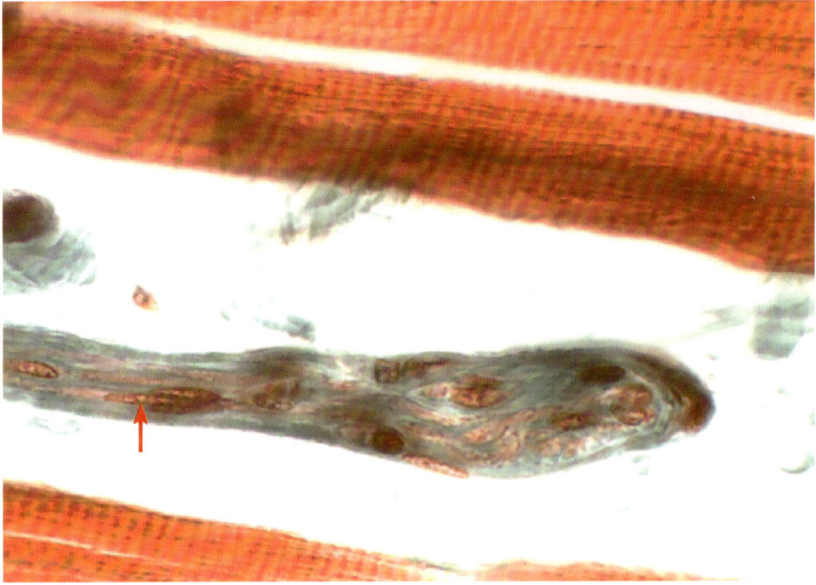

■ 图3-125 人Ⅰ型肌梭形成（1）

Masson染色 ×400

↑示骨骼肌束间无髓神经纤维束流线型神经束细胞。

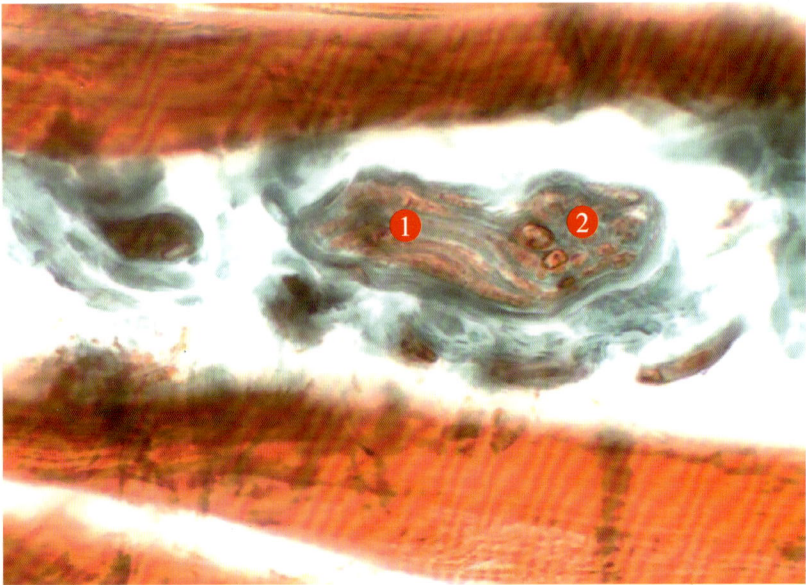

■ 图3-126 人Ⅰ型肌梭形成（2）

Masson染色 ×400

❶示骨骼肌束间神经束静息端；❷示骨骼肌束间神经束演化端。

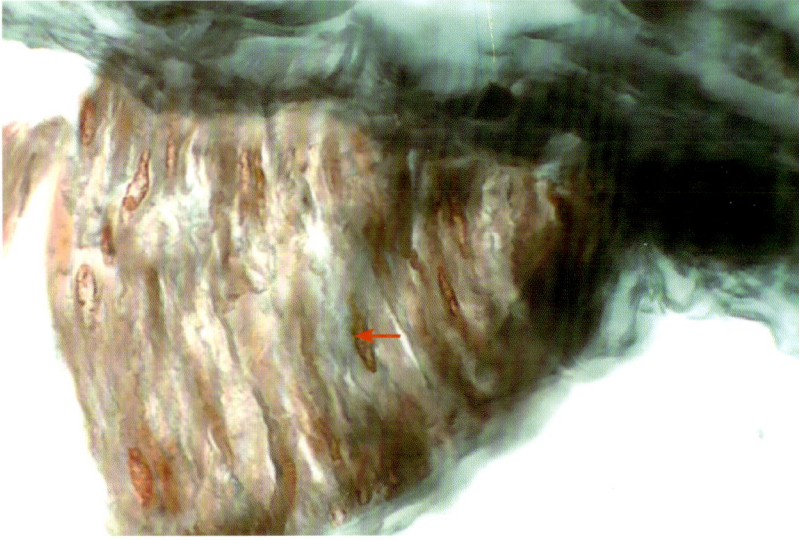

■ 图3-127　人Ⅰ型肌梭形成（3）

Masson染色　×400

←示骨骼肌束间神经束细胞长轴与神经束纵轴相垂直。

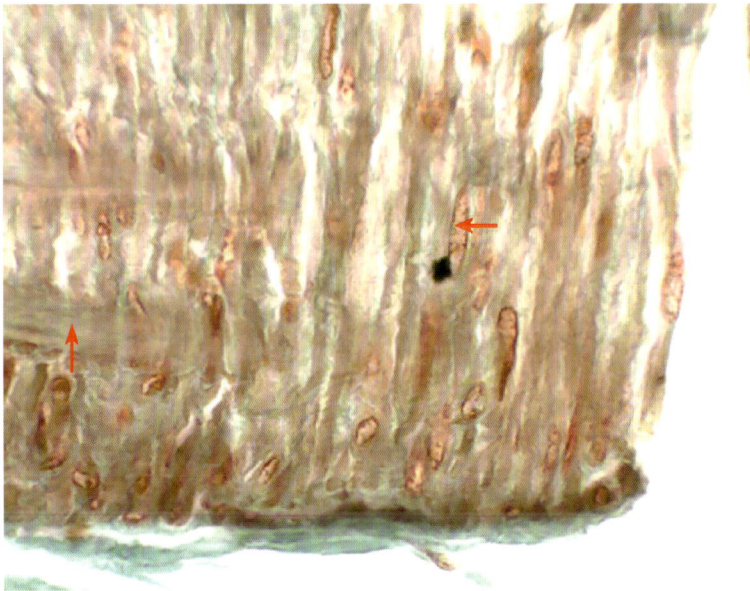

■ 图3-128　人Ⅰ型肌梭形成（4）

Masson染色　×400

←示骨骼肌束间神经束细胞长轴与神经束纵轴相垂直；↑示骨骼肌束间神经束被间质纵向分隔。

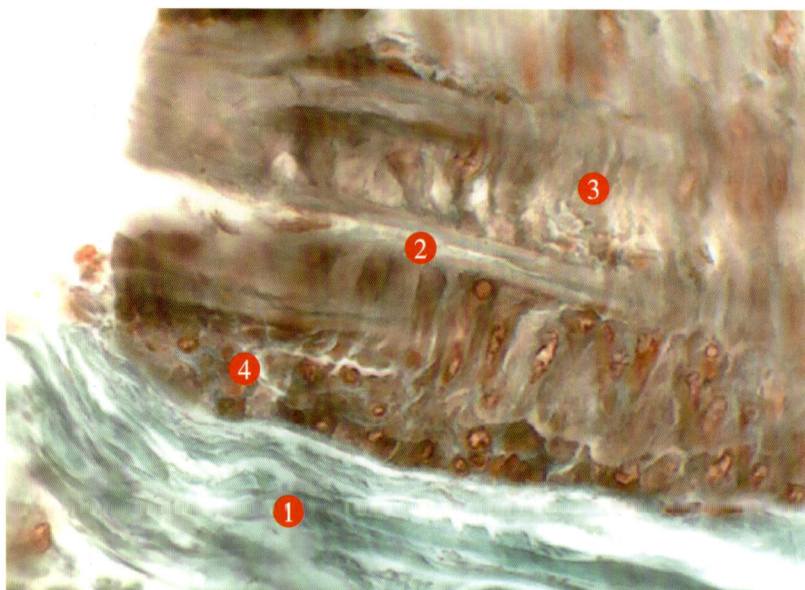

**■ 图3-129　人Ⅰ型肌梭形成（5）**

Masson染色　×400

❶示神经束衣；❷示分割神经束的间质；❸示类肌管；❹示类肌管内球形神经束细胞。

## 四、运动神经末梢组织动力学

接近骨骼肌细胞的躯体运动神经纤维，失去髓鞘的轴突终末分散成为终末细丝，终末细丝由神经元纤维和伴行串联的收缩蛋白基因重复序列及其关联分子组成。多寡不同的终末细丝分别组成重荷终末丝和轻荷终末丝。重荷终末丝有较多终末细丝并荷载较大核物质块；轻荷终末丝含较少终末细丝。重荷终末丝和轻荷终末丝不同组合分别以运动终板、Ⅱ型肌梭、类肌梭和终末丝栅等形式演化、构建骨骼肌细胞。

### （一）运动终板演化

运动终板是重荷纤丝束的终末（图3-130、图3-131），重荷纤丝束运载的核物质至终末重新聚集（图3-132、图3-133），重整为类核体（图3-134～图3-136），加入终板"核足垫"，成为肌细胞的核（图3-137）。

206

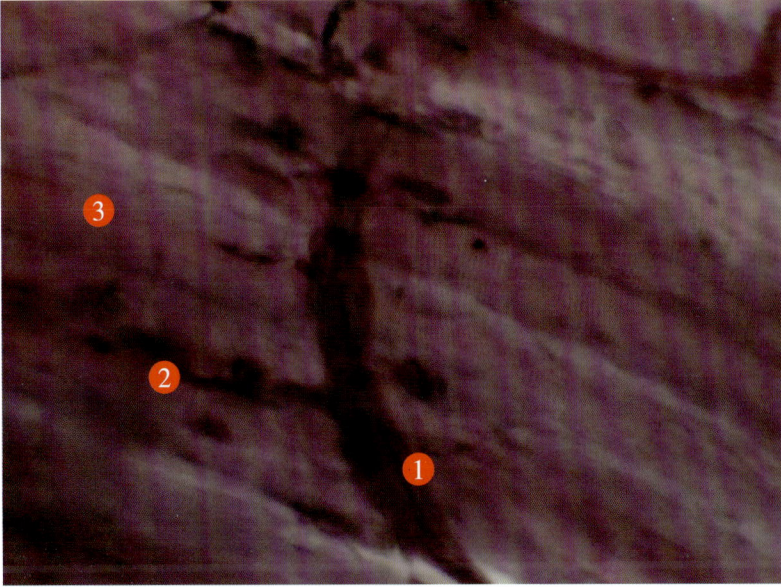

■ 图3-130　兔运动终板（1）

氯化金染色　×400

❶示重荷纤丝束；❷示运动终板；❸示骨骼肌细胞。

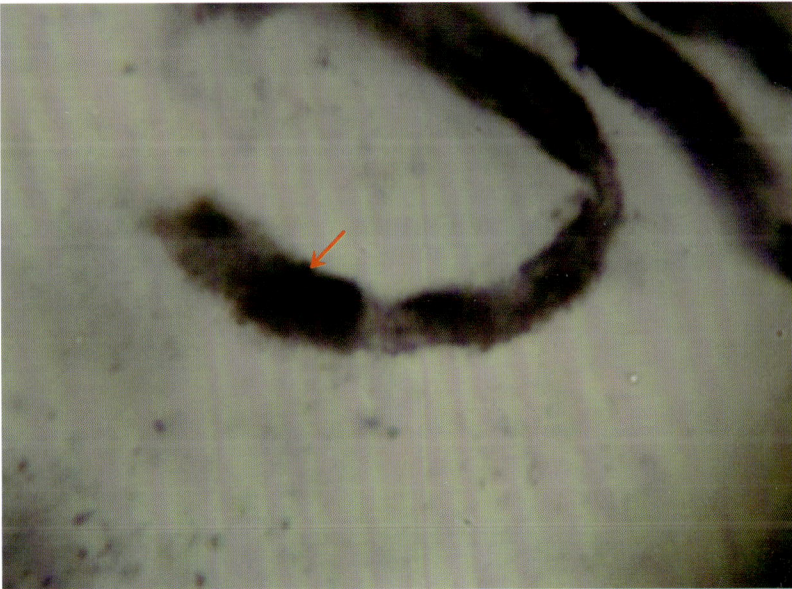

■ 图3-131　兔运动终板（2）

氯化金染色　×1 000

↙示重荷纤丝束携带的核物质团块。

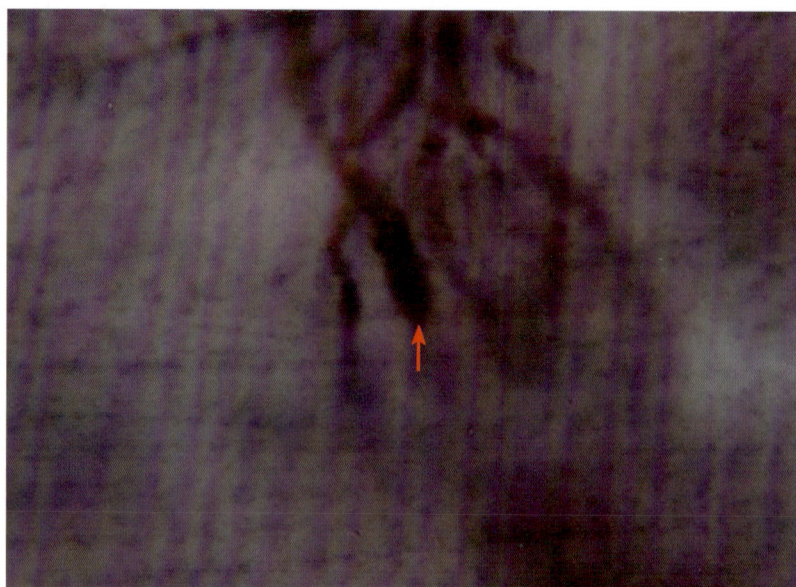

■ 图3-132　兔运动终板演化（1）

氯化金染色　×1 000

↑示重荷纤丝束核物质末端聚集。

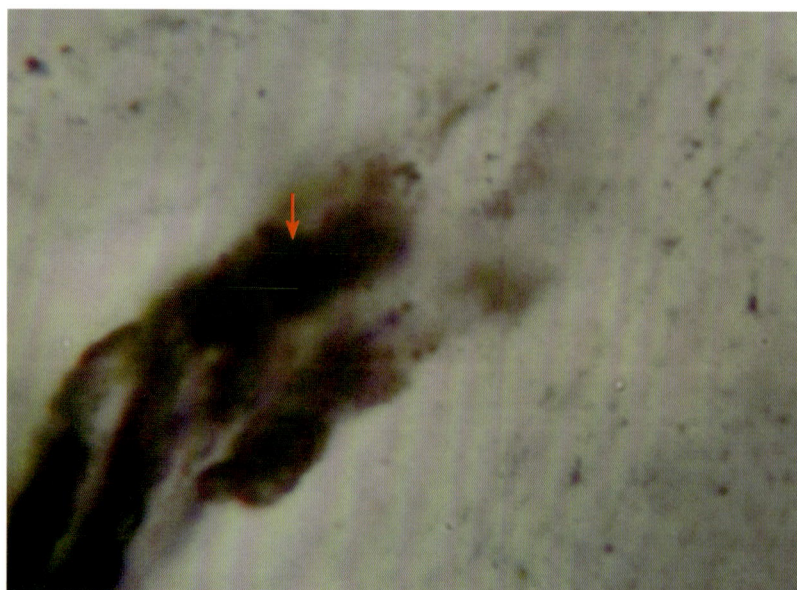

■ 图3-133　兔运动终板演化（2）

氯化金染色　×1 000

↓示重荷纤丝束核物质末端聚集。

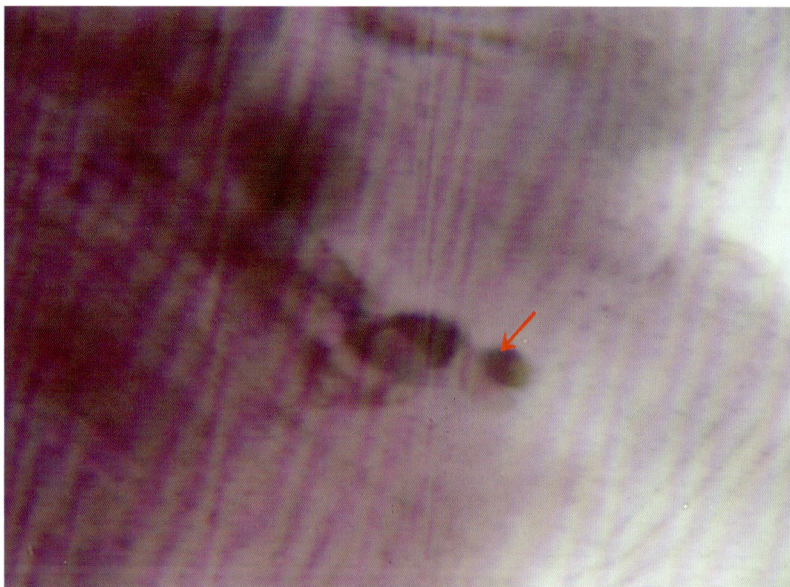

■ 图3-134　兔运动终板演化（3）
氯化金染色　×1 000
示运动终板类核体。

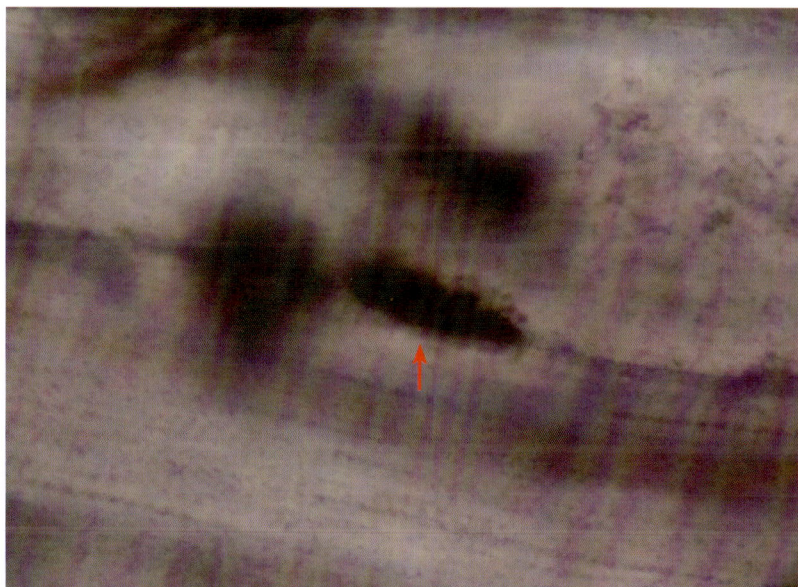

■ 图3-135　兔运动终板演化（4）
氯化金染色　×1 000
示运动终板类核体。

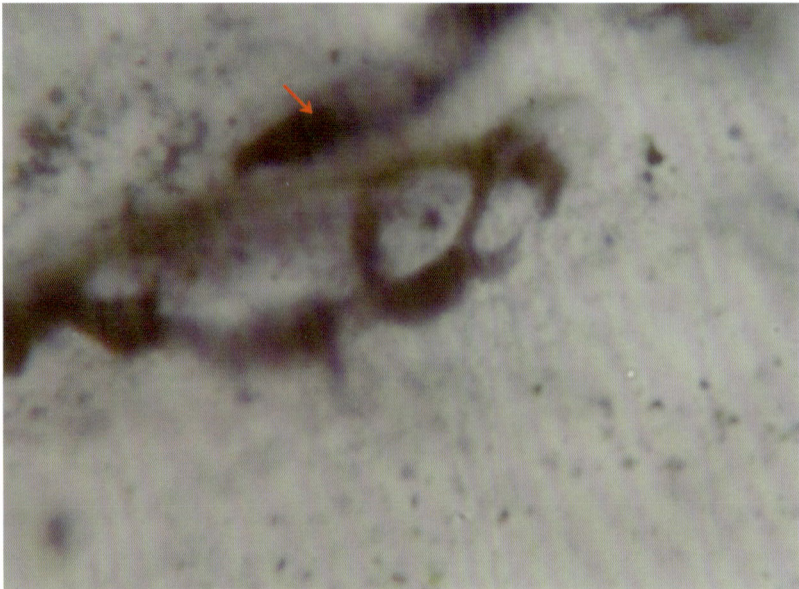

■ 图3-136　兔运动终板演化（5）

氯化金染色　×1 000

示运动终板类核体。

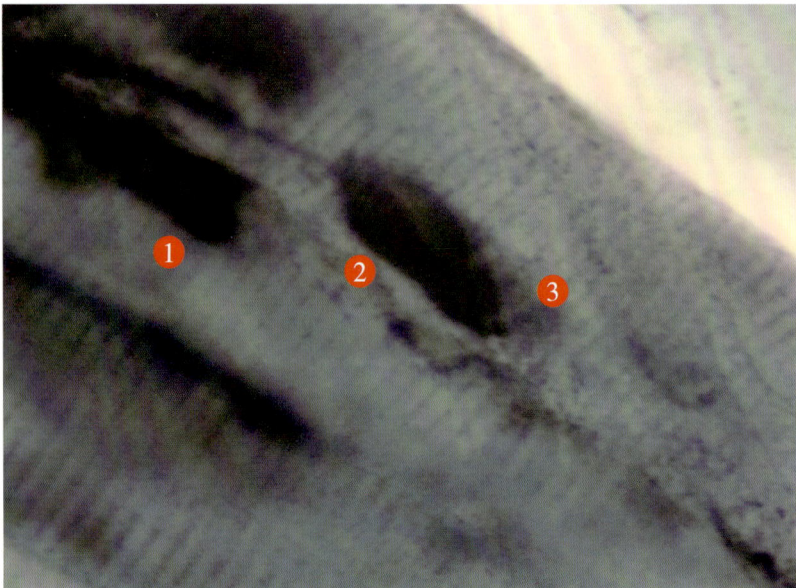

■ 图3-137　兔运动终板演化（6）

氯化金染色　×1 000

❶示重荷纤丝束核物质末端聚集；❷示运动终板类核体；❸示运动终板"核足垫"。

210

## （二）Ⅱ型肌梭组织动力学

兔Ⅱ型肌梭是由运动神经末梢演化形成骨骼肌的过渡性结构，由重荷终末丝与轻荷终末丝组成，其形态与演化方式多样，有锤形肌梭、梭形肌梭、单极超长肌梭、类肌梭等。

1. **锤形肌梭组织动力学**　运动神经末梢终端，重荷终末丝与轻荷终末丝盘绕成团（图3-138），其中信息分子表达肌细胞成分，并提供肌细胞核，逐渐形成梭内肌（图3-139、图3-140）。

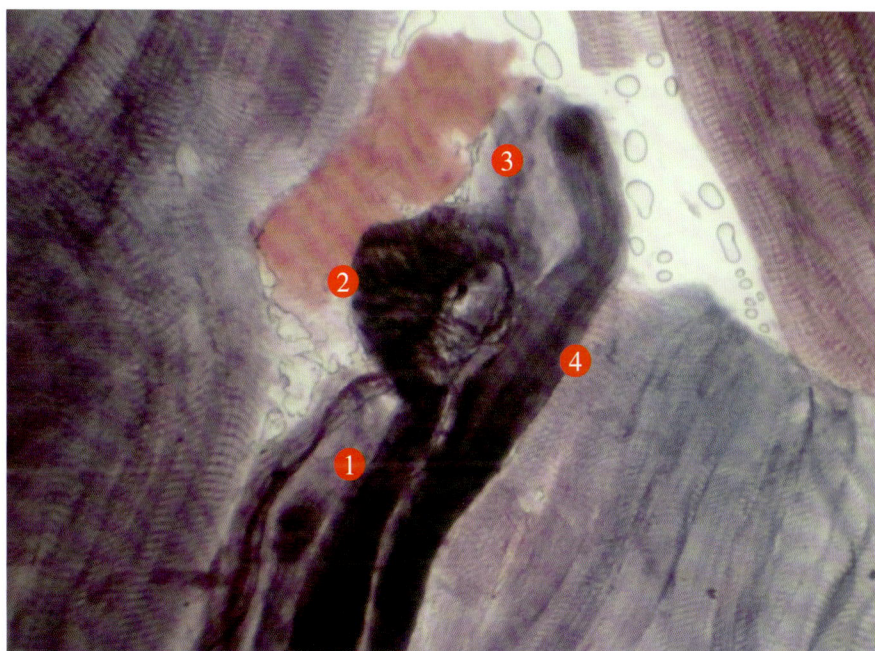

■ **图3-138　兔锤形肌梭演化（1）**
氯化金染色　×400
❶示运动神经末梢；❷示锤形肌梭；❸示开始形成肌细胞；
❹示梭形肌梭。

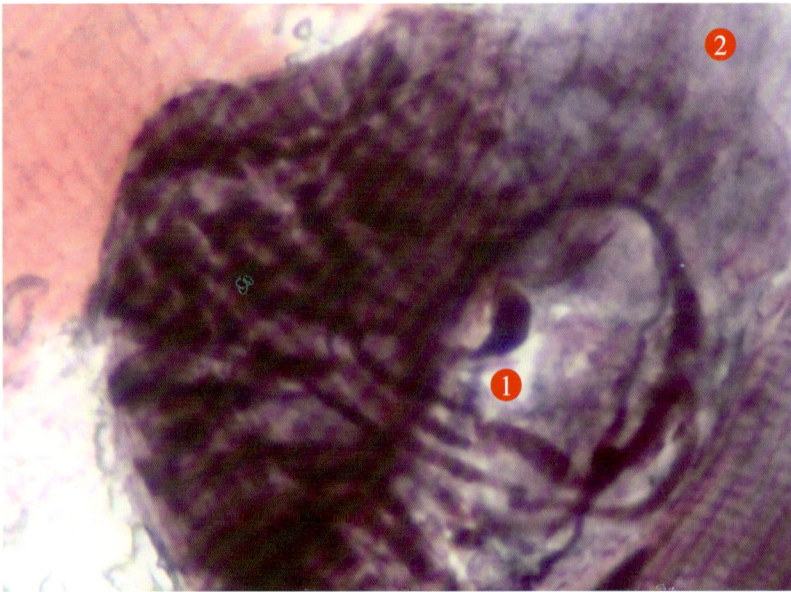

■ **图3-139　兔锤形肌梭演化（2）**

氯化金染色　×1 000

❶示运动神经末端重荷终末丝束线团；❷示开始形成肌细胞已略显横纹。

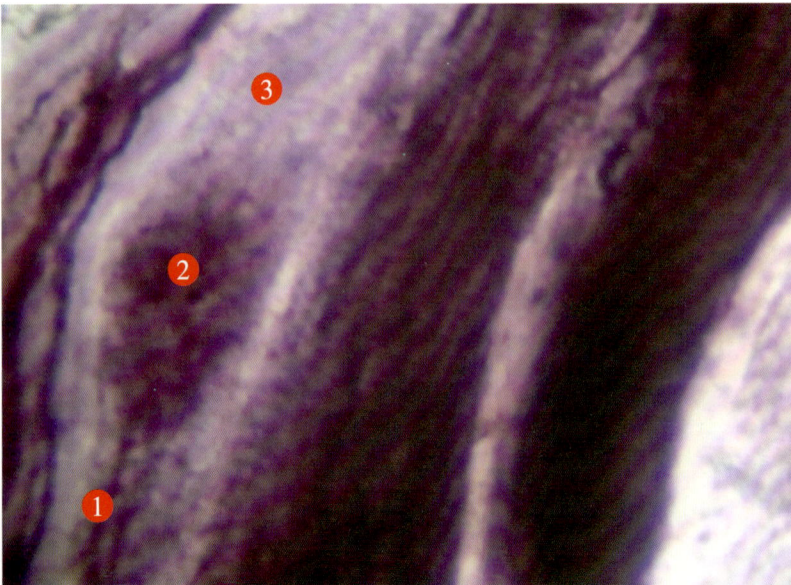

■ **图3-140　兔锤形肌梭演化（3）**

氯化金染色　×1 000

❶示动神经末梢重荷终末丝束；❷示锤形肌梭；❸示形成中的肌细胞。

**2．梭形肌梭组织动力学** 梭形肌梭位于运动神经末梢较大纤丝束中途。所见幼兔肋间肌内梭形肌梭赤道部膨大并不明显，两极部也不对称。一极为浓黑深染的致密神经末梢（图3-141）；另一极则明显肌化（图3-142），实质也是单极的。

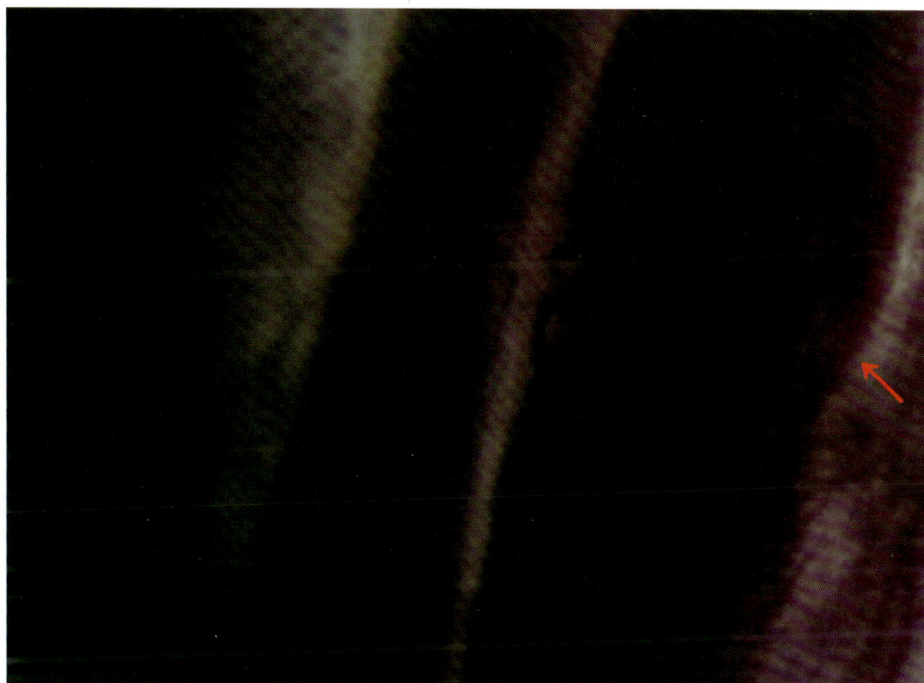

■ 图3-141　兔梭形肌梭（1）

氯化金染色　×1 000

↖ 示浓黑的梭形肌梭近端。

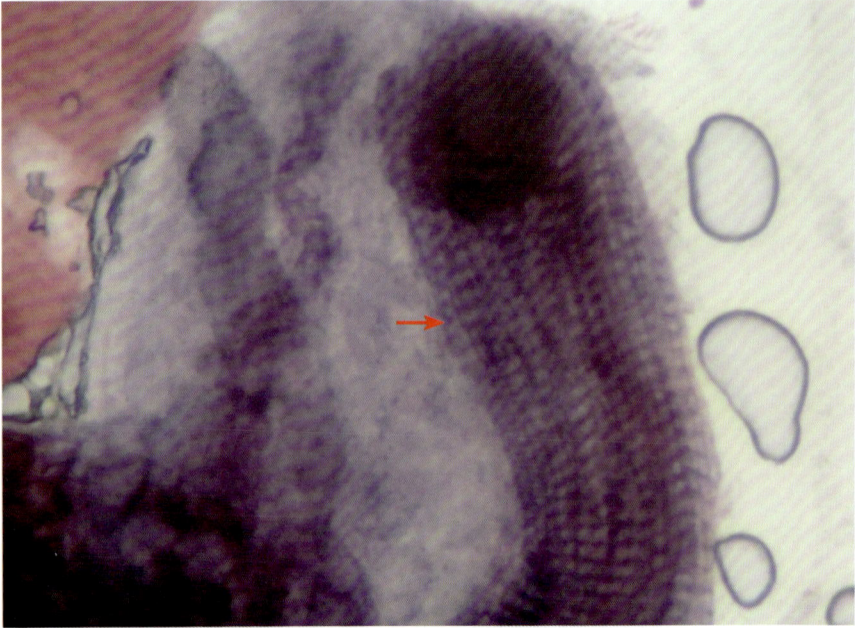

■ 图3-142　兔梭形肌梭（2）

氯化金染色　×1 000

→ 示明显肌化的梭形肌梭远端。

**3. 单极超长肌梭组织动力学**　幼兔肋间肌内常见单极超长肌梭，近端乃运动神经末梢，远侧端延续于梭外肌，可长达数毫米，常被切断，不见终端。在硝酸银染色标本上，近端为浓黑的运动神经末梢，远端延续于梭外肌（图3-143～图3-145）。该类肌梭主要由重荷终末丝构建，也有轻荷终末丝参与肌细胞构建（图3-146）。全程肌化程度不均一，两个肌化延迟段之间的肌化明显区类似梭形肌梭外观（图3-147），并行的另一神经末梢，参与超长肌梭的梭内肌上部分花枝样神经末梢和环状神经末梢构建（图3-148、图3-149）。

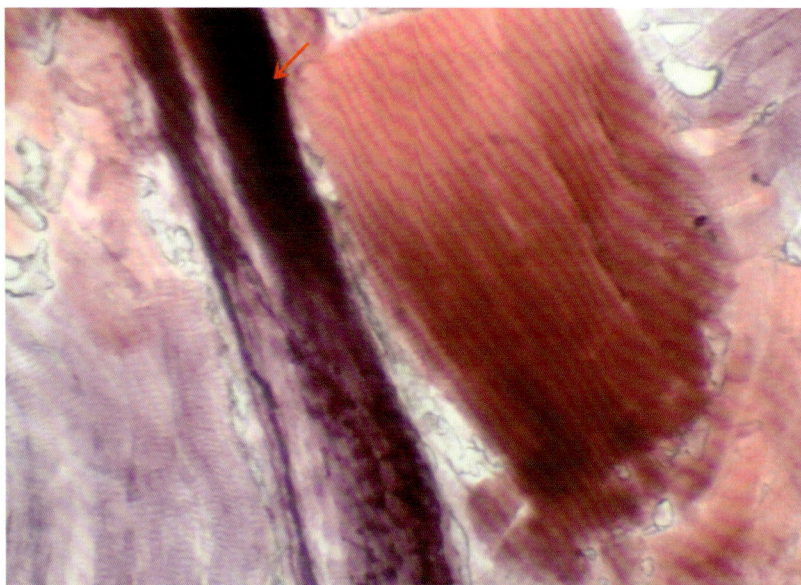

**■ 图3-143　兔单极超长肌梭（1）**

氯化金染色　×400

示单极超长肌梭浓黑的近侧端。

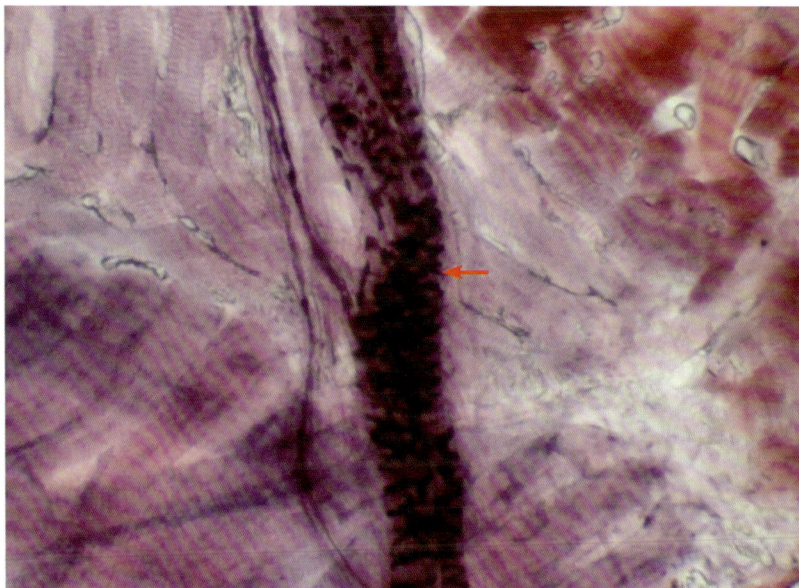

**■ 图3-144　兔单极超长肌梭（2）**

氯化金染色　×400

示单极超长肌梭中段。

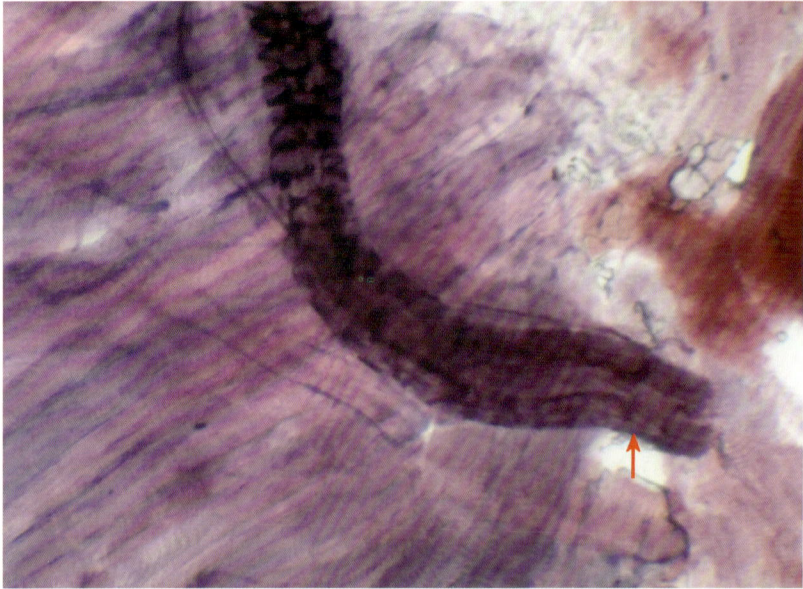

■ **图3-145  兔单极超长肌梭（3）**

氯化金染色  ×400

↑示肌梭远端明显肌化。

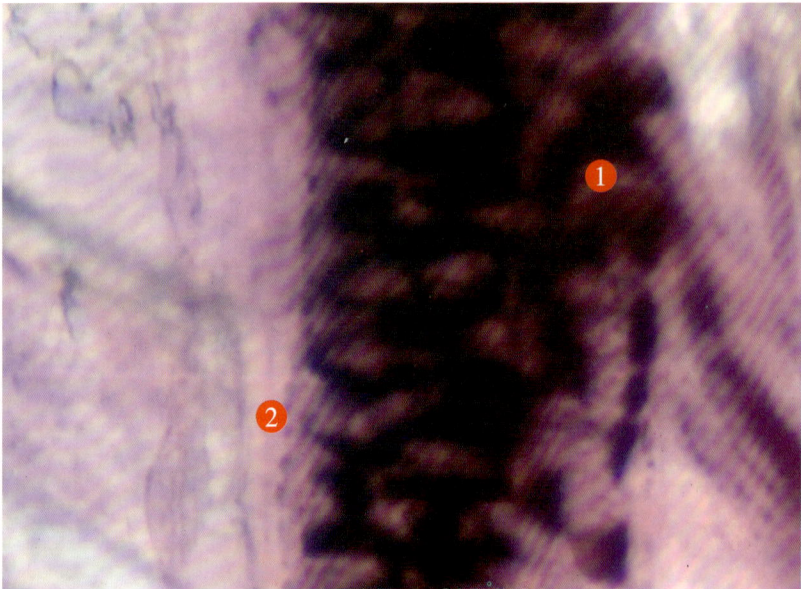

■ **图3-146  兔单极超长肌梭（4）**

氯化金染色  ×1 000

❶示重荷终末丝束形成的花枝样神经末梢；❷示轻荷终末丝束参与形成肌细胞的收缩成分。

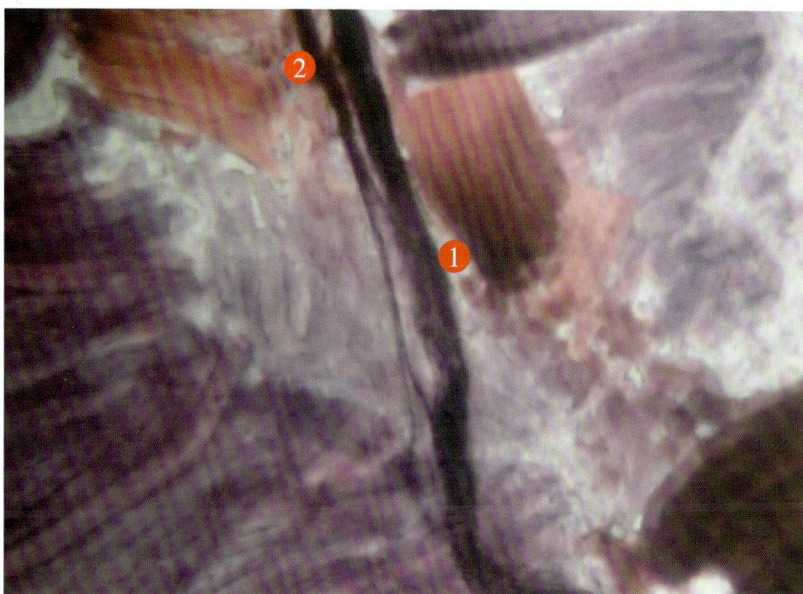

■ 图3-147　兔单极超长肌梭（5）

氯化金染色　×100

❶示疑似梭形肌梭；❷示并行的另一神经末梢。

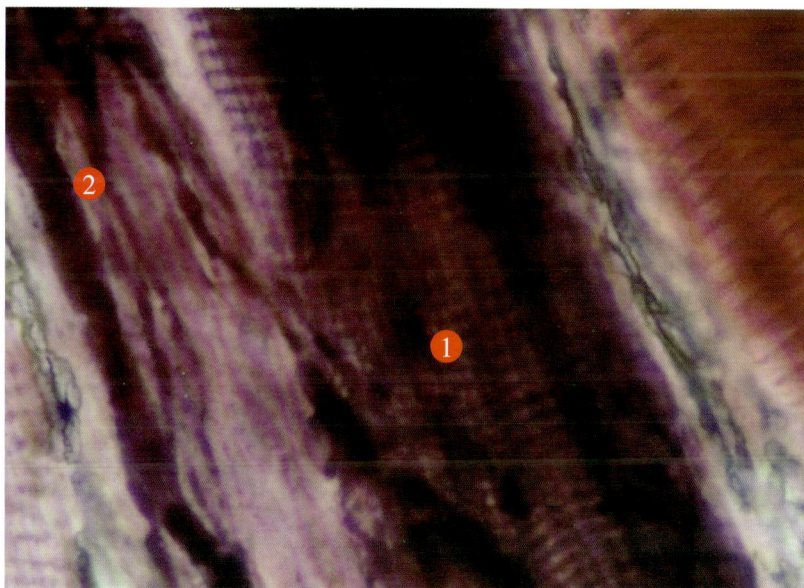

■ 图3-148　兔单极超长肌梭（6）

氯化金染色　×1 000

❶示梭内肌；❷示并行的另一神经末梢。

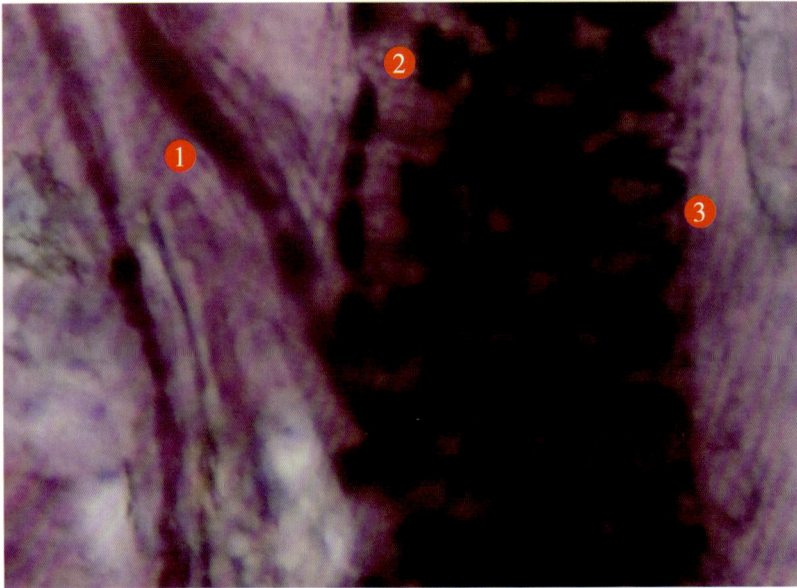

**■ 图3-149　兔单极超长肌梭（7）**

氯化金染色　×1 000

❶示并行的另一神经末梢重荷终末丝束；❷示花枝样神经末梢；
❸示环状神经末梢。

4. **类肌梭组织动力学**　运动神经末梢演化成为骨骼肌细胞过程复杂多样，其中有更长类似Ⅱ型单极超长肌梭样结构，全程染色较深，肌化程度较低（图3-150～图3-152）。该类肌梭主要由重荷终末丝构成，也有轻荷终末丝参与构建（图3-153）。有时类肌梭更长（图3-154、图3-155）。肌化程度高低不同节段沿纵轴间插分布（图3-156），同节段内肌化程度也不均衡（图3-157、图3-158）。长肌梭的远端重荷终末丝及轻荷终末丝逐渐减少，故染色较浅过渡为终末丝栅（图3-159、图3-160），而后延续为仅留终末丝残余（图3-161），终末丝残余完全消失成为白肌纤维，最后演化为红肌纤维（图3-162）。

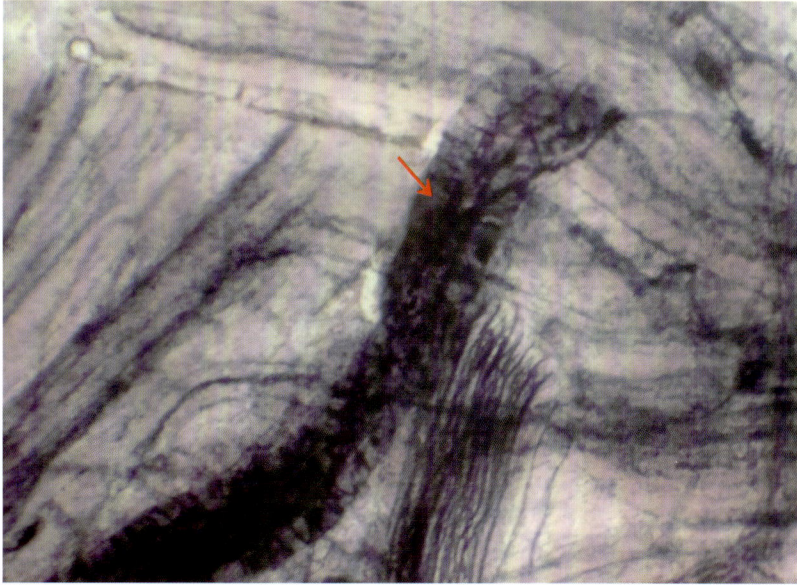

■ 图3-150　兔类肌梭组织动力学（1）

氯化金染色　×400

↘ 示肌梭远端。

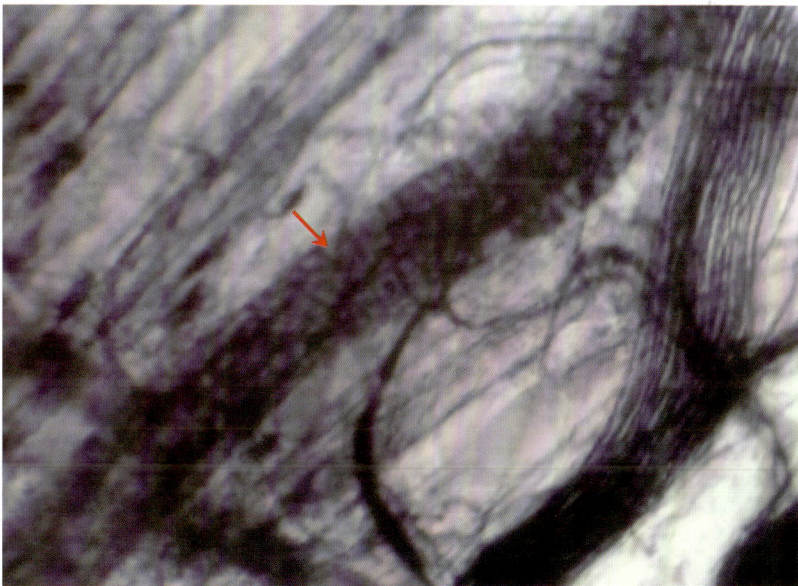

■ 图3-151　兔类肌梭组织动力学（2）

氯化金染色　×400

↘ 示肌梭中段。

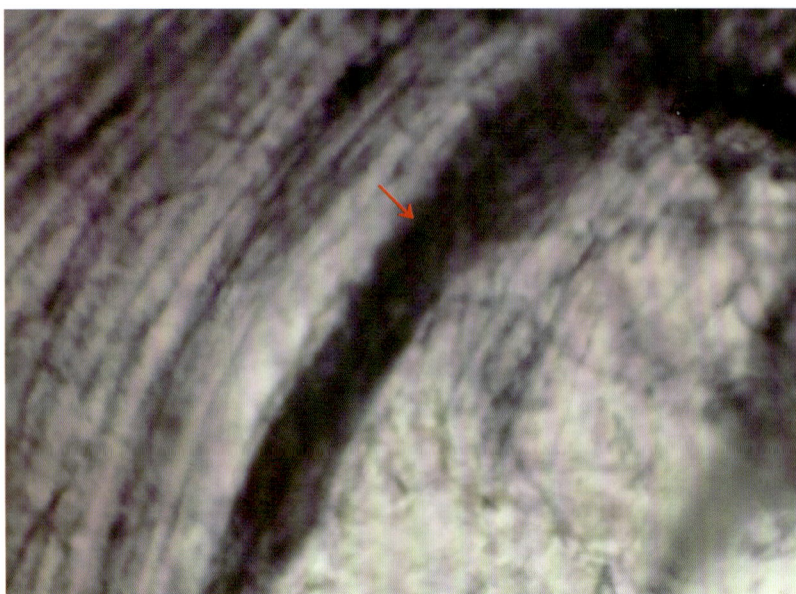

**■ 图3-152　兔类肌梭组织动力学（3）**

氯化金染色　×400

— ↘ 示肌梭近侧段。

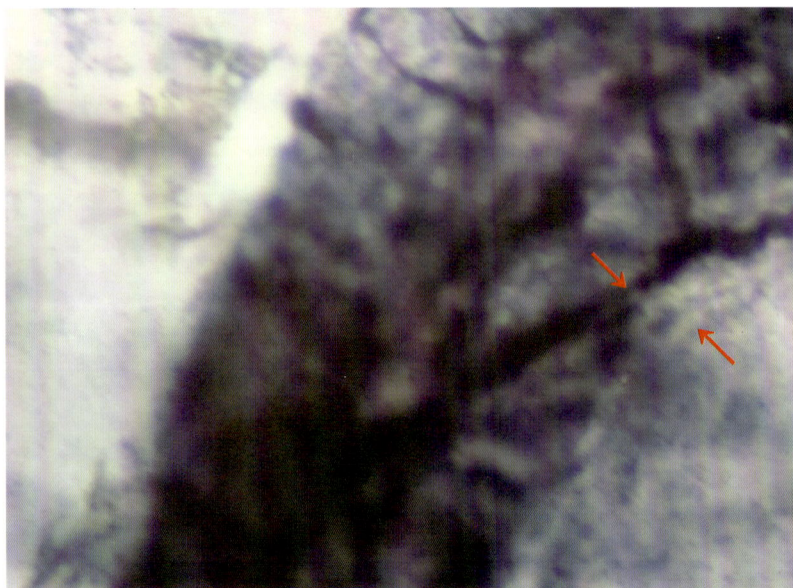

**■ 图3-153　兔类肌梭组织动力学（4）**

氯化金染色　×1 000

↘示重荷终末丝形成的花枝样神经末梢；↖示少量轻荷终末
丝形成肌细胞成分。

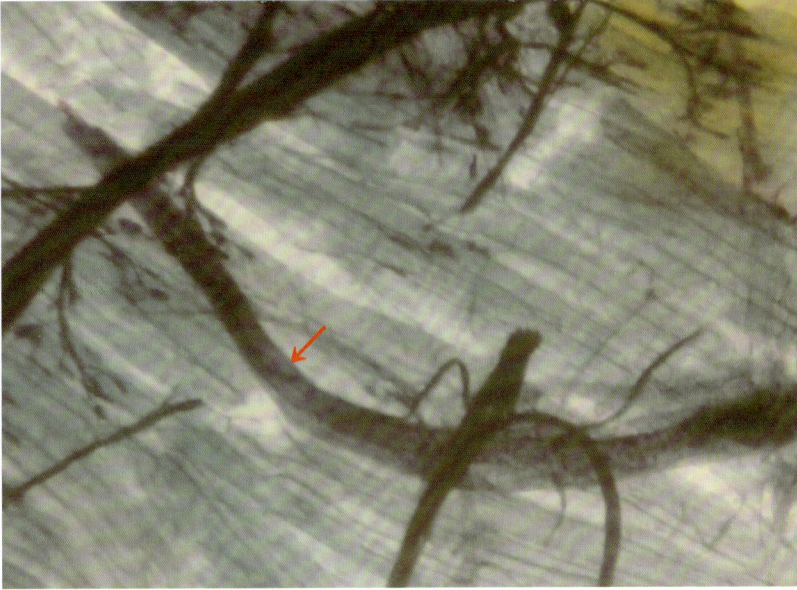

■ 图3-154　兔类肌梭组织动力学（5）
氯化金染色　×200
↙ 示肌梭远侧段。

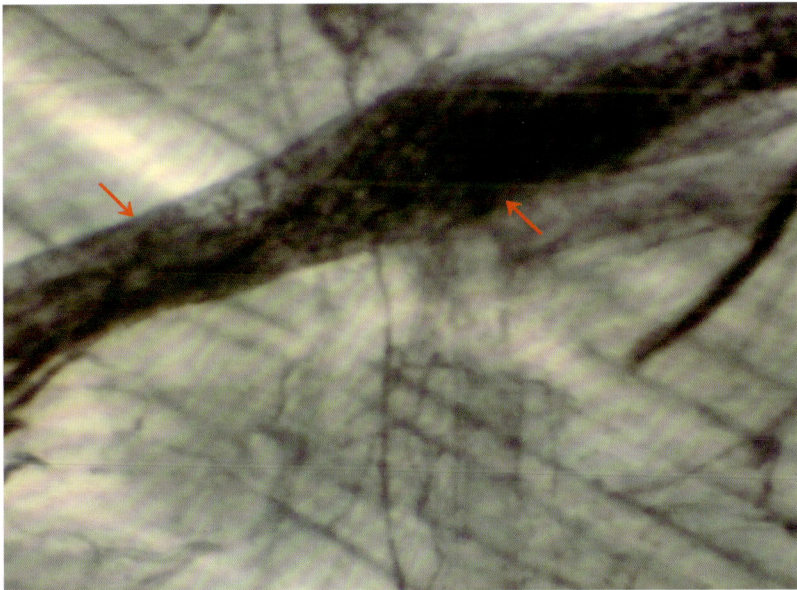

■ 图3-155　兔类肌梭组织动力学（6）
氯化金染色　×400
↙ 示肌梭低肌化段；↘ 示肌梭高肌化段。

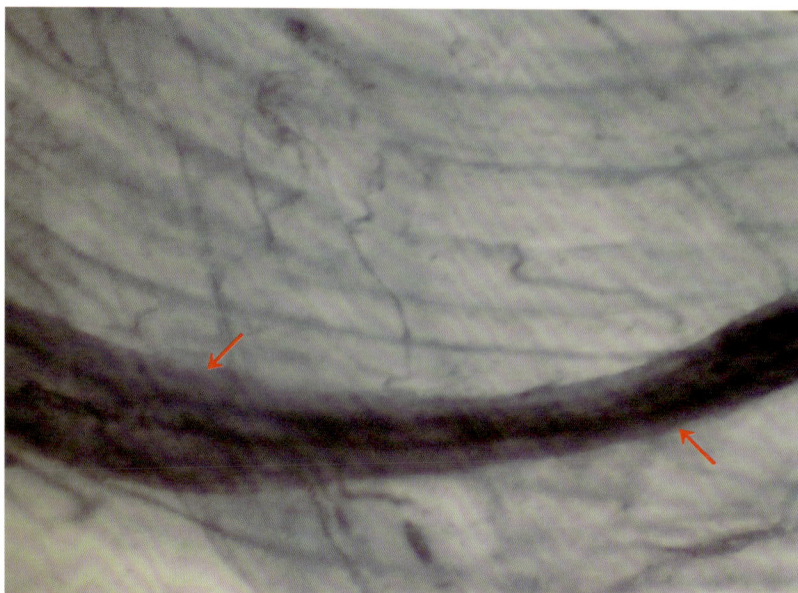

**■ 图3-156  兔类肌梭组织动力学（7）**
氯化金染色　×400
↖示肌梭低肌化段；↙示肌梭高肌化段。

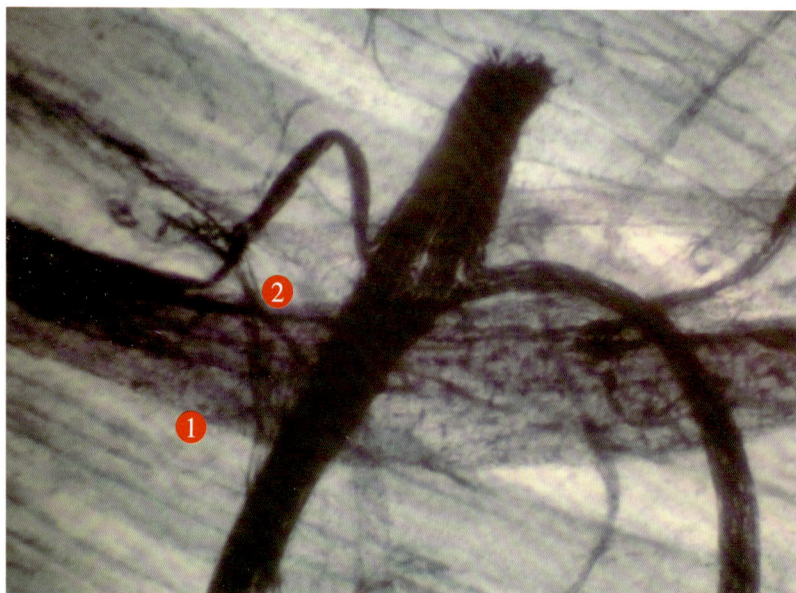

**■ 图3-157  兔类肌梭组织动力学（8）**
氯化金染色　×400
❶示低肌化侧；❷示高肌化侧。

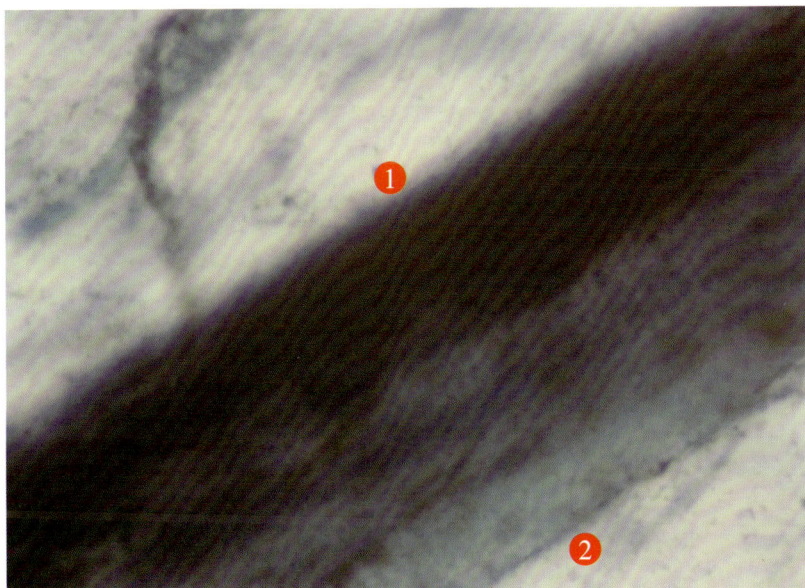

■ 图3-158　兔类肌梭组织动力学（9）

氯化金染色　×1 000

❶示低肌化区；❷示高肌化区。

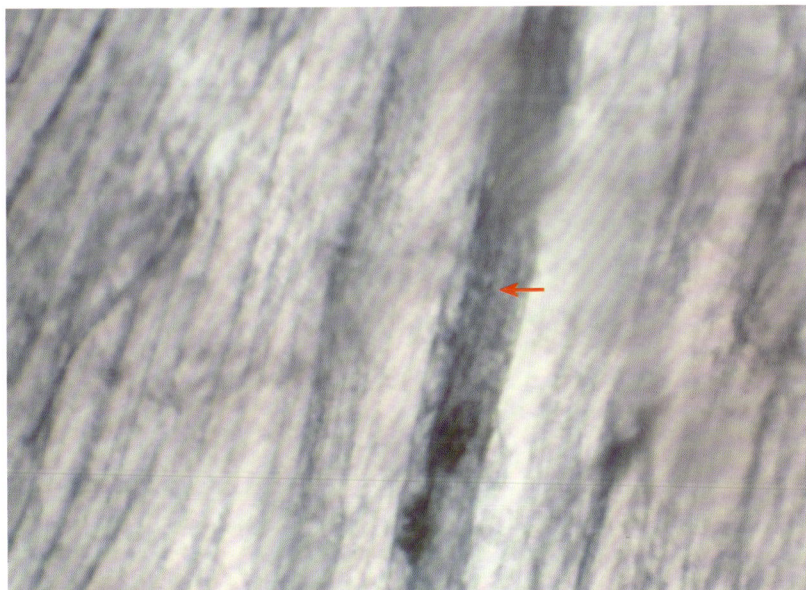

■ 图3-159　兔类肌梭组织动力学（10）

氯化金染色　×400

← 示肌梭近侧段延续为纤丝栅。

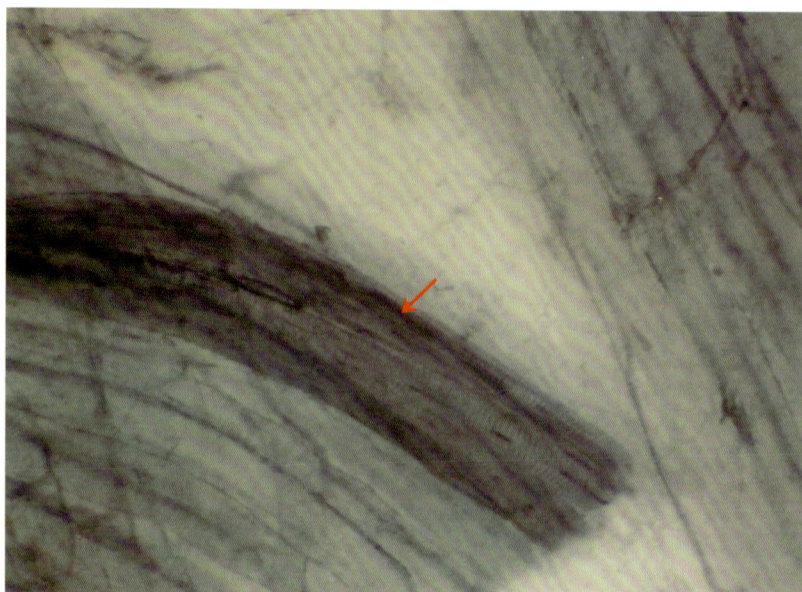

■ 图3-160　兔类肌梭组织动力学（11）

氯化金染色　×400

示肌梭另一端延续为纤丝栅。

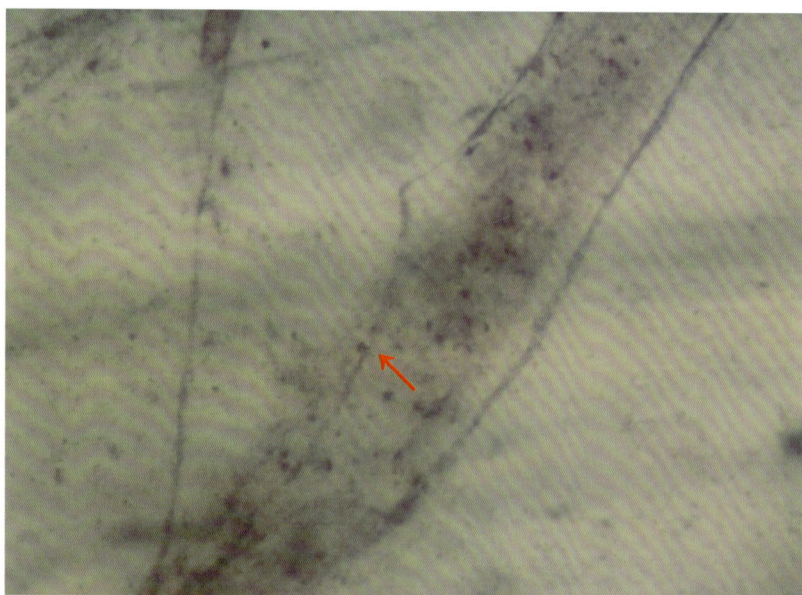

■ 图3-161　兔类肌梭组织动力学（12）

氯化金染色　×1 000

示重荷终末丝束及其末梢细小而稀疏。

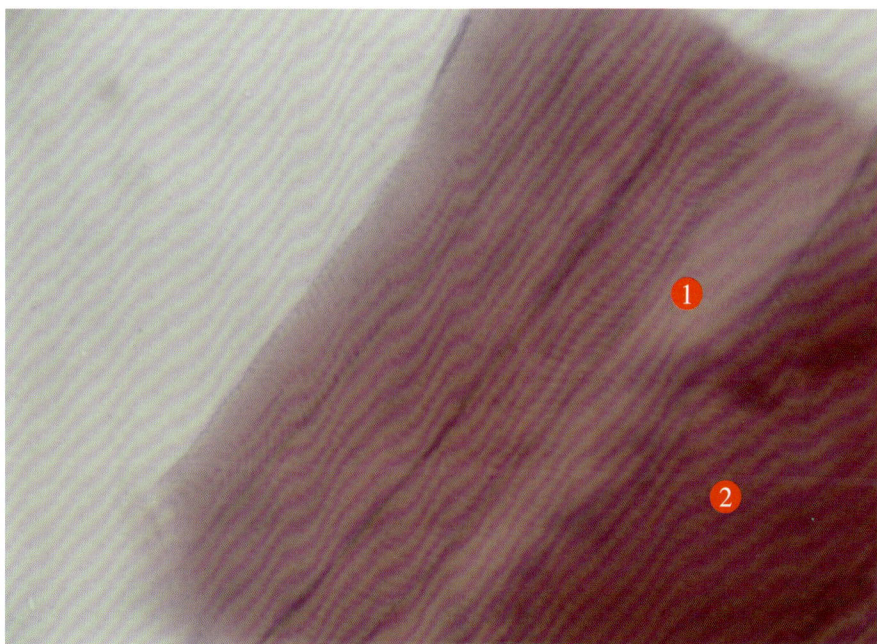

■ 图3-162　兔类肌梭组织动力学（13）

氯化金染色　×400

❶示白肌纤维；❷示红肌纤维。

## （三）终末丝栅组织动力学

在银染的发育骨骼肌切片中，可见许多粗细不等的黑色条纹纵行排列，形似栅栏，称之终末丝栅。终末丝栅主要由轻荷终末丝组成，每条轻荷终末丝由数条终末细丝束集而成，终末细丝荷载周期排列的肌收缩蛋白亚基的信息分子及相关酶，并行终末细丝拷贝周期同步。终末丝栅来源不同，但都与肌细胞构建有关。

1. **终末丝栅来源**　部分终末丝栅就是肌梭的延续段。肌梭一端可直接延续为终末丝栅（图3-163、图3-164），而后，来自重荷终末丝的神经末梢成分逐渐减少，肌细胞成分逐渐增多（图3-165、图3-166），而另一部分是由轴突终末逐渐疏散而成。单一的密实轴突终末可疏散为许多终末丝（图3-167），终末丝之间逐渐生成肌细胞成分，致使终末丝束进一步疏散，形成粗的重荷终末丝和细的轻荷终末丝黑色条纹。重荷终末丝可分散形成轻荷终末丝（图3-168、图3-169），重荷终末丝纵行排列于肌细胞之间，好像粗栅条，更为明显（图3-170）。少数纵纹则因运动终板近侧终末丝束受牵拉，夹入肌细胞之间而成。运动终板锚着于肌细胞某固定点，由其发源的重荷终末丝随肌组织收缩被牵拉，夹于肌细胞内或细胞之间（图3-171～图3-173）。

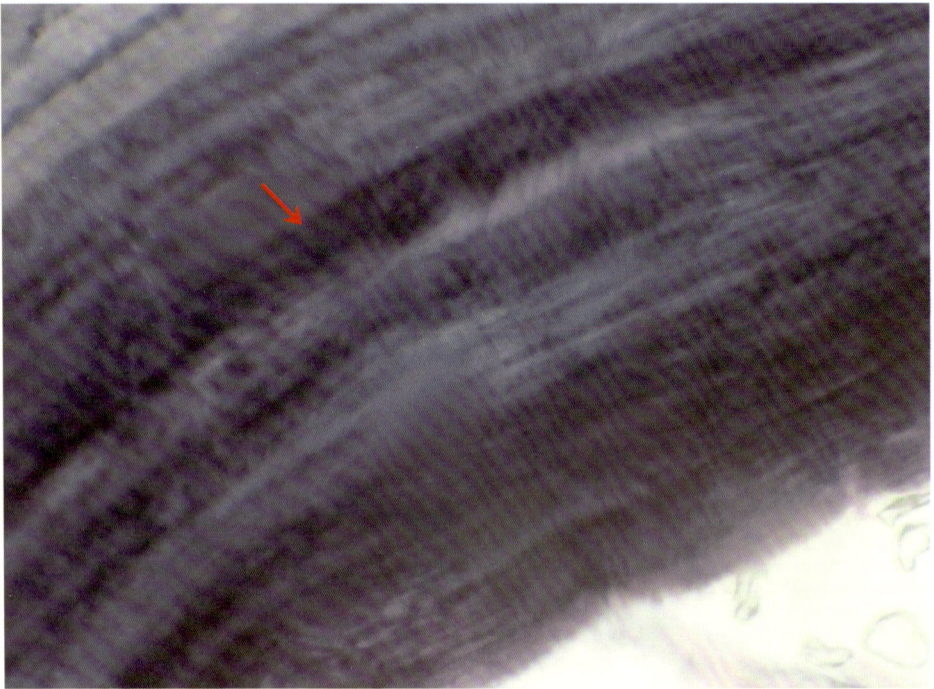

■ **图3-163　兔肌梭延续形成终末丝栅（1）**

氯化金染色　×400

示肌梭一端延续为运动神经终末丝栅。

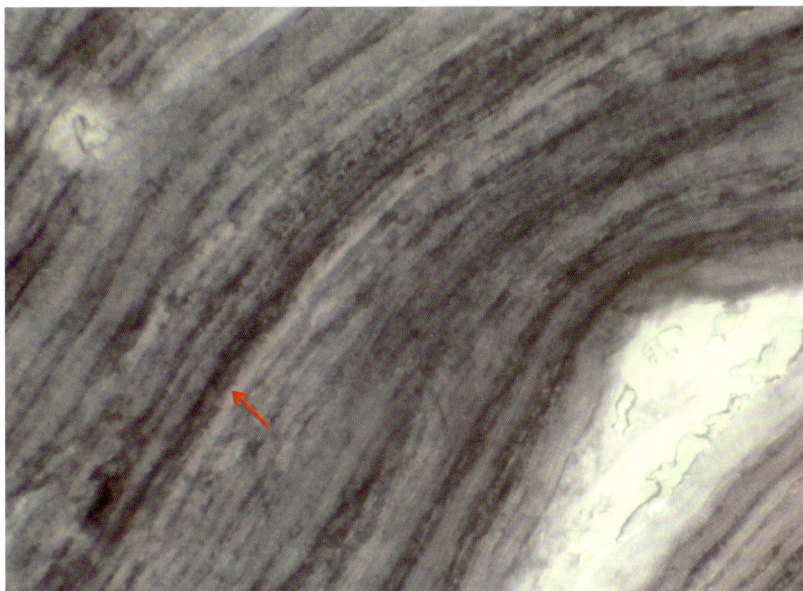

■ 图3-164　兔肌梭延续形成终末丝栅（2）
氯化金染色　×400
↖示肌梭一端延续为运动神经终末丝栅。

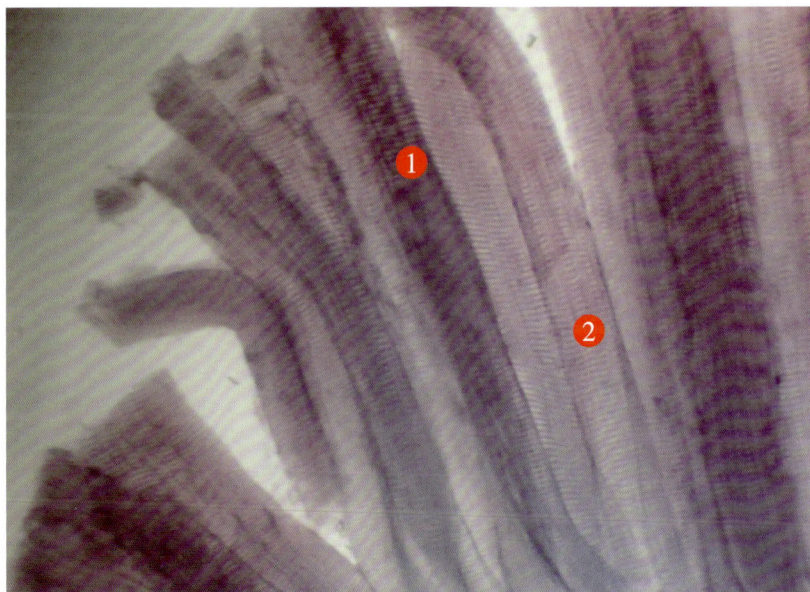

■ 图3-165　兔肌梭延续形成终末丝栅（3）
氯化金染色　×400
❶示肌化较少的神经终末丝栅；❷示肌化较多的神经终末丝栅。

227

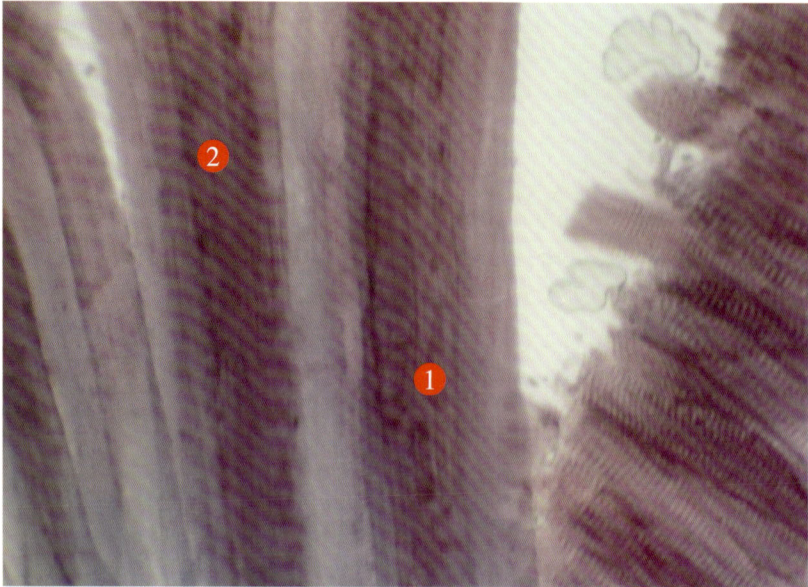

**■ 图3-166　兔肌梭延续形成终末丝栅（4）**

氯化金染色　×400

❶示重荷神经终末丝形成的神经末梢减少；❷示重荷神经终末丝形成的神经末梢进一步减少。

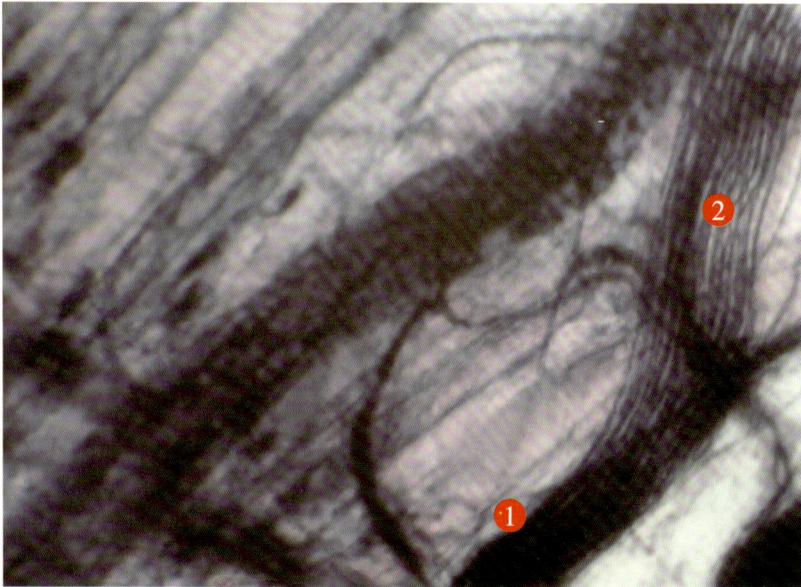

**■ 图3-167　兔轴突终末的疏散（1）**

氯化金染色　×400

❶示轴突终末致密段；❷示轴突终末疏散段。

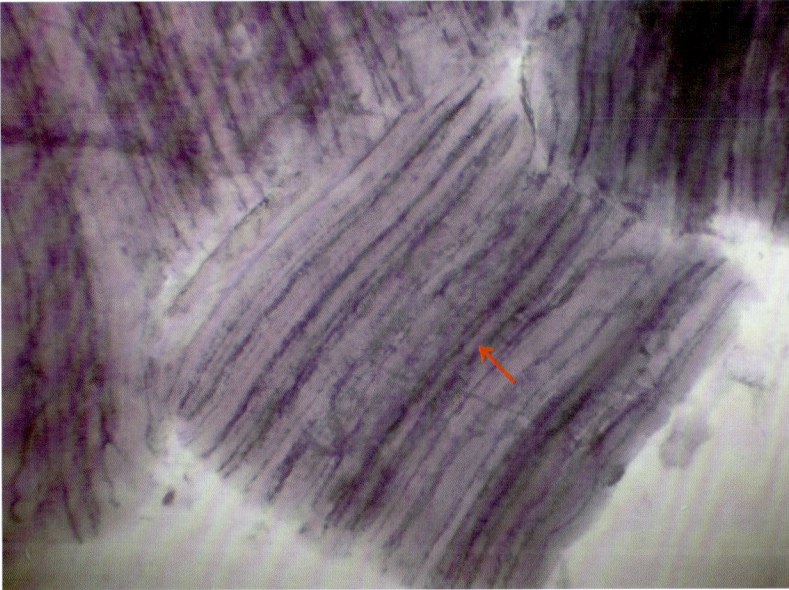

■ 图3-168　兔轴突终末的疏散（2）
氯化金染色　×400
示轴突终末疏散形成的终末丝栅。

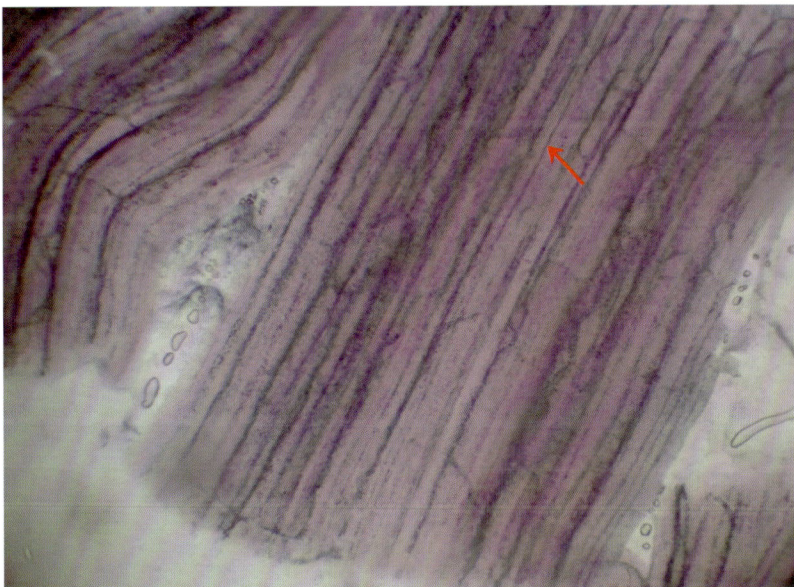

■ 图3-169　兔轴突终末的疏散（3）
氯化金染色　×400
示轴突终末疏散形成的终末丝栅。

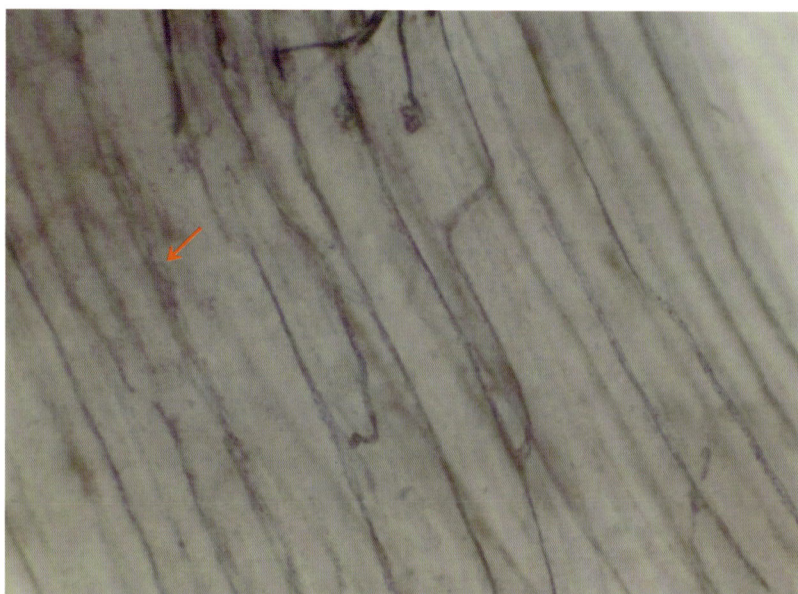

■ 图3-170　兔轴突终末的疏散（4）

氯化金染色　×1 000

示轴突终末疏散形成的终末丝栅。

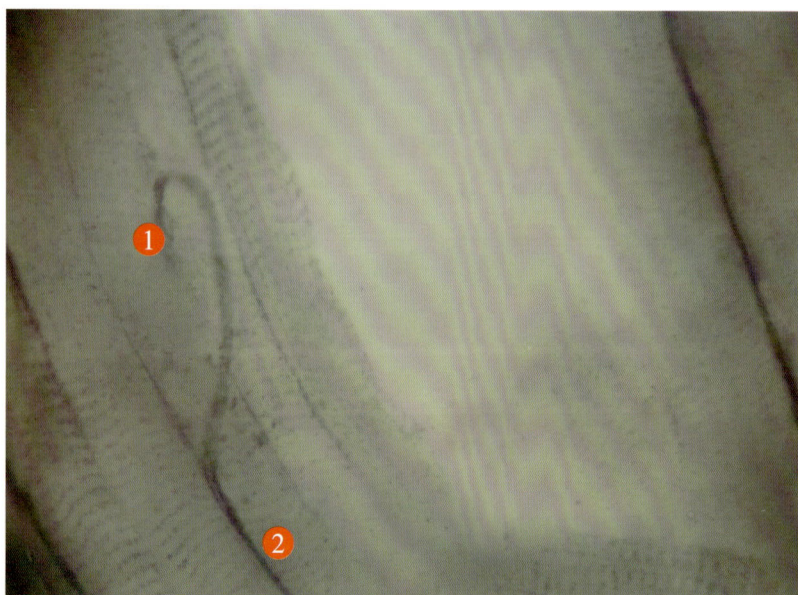

■ 图3-171　兔运动终板牵拉（1）

氯化金染色　×1 000

❶示受牵拉的重荷终末丝束终端；❷示受牵拉的重荷终末丝束。

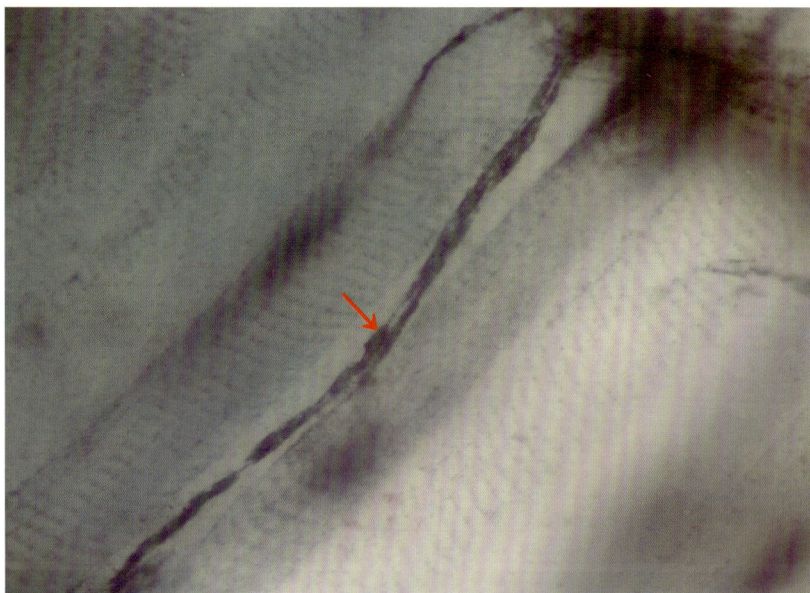

**■ 图3-172　兔运动终板牵拉（2）**

氯化金染色　×1 000

示受牵拉的运动终板近端重荷终末丝束。

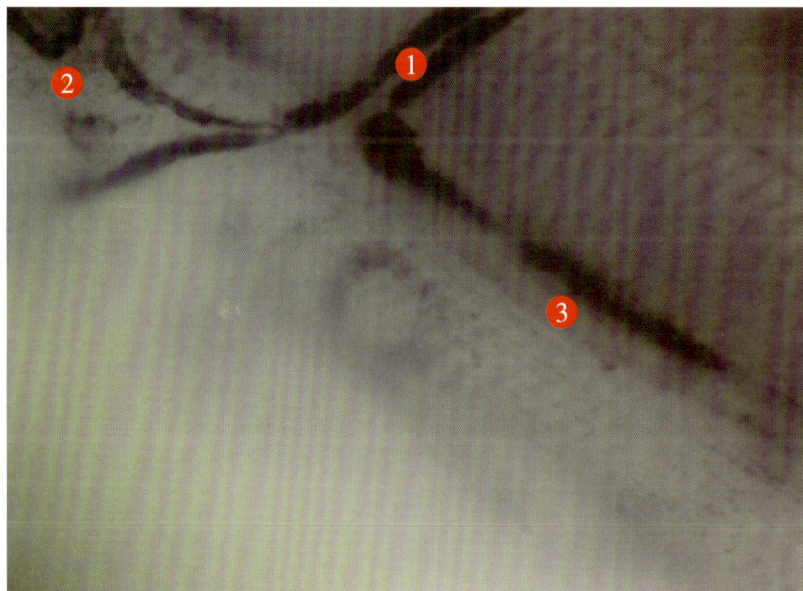

**■ 图3-173　兔运动终板牵拉（3）**

氯化金染色　×1 000

❶示重荷终末丝束；❷示运动终板；❸示被牵入肌内的重荷终末丝束。

**2. 终末丝栅演化** 重荷终末丝束与轻荷终末丝束均参与肌细胞收缩成分的构建（图3-174）。终末丝栅形成肌细胞收缩成分大致经过合成阶段、组装阶段、重排和并联阶段。新合成的蛋白不显结构，呈均质状，组装后呈颗粒状（图3-175、图3-176），而后，同周期时相的收缩成分同步排列，甚至并联起来（图3-177、图3-178），最后成为成熟的显示明显横纹的骨骼肌收缩装置（图3-179、图3-180）。

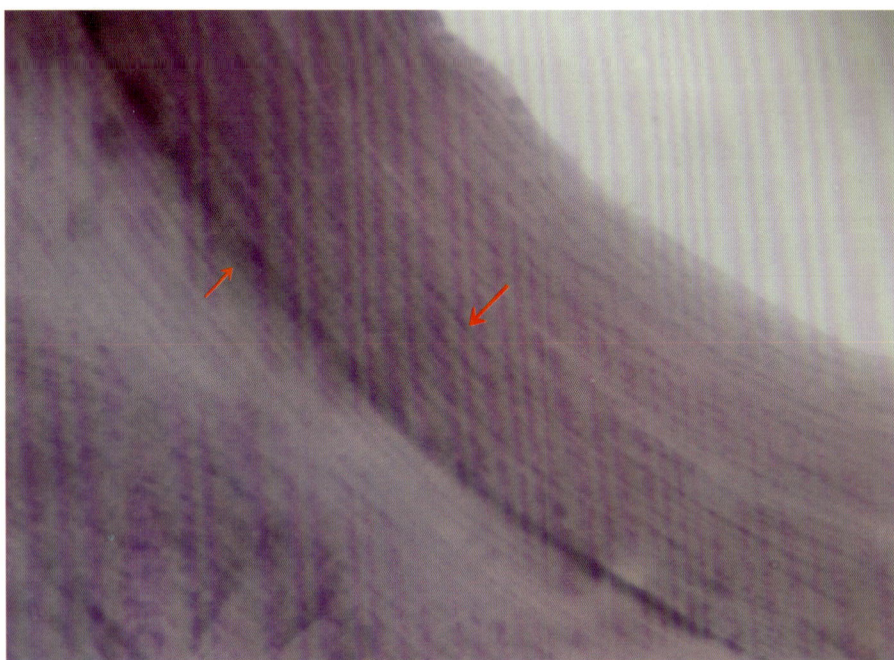

■ **图3-174 兔轴突终末丝束演化（1）**

氯化金染色 ×1 000

↗示受牵拉的运动终板近端重荷终末丝束表达肌细胞收缩成分；

↙示轻荷终末丝束表达形成肌细胞收缩成分。

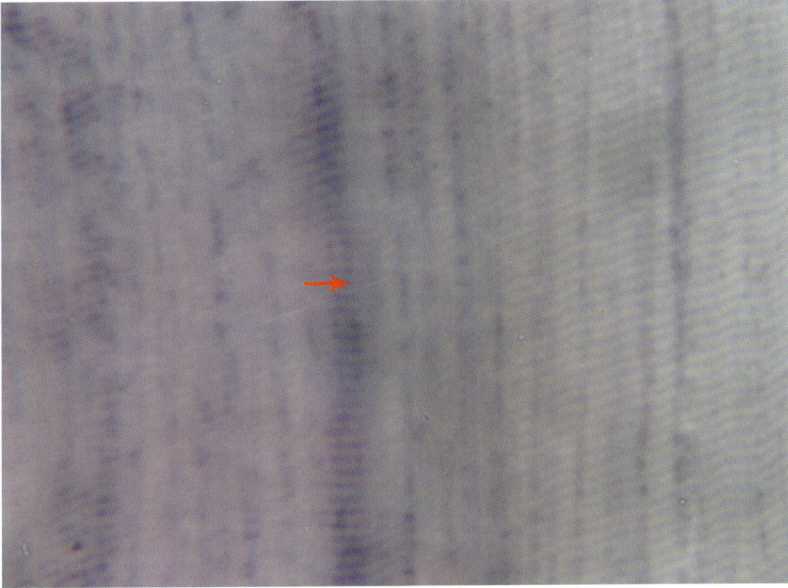

■ 图3-175  兔轴突终末丝束演化（2）

氯化金染色  ×1 000

→ 示细胞之间的重荷终末丝束形成肌细胞膜与间质。

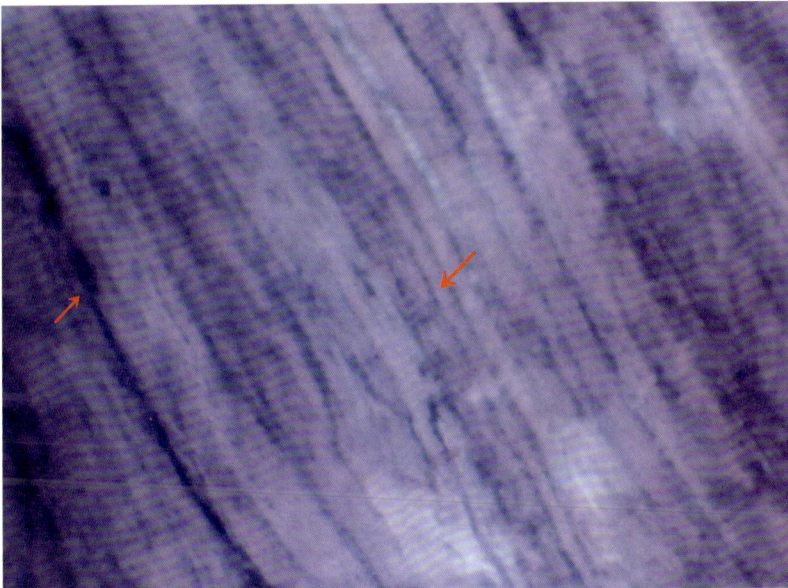

■ 图3-176  兔轴突终末丝束演化（3）

氯化金染色  ×1 000

↗ 示受牵拉的运动终板近端重荷终末丝束表达形成肌细胞收缩成分；↙ 示轻荷终末丝束表达形成肌细胞收缩成分。

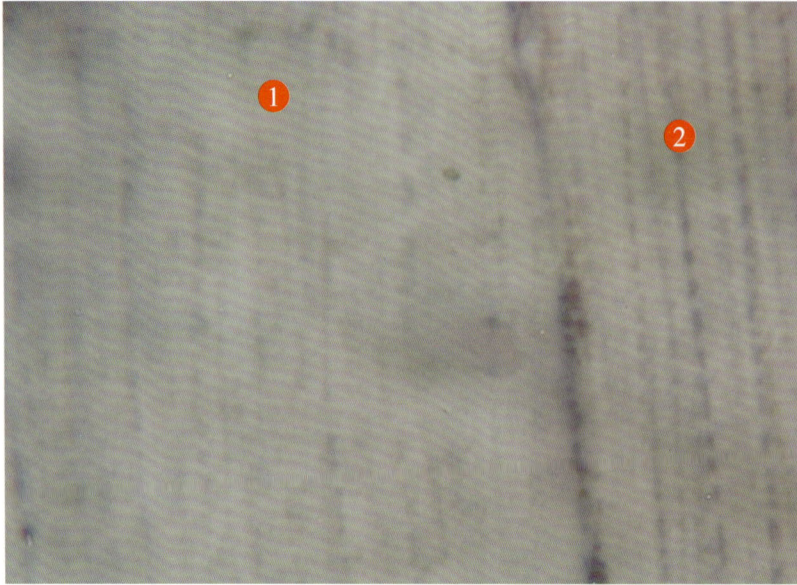

**■ 图3-177　兔轴突终末丝束演化（4）**

氯化金染色　×1 000

❶示轻荷终末丝束收缩蛋白合成；❷示轻荷终末丝束收缩蛋白组装。

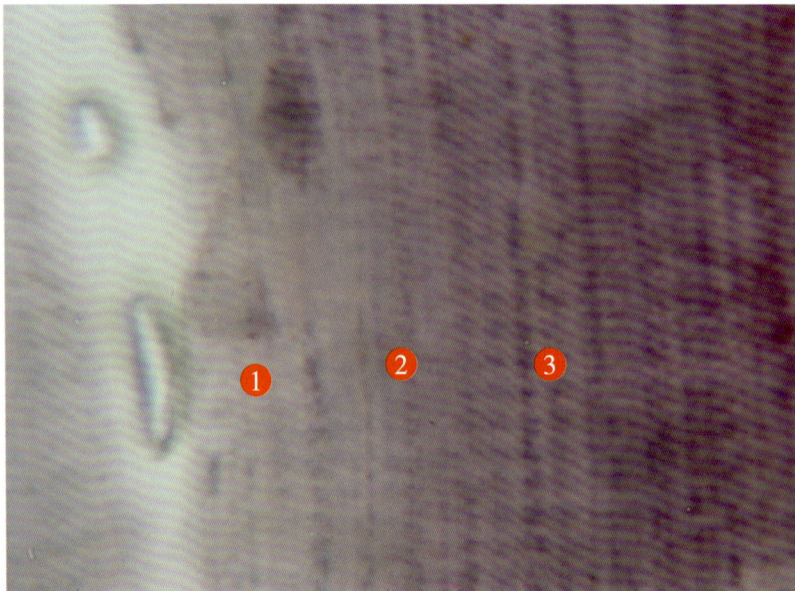

**■ 图3-178　兔轴突终末丝束演化（5）**

氯化金染色　×1 000

❶示合成区；❷示组装区；❸示重排区。

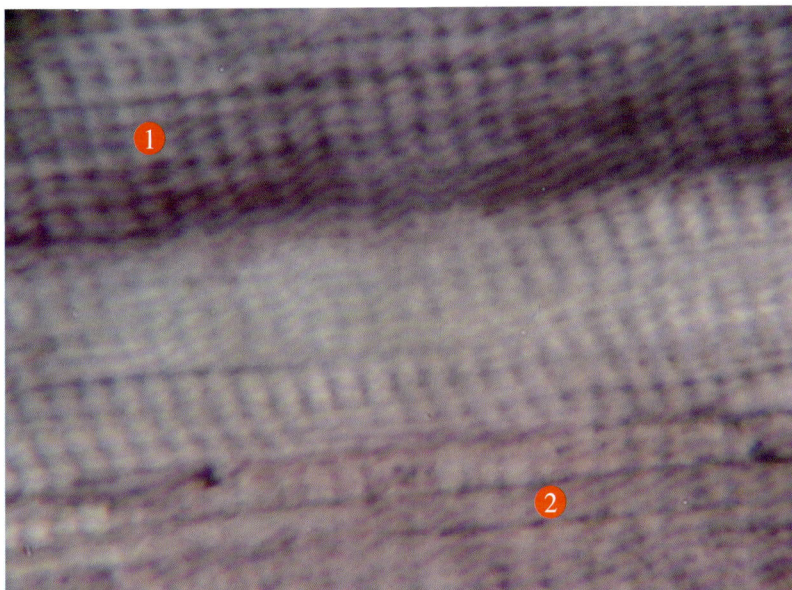

■ 图3-179　兔轴突终末丝束演化（6）
氯化金染色　×1 000
❶示待并联区；❷示待重排区。

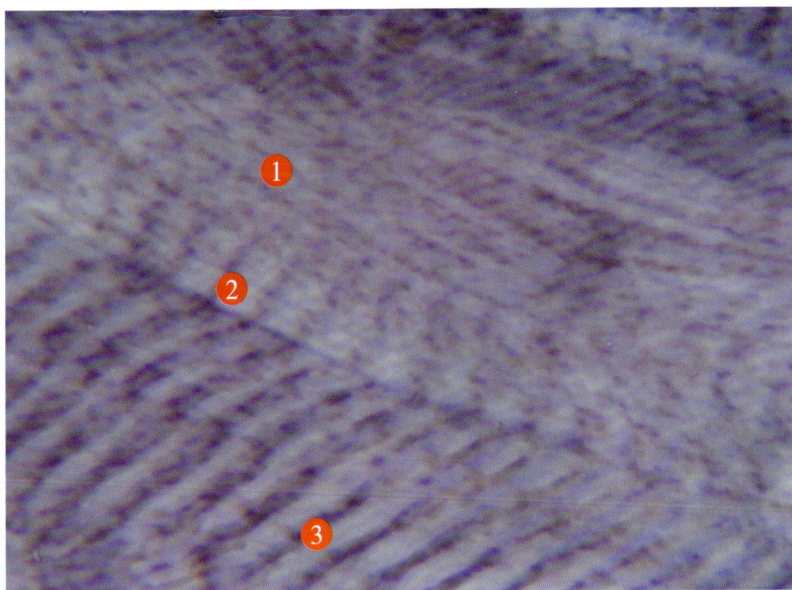

■ 图3-180　兔轴突终末丝束演化（7）
氯化金染色　×1 000
❶示待重排区；❷示重排区；❸示并联区。

## 五、神经及其终末的其他演化转归

凡有神经支配的器官，均可见神经末梢演化形成其他非神经细胞及其他结构。除以上本书描述的神经末梢演化形成骨骼肌细胞、表皮细胞、肌梭外，神经末梢还参与其他结构和器官的实质构建。

### （一）神经源血管形成

除第二卷《图说血管组织动力学》描述神经束以多种方式演化形成滋养血管外，又发现肾内神经束以内蚀方式演化形成小血管过程（图3–181 图3 184 ）。

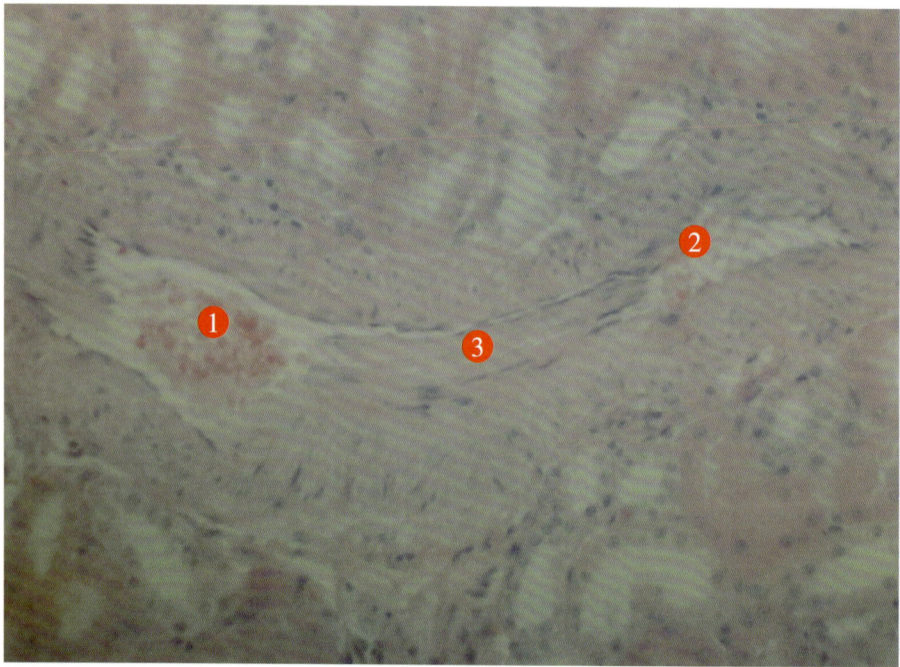

■ **图3-181　猴肾内神经束演化生成血管（1）**

**苏木素–伊红染色　×100**

❶和❷示神经束两端内蚀形成的血管腔；❸示残留的神经束中段。

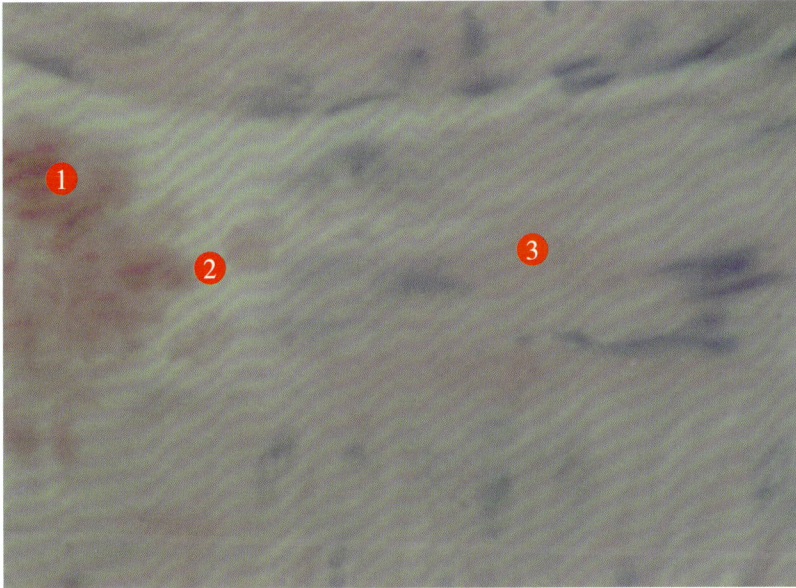

■ 图3-182　猴肾内神经束演化生成血管（2）

苏木素-伊红染色　×400

❶示神经束前端内蚀形成的血管腔；❷示神经束细胞演化形成血细胞；❸示残留的神经束中段。

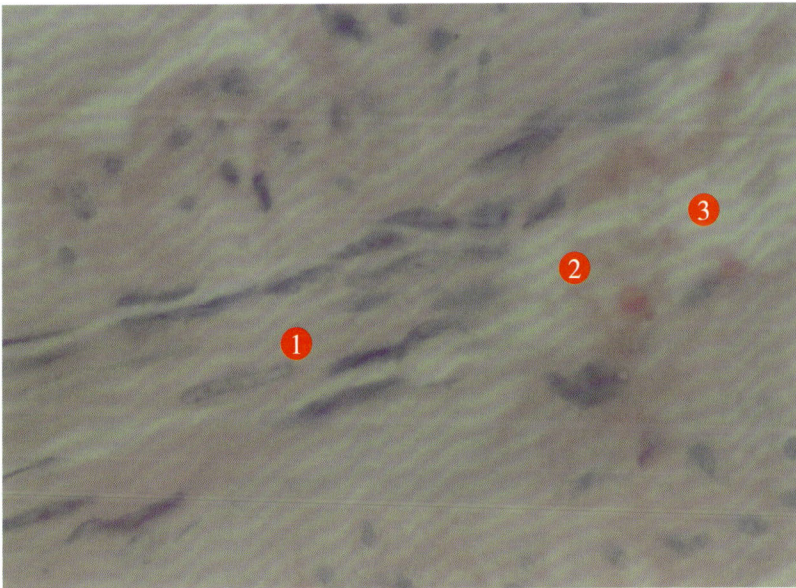

■ 图3-183　猴肾内神经束演化生成血管（3）

苏木素-伊红染色　×400

❶示残留的神经束中段；❷示神经束细胞演化形成血细胞；❸示神经束后端内蚀形成的血管腔。

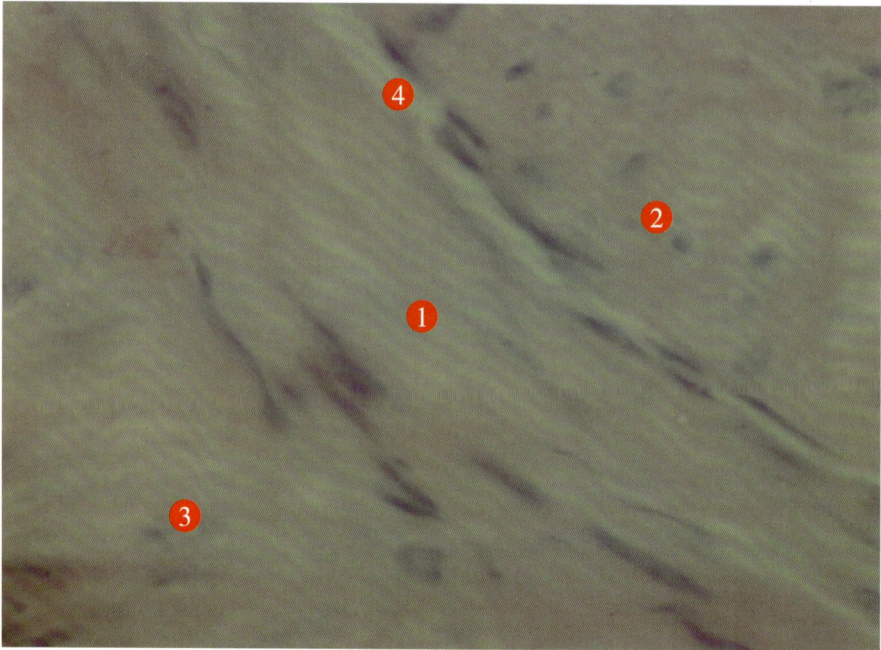

**■ 图3-184 猴肾内神经束演化生成血管（4）**

**苏木素-伊红染色 ×400**

❶示残留的神经束中段；❷示已演化形成的一侧血管壁；❸示正在演化形成的另一侧血管壁；❹示神经束两端内蚀形成血管腔之间的狭窄腔隙。

## （二）神经束细胞演化为血细胞

血管外膜神经束细胞可以不同方式演化形成血细胞（图3-185～图3-190）。

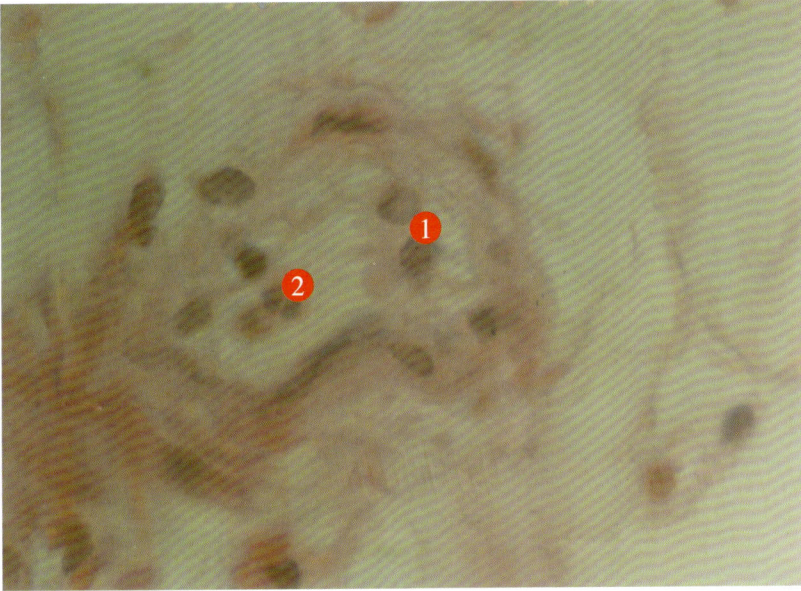

■ 图3-185　狗中动脉外膜神经束内蚀腔隙内血细胞发生（1）

苏木素-伊红染色　×400

❶示刚脱离腔壁的单个核细胞；❷示嗜酸粒细胞。

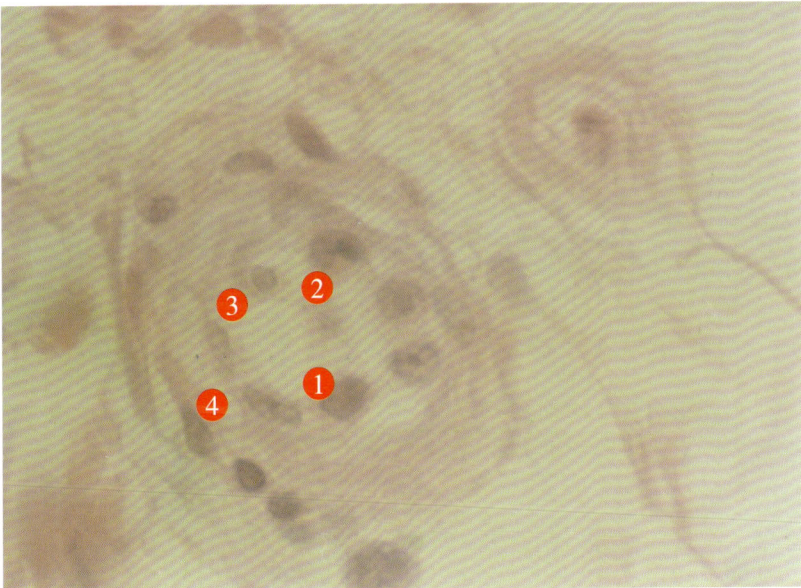

■ 图3-186　狗中动脉外膜神经束内蚀腔隙内血细胞发生（2）

苏木素-伊红染色　×400

❶示单个核细胞；❷示单核细胞；❸示将脱离腔壁的单个核细胞；
❹示神经束细胞。

239

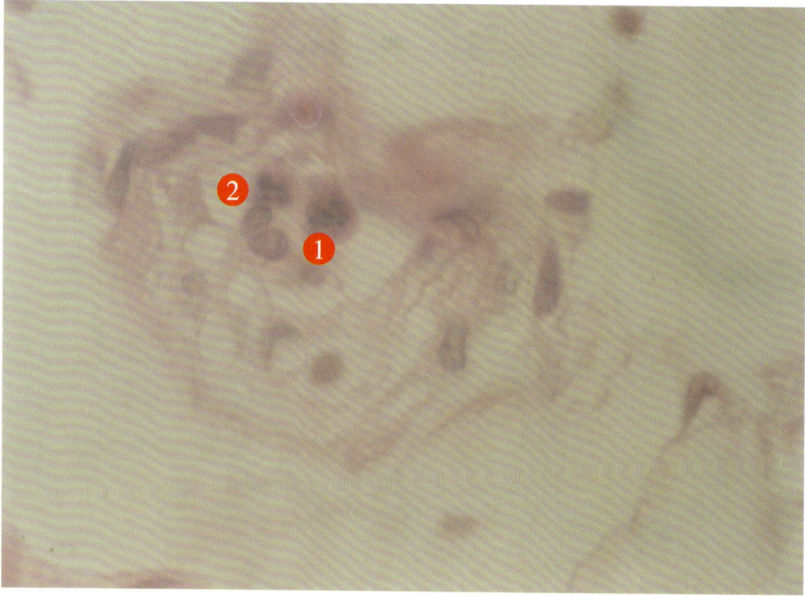

■ 图3-187　狗中动脉外膜神经束内蚀腔隙内血细胞发生（3）
苏木素–伊红染色　×400
❶示单核细胞；❷示分叶核白细胞。

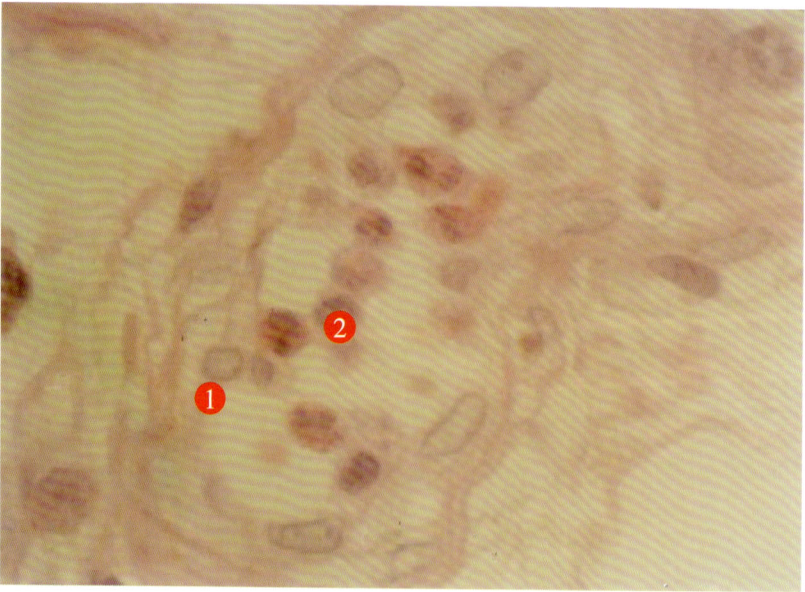

■ 图3-188　狗中动脉外膜神经束内蚀腔隙内血细胞发生（4）
苏木素–伊红染色　×400
❶示将脱离腔壁的神经束细胞；❷示单个核细胞。

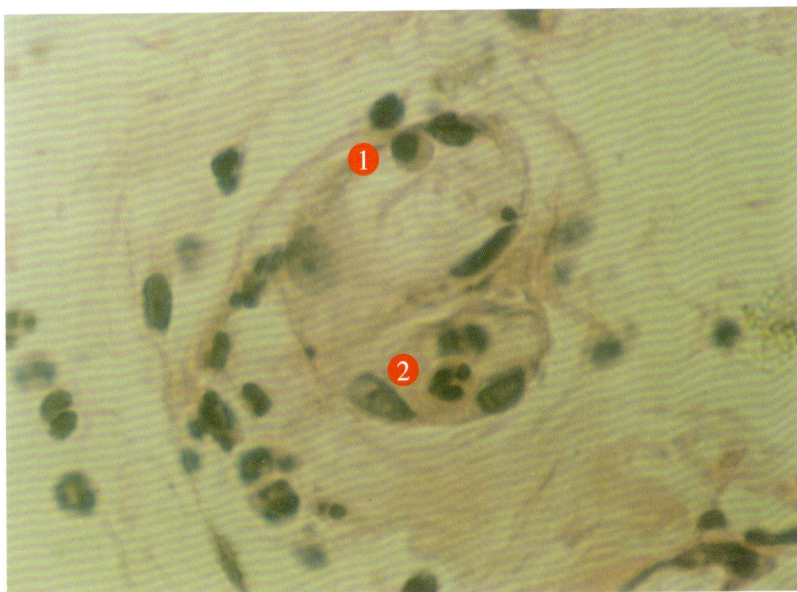

■ 图3-189　兔中动脉外膜神经束衣内血细胞发生（1）

苏木素−伊红染色　×400

图示神经束衣内血细胞发生。❶示单核细胞；❷示分叶核白细胞。

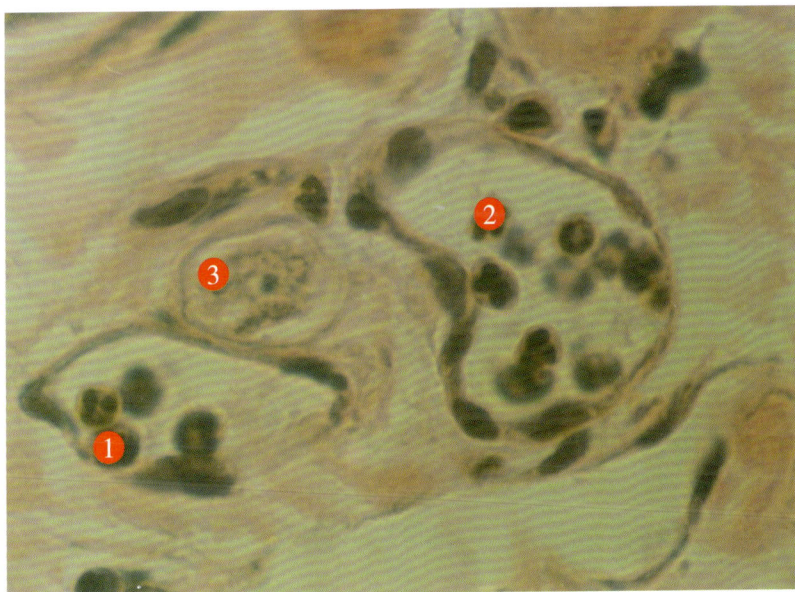

■ 图3-190　兔中动脉外膜神经束衣内血细胞发生（2）

苏木素−伊红染色　×400

❶示单个核细胞；❷示分叶中性粒细胞；❸示退化的神经纤维。

## （三）神经束细胞演化形成肾上腺皮质细胞和髓质细胞

人肾上腺神经束细胞可见演化形成皮质细胞（图3-191）。观察显示，进入猴肾上腺髓质的交感神经束细胞呈流线型迁移至靶组织，逐步钝圆化、增殖并演化形成髓质细胞（图3-192~图3-194）。人和狗肾上腺无髓神经纤维末梢神经束细胞也可见演化形成髓质细胞（图3-195、图3-196）。

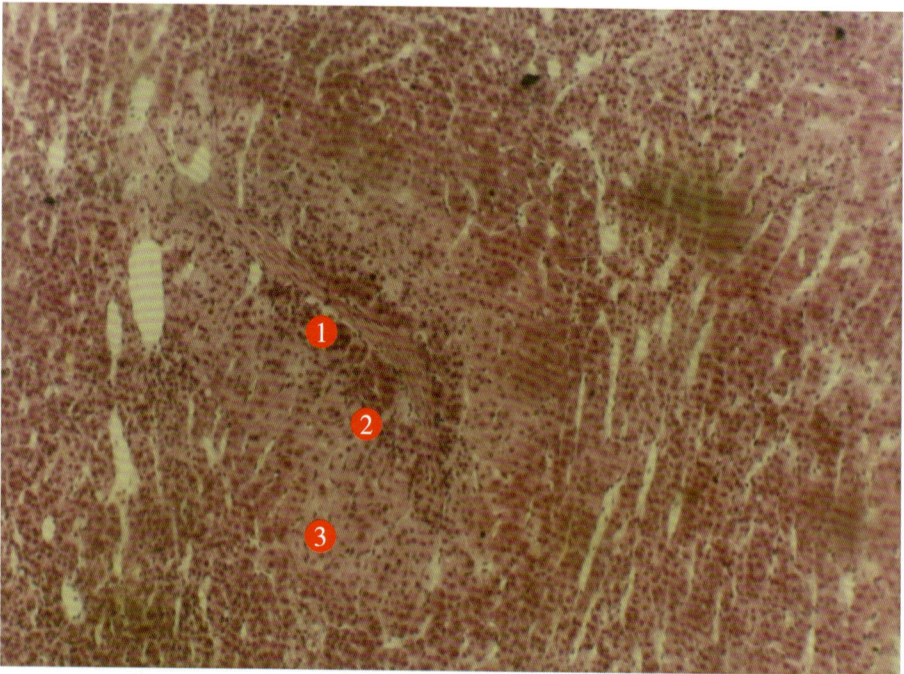

■ 图3-191　人肾上腺神经束细胞-皮质细胞演化
苏木素-伊红染色　×100
❶示穿越皮质的交感神经束（纵切面）；❷示周围有干细胞鞘；
❸示皮质细胞条索样向外演化生长。

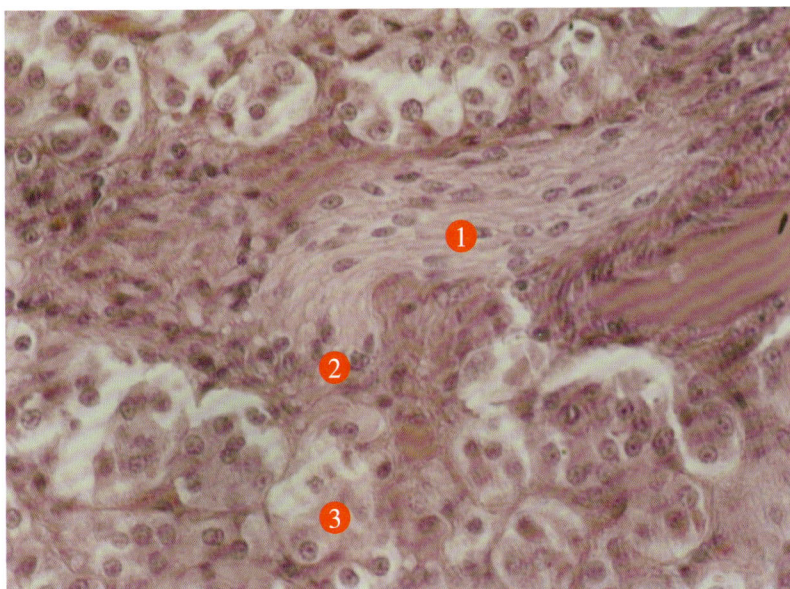

**■ 图3-192 猴肾上腺神经束细胞-髓质细胞演化（1）**

苏木素-伊红染色 ×400

❶示神经束内流线型神经束细胞；❷示末端演化过渡细胞；❸示新生髓质单位。

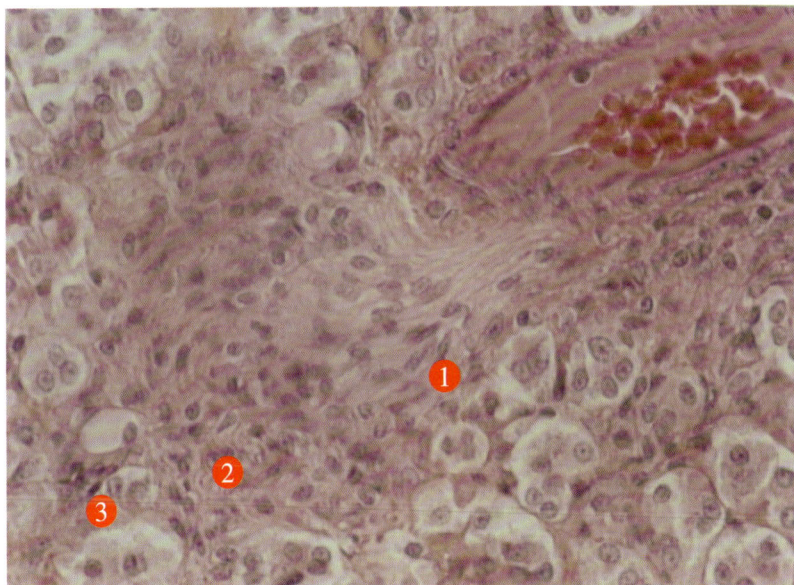

**■ 图3-193 猴肾上腺神经束细胞-髓质细胞演化（2）**

苏木素-伊红染色 ×400

❶示神经束末端流线型神经束细胞；❷示末端演化过渡细胞；❸示新生髓质单位。

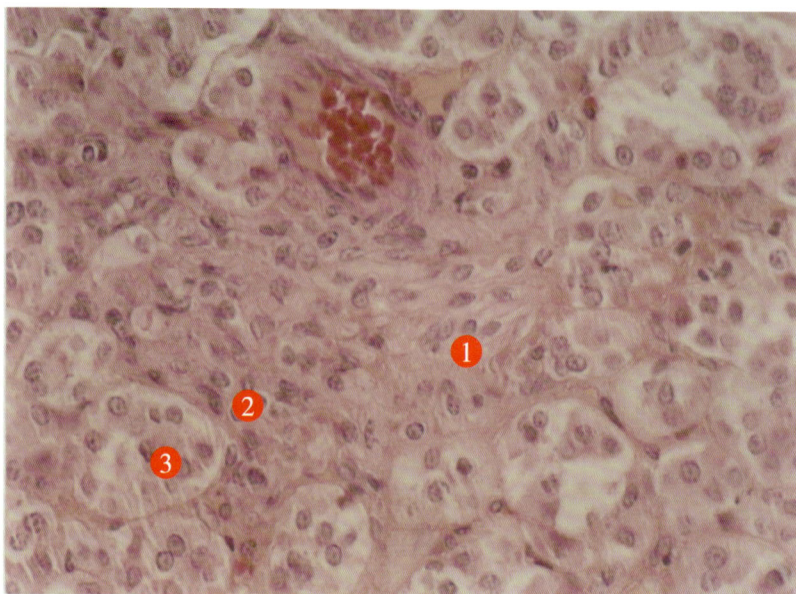

■ 图3-194　猴肾上腺神经束细胞–髓质细胞演化（3）

苏木素–伊红染色　×400

❶示神经束细胞；❷示过渡性细胞；❸示髓质细胞。

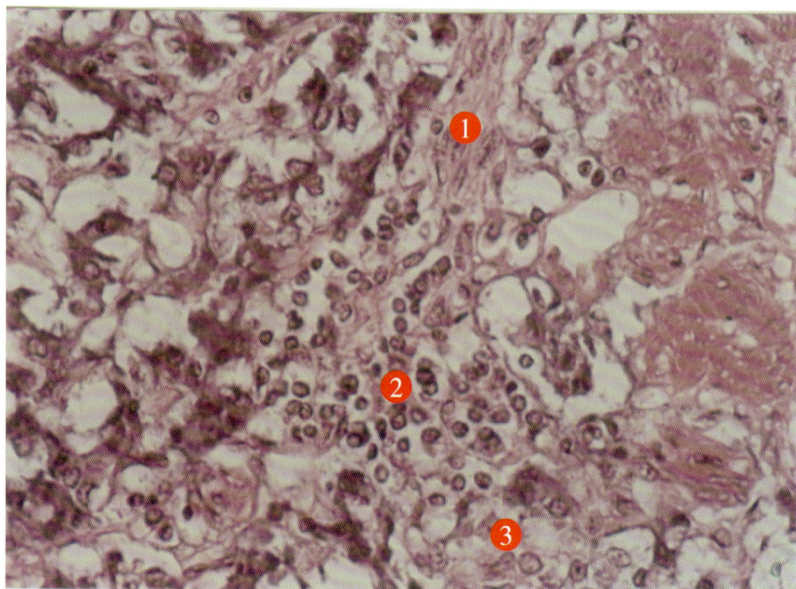

■ 图3-195　人肾上腺神经束细胞–髓质细胞演化

苏木素–伊红染色　×400

❶示神经束细胞；❷示过渡性细胞；❸示髓质细胞。

244

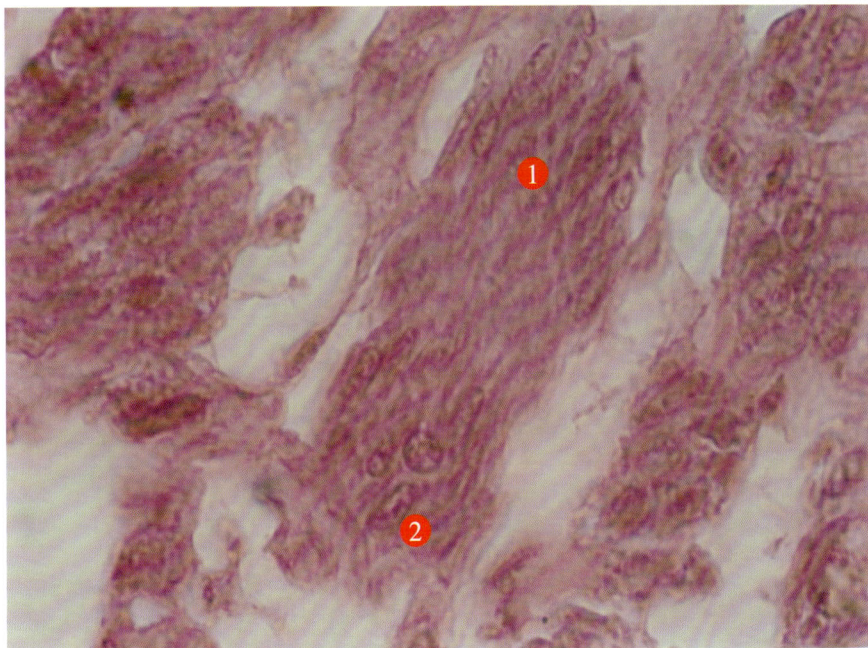

**■ 图3-196　狗肾上腺神经束细胞-髓质细胞演化**

苏木素-伊红染色　×1 000

❶示交感神经途中束细胞多呈流线型；❷示神经束末端束细胞变成圆形。

## （四）神经束细胞演化形成脑垂体远侧部腺细胞

人下丘脑-腺垂体束中心支神经束细胞，经钝圆化逐步演化形成脑垂体远侧部腺细胞（图3-197～图3-199）。

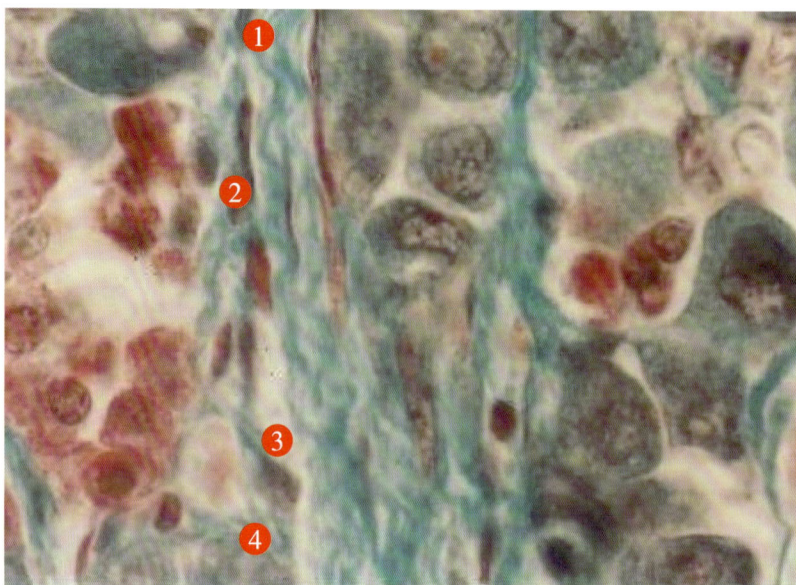

■ 图3-197 人下丘脑-腺垂体束中心支-腺细胞演化（1）

Mallory复合染色 ×1 000

❶示神经束终末细胞流线；❷示细胞钝圆化；❸示过渡性细胞；
❹示嗜碱性腺细胞。

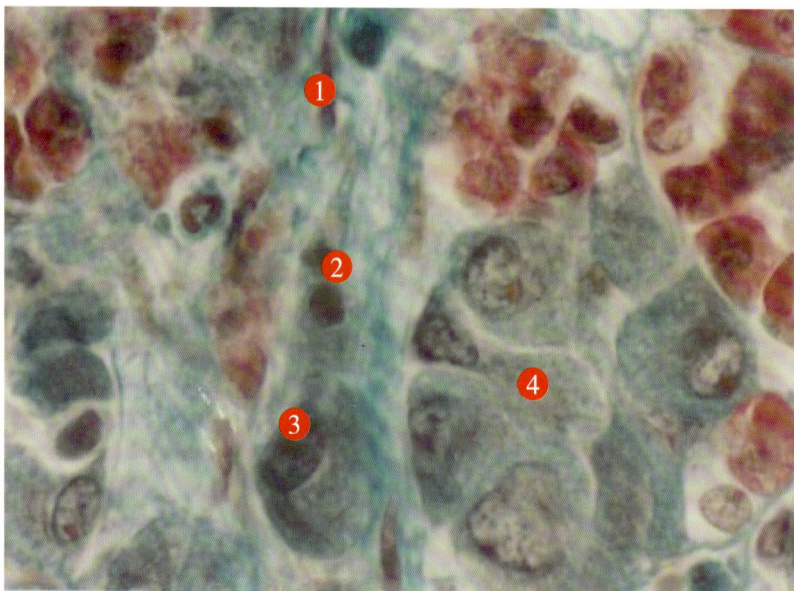

■ 图3-198 人下丘脑-腺垂体束中心支-腺细胞演化（2）

Mallory复合染色 ×1 000

❶示神经束终末细胞流线；❷示细胞钝圆化；❸示脱颖分裂中
的嗜碱腺细胞；❹示嗜碱腺单位。

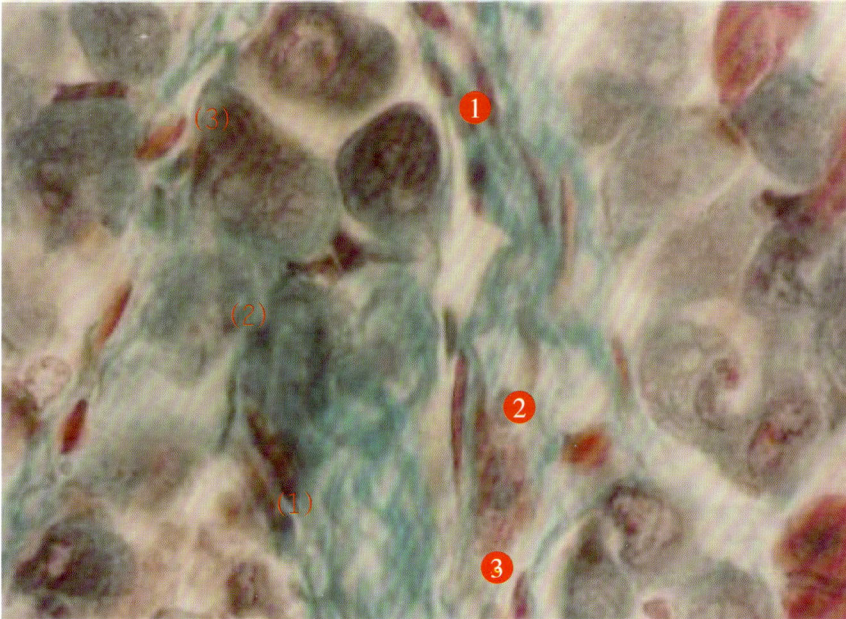

**■ 图3-199　人下丘脑-腺垂体束中心支-腺细胞演化（3）**

Mallory复合染色　×1 000

**❶**、**❷**、**❸**和(1)、(2)、(3)分别代表方向相反的两个由中心支终末流线型细胞，经钝圆化的过渡性细胞，到远侧部腺细胞的演化序列。

## （五）神经束细胞演化为松果体细胞

进入松果体的神经束细胞也可经钝圆化演化成为松果体细胞（图3-200、图3-201）。

## （六）神经束细胞演化形成胰腺细胞

胰腺内神经束细胞可演化形成胰腺细胞（图3-202～图3-204）。

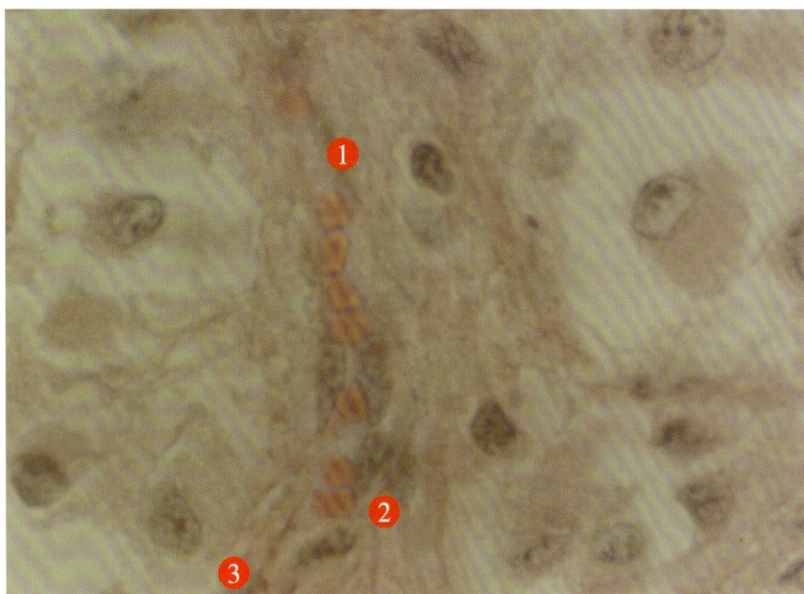

**■ 图3-200　人神经束细胞直接演化松果体细胞（1）**

苏木素-伊红染色　×400

❶示流线型神经束细胞；❷示过渡性细胞钝圆化；❸示新生松果体细胞。

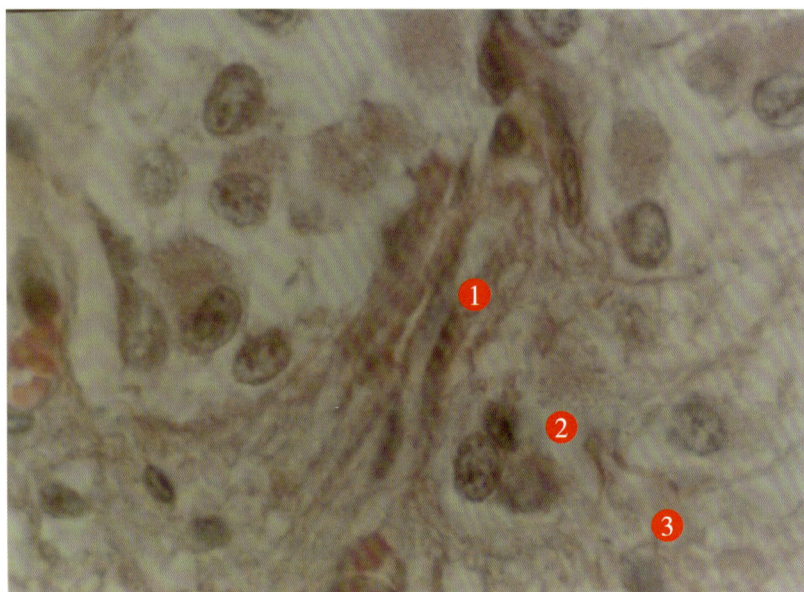

**■ 图3-201　人神经束细胞直接演化松果体细胞（2）**

苏木素-伊红染色　×400

❶示流线型神经束细胞；❷示过渡性细胞增生、核钝圆化；❸示新生松果体细胞。

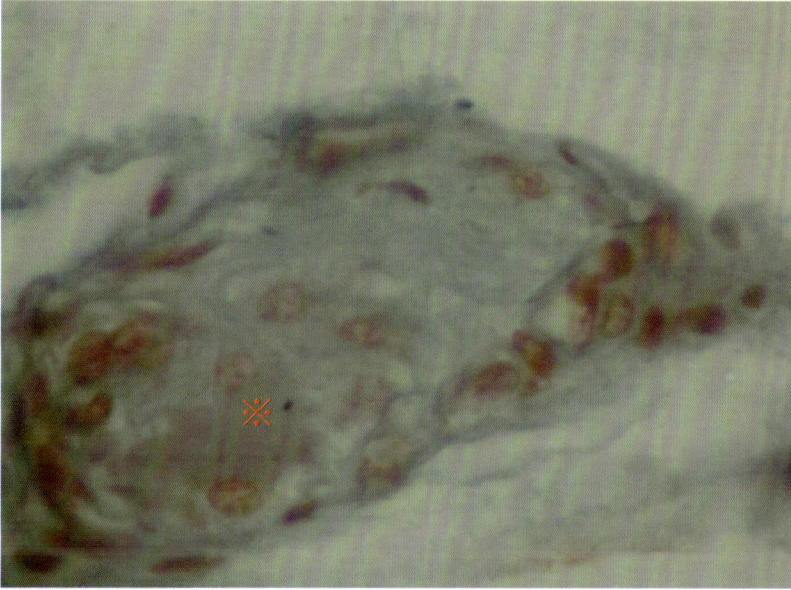

■ 图3-202　人神经源胰干细胞演化（1）
Masson染色　×400
※示小神经束内干细胞胰腺细胞化。

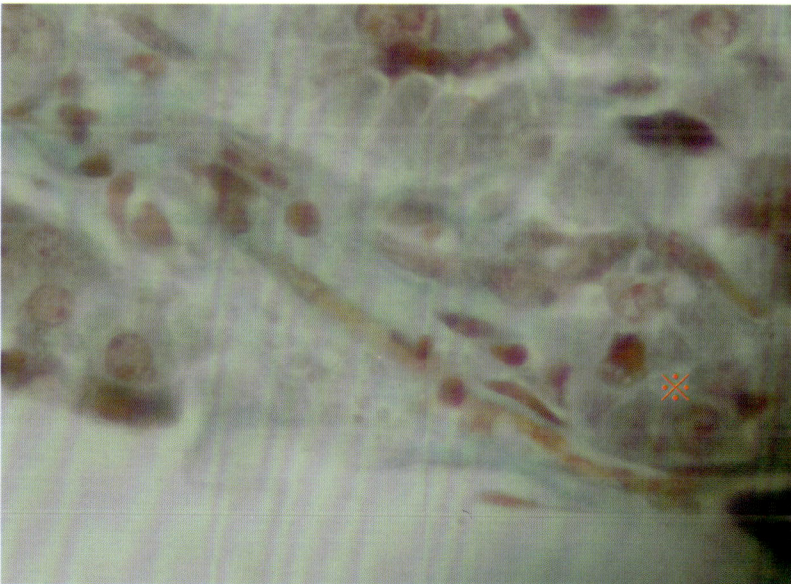

■ 图3-203　人神经源胰干细胞演化（2）
Masson染色　×400
※示小神经束内干细胞胰腺细胞化。

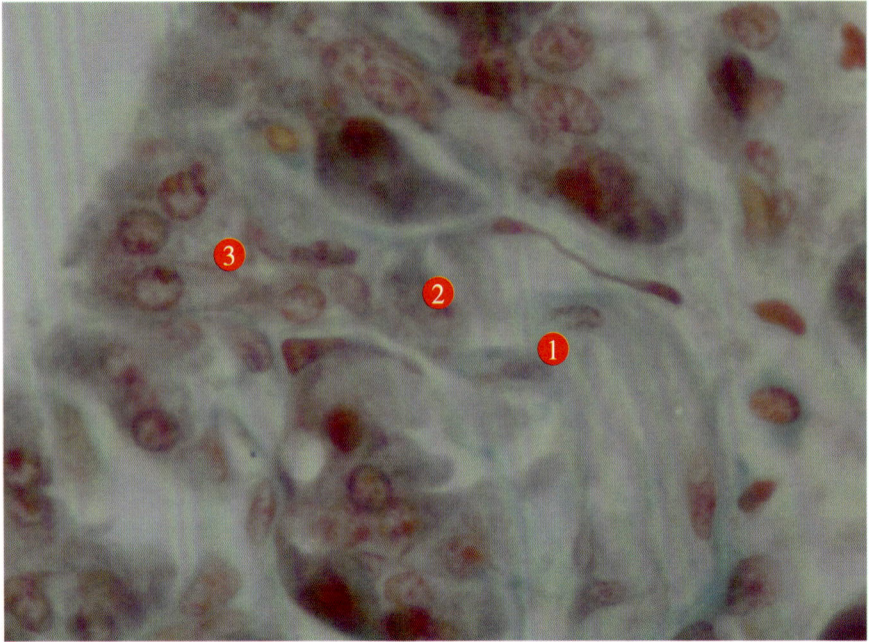

■ 图3-204 人神经源胰干细胞演化（3）

Masson染色 ×400

❶示神经束一端神经束细胞；❷示过渡性细胞；❸示胰腺细胞。

除此之外，有证据表明，神经细胞在相应器官组织场诱导下，还可演化形成心肌细胞、平滑肌细胞、螺旋器细胞、视网膜细胞、嗅上皮细胞、睾丸间质干细胞、睾丸间质细胞等，分别已在或将在"图说组织动力学"相关卷册中描述，此书中不再重复，相信更多神经细胞演化其他细胞的证据还将会继续不断地被发现。由此可见，神经与支配器官的关系不只限于功能调控，更为重要的是，支配神经实际上乃是所支配器官的主体构建者。

## 小　结

　　脊神经节细胞、交感神经节细胞均显示有细胞直接分裂与细胞衰老的细胞动力学过程。脊神经节与交感神经节还有由节细胞和卫星细胞组成的神经节单位的结构动力学过程。在副交感神经节细胞死亡后较长时间保留核残体，其残余的胞外生命活动产物对节细胞生命活动的微环境有重要影响。

　　周围神经和神经纤维不只是电信号的传导媒介，更重要的还是部分神经细胞从中枢神经系统流向周围器官的通道。从组织动力学观点看，所有神经系统的神经纤维可分为无髓神经纤维和有髓神经纤维两类。脑内传导束、脑神经和自主神经多属于无髓神经纤维，其特点是神经束细胞核呈流线型较快地流向其终端。脊髓内传导束和脊神经多为有髓神经纤维，其包括脊神经前根和后根及感觉神经及运动神经，其特点是在其中流动的细胞核严重变形，可为流线型、长梭形或细丝状，细胞核运行速度较慢。神经细胞从脑、脊髓经周围神经配送到靶器官，参与所支配器官实质构建，这为世界六大顽症之一的渐冻症发病机制研究提供了重要线索。

　　触觉小体是由神经末梢演化而来的终末感受器，本身也有其生成与衰亡的动力学过程，触觉细胞可以多种方式演化形成角质形成细胞。环层小体源于途中无髓神经纤维束受外来压力演变形成的终末感受器，自身也有形成与衰退过程。

　　运动神经束失去髓鞘成为轴突终末，轴突终末可分出重荷终末丝和轻荷终末丝。重荷终末丝有较多终末细丝并荷载较大核物质团块；轻荷终末丝含较少终末细丝，每条终末细丝荷载周期排列的肌收缩蛋白亚基的信息分子及相关酶。运动神经终末分别以运动终板、肌梭和终末丝栅等形式参与骨骼肌建构。运动终板是重荷纤丝束的轴突终末，所荷载的核物质至终板重整细胞核，加入终板"核足垫"，成为肌细胞的核。肌梭是轴突终末中途演化形成及组织的过渡性结构，有锤形肌梭、梭形肌梭、单极超长形肌梭等，由重荷终末丝和轻荷终末丝组成，重荷终末丝可进一步分散成为轻荷终末丝。重荷终末丝和轻荷终末丝均参与肌细胞收缩成分的合成。终末丝栅可为肌梭的延续段，部分是由轴突终末逐渐疏散而成。少数终末丝可因运动终板近侧终末丝受牵拉，夹入肌细胞之间。终末丝栅是轴突终末演化形成肌组织的较普遍形式。

# 参考文献

[1]  蔡文琴，李海标. 发育神经生物学[M]. 北京：科学出版社，1999.

[2]  丁明杰，史学义，张婳，等. NGF诱导PC12细胞分化的神经细胞行为观察[J]. 河南医科大学学报，2001，36（3）：281-283.

[3]  邹建云，万选才. 神经系统发育过程中的细胞自发死亡[J]. 神经解剖学杂志，1987，3（2）：137-141.

[4]  饶毅，吴瑛. 神经细胞迁移导向的分子机制[J]. 生理科学进展，2000，31（3）：198-204.

[5]  张香桐，叶容. 家兔某种神经细胞的核膜皱折及其有关现象[J]. 解剖学报，1965，8（4）：443-447.

[6]  厉永强，商超蔚，宋敏，等. 喙端迁移流的发生及其细胞凋亡[J]. 解剖学报，2012，43（3）：317-321.

[7]  段建辉，祝晓玲，李学军. 神经干细胞衰老基础与临床研究进展[J]. 国际病理科学与临床杂志，2011，31（4）：291-295.

[8]  臧建峰，牛艳丽，王永恒，等. 小鼠大脑新皮质片层化形成过程和细胞周期变化[J].解剖学报，2012，43（1）：19-27.

[9]  郑志竑，胡建石，陈文列，等. 体外培养的神经干细胞球的超微结构[J]. 解剖学报，2003，34（6）：615-619.

[10]  CHRISTIANE NSSLEIN-VOLHARD. 沈瑛，译. 组织胚胎发育的梯度[J]. 科学，1996，12：16-21.

[11]  ABERCROMBIE M，EVANS D H L，MARRY T G. Nuclear multiplication and cell migration in degenerating unmyelinated nerves[J]. J Anat，1959，93（1）：9-14.

[12]  ALTMAN J. Autoradiographic and histological studies of postnatal neurogenesis. IV. Cell proliferation and migration in the anterior forebrain，with special reference to

persisting neurogenesis in the olfactory bulb[J]. J Comp Neurol, 1969, 137（4）: 433 - 457.

[13] ALVARAZ - BUYLLA A, NOFFEBOHM F. Migration of young neuron in adult avian brian[J]. Nature, 1988, 335（6188）: 353 - 354.

[14] ANGEVINE J B, SIDMAN R L. Autoradiographic study of cell migration during histogenesis of cerebral cortex in the mouse[J]. Nature, 1961, 192: 766 - 768.

[15] ANTHONY T E, KLEIN C, FISHELL G, et al. Radial glia serve as neuronal progenitors in all regions of the central nervous system[J]. Neuron, 2004, 41（6）: 881 - 890.

[16] ARMSTRONG R J, WATTS C, SVENDSEN C N, et al. Survival, neuronal differentiation, and fiber outgrowth of propagated human neural precursor grafts in an animal model of Huntingtons disease[J]. Cell Transplant, 2000, 9: 55 - 64.

[17] AUBERT I, RIDET J L, GAGE F H, et al. Regeneration in the adult mammalian CNS: guided by development[J]. Current Opinion in Neurobiology, 1995, 5（5）: 625 - 635.

[18] BISHOP N A, LU T, YANKNER B A. Neural mechanisms of ageing and cognitive decline[J]. Nature, 2010, 464: 529 - 535.

[19] BJORKLUND L M, SANCHEZ - PERNAUTE R, CHUNG S, et al. Embryonic stem cells develop into functional dopaminergic neurons after transplantation in a Parkinson rat model[J]. Proc Natl Acad Sci USA, 2002, 99: 2344 - 2349.

[20] BARTH P G. Disorders of neuronal migration[J]. Can J NeurolSci, 1987, 14（1）: 1 - 16.

[21] BUDDENSIEK J, DRESSEL A, KOWALSKI M, et al. Adult cerebro - spinal fluid inhibits neurogenesis but facilitates gliogenesis from fetal rat neural stem cells[J]. J Neurosci Res, 2009, 87（14）: 3054 - 3066.

[22] CAI J, LIMKETL, GINIS. et al. Identifying and tracking neural stem cells[J]. Blood Cells Mol Dis, 2003, 31（1）: 18 - 27.

[23] CAMERON H A, MCKAY R. Stem cells and neurogenesis in the adult brain[J]. Curr Opin Neurobiol, 1998, 8（5）: 677 - 680.

[24] CORDEY M, LIMACHER M, KOBEL S, et al. Enhancing the reliability and

throughput of neurosphere culture on hydrogel microwell arrays[J]. Stem Cells, 2008, 26 (10): 2586 - 2594.

[25] CRAMER S C. Functional magnetic resonance imaging in stroke recovery [J]. Phys Med Rehabil Clin N Am, 2003, 14 (1): 547 - 555.

[26] DAVIS A A, TEMPLE S. A self - renewing multipotential stem cell in embryonic rat cerebral cortex[J]. Nature, 1994, 372 (6503): 263 - 266.

[27] DOBKINBH, CURTA, GUEST J. Cellular transplants in China: observational study from the largest human experiment in chronic spinal cord injury[J]. Neumrehabilitation Neural Repair, 2006, 20 (1): 5 - 13.

[28] DOESCH F, ALVAREZ - BUYLLA A. Network of tangential pathways for neuronal migration in adult mammalian brain[J]. Proc Natl Acad Sci USA, 1996, 93 (25): 14 895 - 14 900.

[29] DOETSCH F, CAILLE I, LIM D A, et al. Subventricular zone astrocytes are neural stem cells in the adult mammalian brain[J]. Cell, 1999, 97 (6): 703 - 716.

[30] DOETSCH F, GARCIA - VERDUGO J M, ALVAREZ - BUYLLA A. Cellular composition and three - dimensional organization of the subventricular germinal zone in the adult mammalian brain[J]. J Neurosci, 1997, 17 (13): 5046 - 5061.

[31] DUMAN R S, NAKAGAWA S, MALBERG J. Regulation of adult neurogenesis by antidepressant treatment[J]. Neuropsychopharmacilogy, 2001, 25 (6): 836 - 844.

[32] FINK G R, MARKOWTSCH H J, REIKEMEIER M, et al. Cerebral representation of ones own past: neural networks involved in autobiographical memory[J]. J Neurosci, 1996, 16 (13): 4275 - 4282.

[33] FLINT A C, KRIEGSTEIN A R. Mechanisms underlying neuronal migration disorders and epilepsy[J]. Curr Opin Neurobiol, 1997, 10 (2): 92 - 97.

[34] GAGE F H. Discussion point cells of the central nervous system[J]. Curr Opin Neurobiol, 1998, 8 (5): 671 - 676.

[35] GAGE F H. Mammalian neural stem cells[J]. Science, 2000, 287 (5457): 1433 - 1438.

[36] GAGE F H, KEMPERMANN G, PALMER T D, et al. Multipotent progenitor cells in the adult dentate gyrus[J]. J Neurobiol, 1998, 36 (2): 249 - 266.

[37] GAGE F H, RAY J, FISHER L J. Isolation, characterization and use of stem cells from the CNS[J]. Annu Rev Neurosci, 1995, 18: 159 - 192.

[38] GAGE F H, TEMPLE S. neural stem cells: generating and regenerating the brain[J]. Neuron, 2013, 80（3）: 588 - 601.

[39] GENTNER D, HOLYOAK K J. Reasoning and learning by analogy[J]. Am Psychol, 1997, 52（1）: 32 - 34.

[40] GOLDMAN S A, NOTTEBOHM F. Neuronal production, migration, and differentiation in a vocal control nucleus of the adult female canary brain[J]. Proc Natl Acad Sci USA, 1983, 80（8）: 2390 - 2394.

[41] GRITTI A, PARATI E A, FROLICHSTHAL P, et al. Multipotential stem cells from the adult mouse brain proliferate and self - renew in response to basic fibroblast growth factor[J].J Neurosci, 1996, 16（3）: 1091 - 1100.

[42] HATAI S. A note on the significance of the form and contents of the nucleus in the spinal gaglion cells of the foetal rat[J]. J Comp Neurol, 1904, 14: 27 - 48.

[43] HATANAKA Y, MURAKAMI F. In vitro analysis of the origin, migratory behavior, and maturation of cortical pyramidal cells[J]. J Comp Neurol, 2002, 454（1）: 1 - 14.

[44] HIRAOKA JI, VAN BREEMAN V L. Ultrastructure of the nucleolus and the nuclear envelope of spinal ganglion cells[J]. J Comp Neurol, 1963, 121: 69 - 87.

[45] JOHANSSON C B, MOMMA S, CLARKE D L, et al. Identification of a neural stem cell in the adult mammalian central nervous system[J]. Cell, 1999, 96（1）: 25 - 34.

[46] KAPLAN M S, HINDS J W. Neurogenesis in the adult rat: electron microscopic analysis of light radioautographs[J]. Science, 1977, 197（4308）: 1092 - 1094.

[47] KIM M, MORSHEAD C M. Distinct populations of forebrain neural stem and progenitor cells can be isolated using side - population analysis[J]. J Neurosci, 2003, 23（33）: 10 703 - 10 709.

[48] KITAJIMA H, YOSHIMURA S, KOKUZAWA J, et al. Culture method for the induction of neurospheres from mouse embryonic stem cells by coculture with PA6 stromal cells[J]. J Neurosci Res, 2005, 80: 467 - 474.

[49] KOLB B. Overview of cortical plasticity and recovery from brain injury[J]. Phys Med

Rehabil Clin N Am, 2003, 14（1suppl）: 57 - 525.

[50] KRIEGSTEIN A, ALVAREZ - BUYLLA A. The glial nature of embryonic and adult neural stem cells[J]. Annu Rev Neurosci, 2009, 32: 149 - 184.

[51] LAGACE D C, WHITMAN M C, NOONAN M A, et al. Dynamic contribution of nestin - expressing stem cells to adult neurogenesis[J]. J Neurosci, 2007, 27（46）: 12 623 - 12 629.

[52] LAYWELL E D, KUKEKOV V G, STEINDLER D A. Multipotent neurospheres can be derived from forebrain subependymal zone and spinal cord of adult mice after protracted postmortem intervals[J]. Exp Neurol, 1999, 156（2）: 430 - 433.

[53] LENDAHL U, ZIMMERMAN L B, MCKAY R D. CNS stem cells express a new class of intermediate filament protein[J]. Cell, 1990, 60（4）: 585 - 595.

[54] LI XJ, DU ZW, ZARNOWSKA E D, et al. Specification of motoneurons from human embryonic stem cells[J]. Nat Biotechnol, 2005, 23（2）: 215 - 221.

[55] LI Y, CHEN J, CHOPP M. Cell proliferation and differentiation from ependymal, subependymal and choroid plexus cells in response to stroke in rats[J]. J Neurol Sci, 2002, 193（2）: 137 - 146.

[56] LOIS C, ALVAREZ - BUYLLA A. Proliferating subventricular zone cells in the adult mammalian forebrain can differentiate into neurons and glia[J]. Proc Natl Acad Sci USA, 1993, 90（5）: 2074 - 2077.

[57] LUKIN M B. Restricted proliferation and migration of postnatally generated neurons derived from the forebrain subventricular zone[J]. Neuron, 1993, 11（1）: 173 - 189.

[58] Ma D K, BONAGUIDI M A, MING G L, et al. Adult neural stem cells in the mammalian central nervous system[J]. Cell Res, 2009, 19（6）: 672 - 682.

[59] MALATESTA P, HACK M A, HARTFUSS E, et al. Neuronal or glial progeny: regional differences in radial glia fate[J]. Neuron, 2003, 37（5）: 751 - 764.

[60] MCCONNELL S K. Migration and differentiation of cerebral cortical neurons after transplantation into the brain of ferrets[J]. Science, 1985, 229（4719）: 1268 - 1271.

[61] MELETIS K, BANABE - HEIDER F, CARLEN M, et al. Spinal cord injery reveals multilineage differentiation of ependymal cells[J]. Plos Biol, 2008, 6（7）: 1494 - 1507.

[62] MEZEY E, CHANDROSS K J, HARTA G, et al. Turning blood into brain: cells

bearing neuronal antigens generated in vivo from bone marrow[J]. Science, 2000, 290 (5497): 1779 - 1782.

[63] MILNER B, SQUIRE L R, KANDEL E R. Cognitive neuroscience and the study of memory[J]. Neuron, 1998, 20 (3): 445 - 468.

[64] MOMMA S, JOHANSSON C B, FRISEN J. Get to know your stem cells[J]. Curr Opin Neurobiol, 2000, 10 (1): 45 - 49.

[65] MORRISON S J, WHITE P M, ZOCK C, et al. Prospective identification, isolation by flow cytometry, and in vivo self - renewal of multipotent mammalian neural crest stem cells[J]. Cell, 1999, 96 (5): 737 - 749.

[66] MORSHEAD C M, BENVENISTE P, ISCOVE N N, et al. Hematopoietic competence is a rare property of neural stem cells that may depend on genetic and epigenetic alterations[J]. Nat Med, 2002, 8 (3): 268 - 273.

[67] NOCTOR S C, MARTINEZ - CERDENO V, IVIC L, et al. Cortical neurons arise in symmetric and asymmetric division zones and migrate through specific phases[J]. Nat Neurosci, 2004, 7 (2): 136 - 144.

[68] NUDO R J. Functional and structural plasticity in motor cortex: Implication for stroke recovery [J]. Phys Med Rehabil Clin N Am, 2003, 14 (1): 57 - 76.

[69] O'SHEA K S. Neural differentiation of embryonic stem cells[J]. Methods Mol Biol, 2002, 198 (1): 3 - 14.

[70] O'SHEA K S. Neuronal differentiation of mouse embryonic stem cells: lineage selection and forced differentiation paradigms[J]. Blood Cells Mol Dis, 2001, 27 (3): 705 - 712.

[71] PARENT J M, YU TW, LEIBOWITZ R T, et al. Dentate granule cell neurogenesis is increased by seizures and contributes to aberrant network reorganization in the adult rat hippocampus[J]. J Neurosci, 1997, 17 (10): 3727 - 3738.

[72] PARKIN A J. Memory: Phenomena, experment and theory[M]. Oxford: Blackwell Press, 1993.

[73] PARVELAS J G. The origin and migration of cortical neurones: new vistas[J]. Trends Neurosi, 2000, 23: 126 - 131.

[74] PEARLMAN A L, F P L, HATTEN M E, et al. New direction for neuronal

migration[J]. Curr Opin neurobiol, 1998, 8（1）: 45 – 54.

[75] POMP O, BROKHMAN I, BEN – DOR I, et al. Generation of peripheral sensory and sympathetic neurons and neural crest cells from human embryonic stem cells[J]. Stem Cells, 2005, 23（7）: 923 – 930.

[76] PUCHE A C, BOVETTI S. Studies of adult neural stem cell migration[J]. Methods Mol Biol, 2011, 750: 227 – 240.

[77] QIAN X, SHEN Q, GODERIE S K, et al. Timing of CNS cell generation: a programmed sequence of neuron and glial cell production from isolated murine cortical stem cells[J]. Neuron, 2000, 28（1）: 69 – 80.

[78] RAFF M C, MILLER R H, NOBLE M. A glial progenitor cell that develops in vitro into an astrocyte or an oligodendrocyte depending on culture medium[J]. Nature, 1983, 303（5916）: 390 – 396.

[79] RAKIC P. Specification of cerebral cortical areas[J]. Science, 1988, 241（4862）: 170 – 176.

[80] RAY J, GAGE F H. Spinal cord neuroblasts proliferate in response to basic fibroblast growth factor[J]. J Neurosci, 1994, 14（6）: 3548 – 3564.

[81] REYNOLDS B A, TETZLAFF W, WEISS S. A multipotent EGF – responsive striatal embryonic progenitor cell produces neurons and astrocytes[J]. J Neurosci, 1992, 12（11）: 4565 – 4574.

[82] REYNOLDS B A, WEISS S. Generation of nurons and astrocytes from islated cells of the adult mammalian central nervous system[J]. Science, 1992, 255（5052）: 1707 – 1710.

[83] RIETZE R L, VALCANIS H, BROOKER G F, et al. Purification of a pluripotent neural stem cell from the adult mouse brain[J]. Nature, 2001, 412（6848）: 736 – 739.

[84] ROSS H H, LEVKOFF L H, MARSHALL G P, et al. Bromodeoxyuridine induce senescence in neural stem and progenitor cells[J]. Stem Cells, 2008, 26（12）: 3218 – 3227.

[85] ROY N S, WANG S, HARRISON – RESTELLI C, et al. Identification, isolation, and promoter – defined separation of mitotic oligodendrocyte progenitor cells from the adult human subcortical white matter[J]. J Neurosci, 1999, 19（22）: 9986 – 9995.

[86] SANAI N, TRAMONTIN A D, QUINONES - HINOJOSA A, et al. Unique astrocyte ribbon in adult human brain contains neural stem cells but lacks chain migration[J]. Nature, 2004, 427（6976）: 740 - 744.

[87] SCHWARTZ P H, BRYANT P J, FUJA T J, et al. Isolation and characterization of neural progenitor cells from post - mortem human cortex[J]. J Neurosci Res, 2003, 74（6）: 838 - 851.

[88] SEABERG R M, SMUKLER S R, VAN DER KOOY D. Intrinsic differences distinguish transiently neurogenic progenitors from neural stem cells in the early postnatal brain[J]. Dev Biol, 2005, 278（11）: 71 - 85.

[89] SIEGESMUND K A, DUTTA C R, FOX C A. The ultrastructure of the intranuclear rodlet in certain nerve cells[J]. J Anat Lond, 1964, 98（1）: 93 - 97.

[90] SNYDER E Y, TAYLOR R M, WOLFE J H. Neural progenitor cell engraftment corrects lysosomal storage throughout the MPS Ⅶ mouse brain[J]. Nature, 1995, 374（6520）: 367 - 370.

[91] SOTELO C, ALVARADO - MALLAT R M. The reconstruction of cereballar circuits[J].TINS, 1991, 14（8）: 350 - 355.

[92] STUDER L, TABAR V, MCKAY R D. Transplantation of expanded mesencephalic precursors leads to recovery in parkinsonion rats[J]. Nat Neurosci, 1998, 1（4）: 290 - 295.

[93] SUGAYA K. Stem cells biology in the study of pathological conditions[J]. Neurodengener Dis, 2010, 7（1 - 3）: 84 - 87.

[94] TAKASAWA K, KITAGAWA K, YAGITA Y, et al. Increased proliferation of neural progenitor cells but reduced survival of newborn cells in the contralateral hippocampus after focal cerebral ischemia in rats[J]. J Cereb Blood Flow Metab, 2002, 22（3）: 299 - 307.

[95] TEMPLE S, ALVAREZ - BUYLLA A. Stem cell in the adult mammalian central nervous system[J]. Curr Opin neurobiol, 1999, 9（1）: 135 - 141.

[96] TROPEPE V, HITOSHI S, SIRARD C, et al. Direct neural fate specification from embryonic stem cells: a primitive mammalian neural stem cell stage acquired through a default mechanism[J]. Neuron, 2001, 30（30）: 65 - 78.

[97]  TSAI R Y，MCKAY R D．A nucleolar mechanism controlling cell proliferation in stem cells and cancer cells[J]．Genes Dev，2002，16（23）：2991－3003．

[98]  VAN PRAAG H，KEMPERMANN G，GAGE F H．Running increases cell proliferation and neurogenesis in the adult mouse dentate gyrus[J]．Nat Neurosci，1999，2（3）：266－270．

[99]  VILLA A，NAVARRO－GALVE B，BUENOC，et al．Long－term molecular and cellular stability of human neural stem cell lines[J]．Exp Cell Res，2004，294（2）：559－570．

[100]  WALKER T L，WHITE A，BLACK D M，et al．Latent stem and progenitor cells in the hippocampus are activated by neural excitation[J]．J Neurosci，2008，28（20）：5240－5247．

[101]  WEISS S，DUNNE C，HEWSON J，et al．Multipotent CNS stem cells are present in the adult mammalian spinal cord and ventricular neuroaxis[J]．J Neurosci，1996，16（23）：7599－7609．

[102]  WEISS S，REYNOLDS B A，VESCOVI A L，et al．Is there a neural stem cell in the mammalian forebrain？[J]．Trends Neurosci，1996，19（9）：387－393．

[103]  XIONG Y，ZENG Y S，ZENG C G，et al．Synaptic transmission of neural stem cells seeded in 3－dimentional PLGA scaffolds[J]．Biomateterials，2009，30（22）：3711－3722．

[104]  YAGITA Y，KITAGAWA K，OHTSUKI T，et al．Neurogenesis by progenitor cells in the ischemic adult rat hippocampus[J]．Stroke，2001，32（8）：1890－1896．

[105]  ZENG X，RAO M S．Human embryonic stem cells：Long term stability，absence of senescence and a potential cell source for neural replacement[J]．Neuroscience，2007，145（4）：1348－1358．

[106]  ZENG YS，DING Y，WU LZ，et al．Co－transplantation of Schwann cell promotes the survival and differentiation of neural stem cells transplanted into the injured spinal cord[J]．Dev neurosci，2005，27（1）：20－26．

[107]  ZHANG H T，CHEN H，ZHAO H，et al．Neural stem cells differentiation ability of human umbilical cord mesenchymal stromal cells is not altered by cryopreservation[J]．Neuraosci Lett，2011，487（1）：118－122．

[108] ZHANG X, ZENG Y, ZHANG W, et al. Co - transplantation of neural stem cells and NT - 3 overepressing Schwann cells in transected spinal cord[J]. J Neurotrauma, 2007, 24（12）: 1863 - 1877.

[109] ZUBA - SURMA E K, KUCIA M, RALAJEZAK J, et al. Small stem cells in adult tissue: very small embryonic - like stem cells stand up[J]. J Cytometry Part A, 2009, 75（1）: 4 - 13.

[110] КОБЛБ ГА. Своёобразное деление нервных клеток некоторы х вегетативных ганглиев кошки[J]. Архив Анатомии Гистологии и Эмбриологии, 1962, 13（2）: 83 - 93.

[111] МУРЗАМАДИЕВ А. Электронно - микроскопическое исследование амитотическо го деления нейроннов[J]. Изв АнказССР Сер Биол, 1965, （55）: 88 - 95.

2014

河池统计年鉴

HECHI STATISTICAL YEARBOOK